LED 응용 시스템

분석과 실습

남상엽 · 강철현 공저

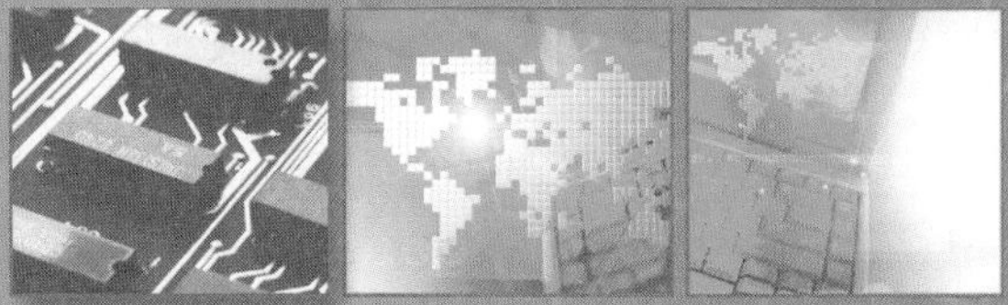

도서출판 상 학 당

Preface

광다이오드(Light Emitting Diode : LED)는 반도체로 된 다이오드의 일종이다. 다이오드는 그 양 전극단자에 전압을 걸면 한 방향으로만 전류가 주입되고 전자와 정공이 재결합해서 그 일부의 에너지를 빛으로 변환되는 다이오드(Diode)이다.

LED는 반도체로 이루어져 있기 때문에 고체소자의 형상을 하고 있다. LED는 전구 등의 다른 열변환 발광소자에 비해 안정적이고 신뢰성이 있으며, 그 수명도 연속 통전상태에서 10만시간 이상으로 길다. LED는 다이오드의 일종이므로 소자 하나를 구동하는데 불과 전압 수V, 전류 수mA면 된다. 보통 반도체 소자와 마찬가지로 LED 소자 그 자체는 칩(Chip)이라 불리고, 그 사이즈는 보통 수백m 값으로 매우 작다.

LED 부문은 10여년 전까지만 해도 기술적 장벽에 부딪혀 어려움을 겪었지만, 그 이후 기술발전이 급속히 진행되면서 수영장 조명, 독서등과 같은 여러 용도로 사용되게 되었다. LED 기술이 처음 선보인 것은 1960년대이지만, 그 때는 알람시계의 시간이나 비디오카메라의 배터리 소모량을 알려주는 데 쓰이는 것이 전부였다(LED가 조명으로 활용되지 못한 것은 적색(Red), 녹색(Green), 청색(Blue)이 제한되어 백색 빛을 나타내지 못했기 때문).

그러나 일본의 니치아 화학이 1993년 청색 LED를 생산하기 시작하면서 LED 기술은 일대 변혁을 맞이하게 되었다. 적색, 녹색, 청색을 결합해 백색을 표현할 수 있게 된 것이다. 조명산업은 LED 기술에 촉각을 곤두세우고 있다. LED는 컴퓨터 프로세서처럼 반도체기술에 기반을 두고 있어, 매년 더 빠르고 가격이 저렴한 새로운 프로세서가 개발되는 것처럼 밝기, 에너지 효율성, 수명이 뛰어난 LED가 선보이고 있기 때문이다. 정보통신의 발달과 더불어 화합물 반도체 기술의 발전은 새로운 빛의 혁명을 예고하고 있다.

LED로 잘 알려진 발광다이오드는 전기를 통해주면 전자가 에너지 레벨이 높은 곳에서 낮은 곳으로 이동하면서 특정한 파장의 빛을 내는 화합물 반도체에 의해 만들어진 기본 소자이다. 적색 및 녹색 발광다이오드는 수십 년 전에 개발되어 디스플레이 및 광원용 장치 등에 폭넓게 쓰이고 있으나 청색(Blue), 순녹색(Pure green)의 빛을 내는 LED의 개발이 어려워 오랫동안 총천연색을 구현하지 못하였다.

하지만 1990년대에 일본 S.NAKAMURA가 이끄는 Nichia Chemical의 연구팀을 필두로 HP, Cree, Toyota Gosei 등 세계 최고의 기술을 가진 몇몇 반도체 회사에 의해 질화갈륨을 이용한 청색 발광다이오드가 개발되었고, 이에 총천연색의 구현을 갈망하던 램프 및 디스플레이 장치 산업과 짧고 안정된 파장을 요구하는 광 메모리 장치 등 여러 LED 응용분야로부터 청색 및 순녹색 LED의 수요는 폭발적으로 증가하게 되었다.

이러한 청색 LED의 생산 역시 고난도의 기술과 고가의 장비가 필요한 분야로서 양산을 하는 데에는 막대한 비용과 시간이 걸리며, 기하급수적으로 늘어나는 시장의 수요를 공급이 감당치 못하고 있는 형편이다. 또한 청색 LED에 Phpsphor를 도팅하여 백색광을 구현하는 백색(White) LED 역시 고부가가치 상품으로 소형기기의 광원 및 전구를 대체할 차기 조명시장의 주역으로 떠오르며 시장의 수요는 폭발적으로 늘어날 전망이다.

이 교재는 LED 응용 시스템의 대표적인 제품들의 기본적인 구성 및 기술에 대하여 설명하였다. 기존에 나와 있는 것은 기본적인 자료이거나 실무 자료만 있었는데 이 교재를 통하여 LED 응용 시스템을 이해하고 실습할 수 있도록 구성하였다. 이 교재를 이용하여 컴퓨터 · 전자 · 통신, 메카트로닉스, 전기 분야 관련 학생 및 초보개발자를 대상으로 한 LED 응용 시스템에 대한 기본학습 및 실습을 위한 교재로서, 처음 LED 응용 시스템을 접하는 학생 및 관계자에게 쉽고 빠르게 접근할 수 있도록 하는 데 초점을 맞추어 편찬되었다. 이 책의 주요 구성은 다음과 같다.

1장은 LED의 개요, 2장은 LED 응용 시스템의 개요, 3장은 LED 기본 구동, 4장은 LED 정전압 구동, 5장은 LED 정전류 구동, 6장은 LED 직 · 병렬연결 구둥, 7장은 LED 밝기 조절, 8장은 LED 색상 조절, 9장은 LED 점등방법, 10장은 프로그램을 이용한 LED 제어, 11장은 Webench 시뮬레이션, 12장은 AC LED 구동, 13장은 VLC(가시광통신), 14장은 LabVIEW를 이용한 LED 제어, 15장은 Web Server를 이용한 LED 제어, 16장은 임베디드 GUI를 이용한 LED 제어로 구성되어 있다.

끝으로 이 교재를 집필하는 데 많은 도움을 주신 (주)ED의 박용후 사장님 및 김석중 이사님, 김덕수 이사님 및 임직원 관계자 여러분께 감사의 말씀을 전하고, 도서출판 상학당의 관계자 여러분에게 감사의 마음을 전한다. 이 교재를 집필하면서 LED응용 시스템 관련 기존 도서를 출판하신 교수님들, 기존 LED 응용 산업 관계자 여러분 및 LED 응용 관련 분야의 전문가의 조언과 자료제공에 대하여 깊이 감사드린다. 이 교재는 LED 응용 시스템 관련 솔루션으로 이 책이 보다 많은 LED 응용 분야의 인력 양성에 힘이 되어주기 바란다.

저 자 씀

Contents

01장 LED의 개요

01 LED의 정의 및 구조

광다이오드(LED : Light Emitting Diode)는 반도체로 된 다이오드의 일종이다. 다이오드는 그 양전극 단자에 전압을 걸면 한 방향으로만 전류가 주입되고 전자와 정공이 재결합해서 그 일부의 에너지를 빛으로 변환되는 다이오드(Diode)이다.

LED는 반도체로 이루어져 있기 때문에 고체소자의 형상을 하고 있다. LED는 전구 등의 다른 열변환 발광소자에 비해 안정적이고 신뢰성이 있으며, 그 수명도 연속 통전상태에서 10만 시간 이상으로 길다. LED는 다이오드의 일종이므로 소자 하나를 구동하는 데 불과 전압 수V, 전류 수mA면 된다. 보통 반도체 소자와 마찬가지로 LED 소자 그 자체는 칩(Chip)이라 불리고, 그 사이즈는 보통 수백μm 값으로 매우 작다. 형태는 [그림 1-1]과 같은 패키지로 만들어진다.

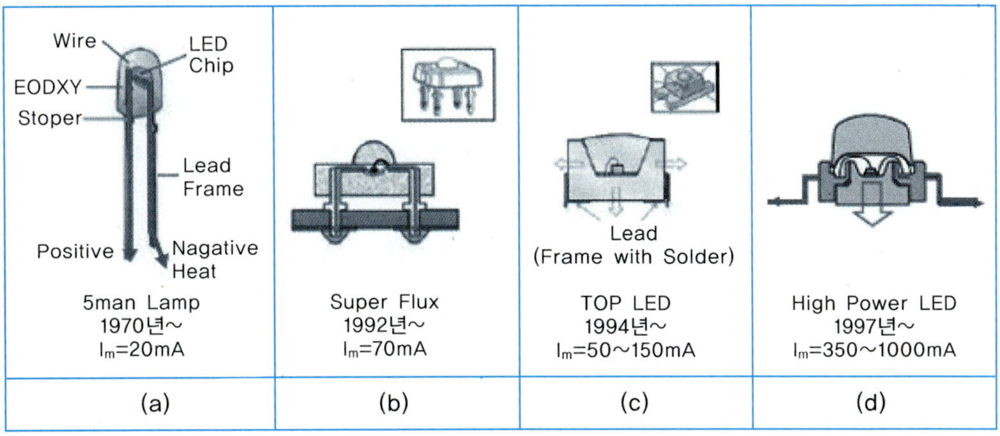

[그림 1-1] 조명용 LED 패키지 형태

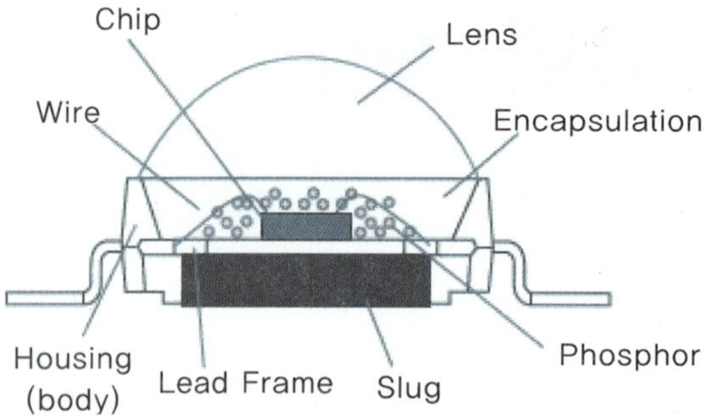

(a) 구조

(b) 제품사례

[그림 1-2] 하이파워 LED 구조 및 제품사례

02 LED의 발광원리

LED 전극에 순방향 전압(Vf)을 가하면 [그림 1-3]과 같이 전도대의 전자가 가전자대의 정공과 재결합을 위하여 천이될 때 그 에너지만큼 빛으로 발광된다. 그때의 에너지를 Eg(eV)라고 하면 Peak Wavelength λ=1,240/Eg(nm)가 된다. 그러므로 발광파장은 반도체 결정의 재료 및 농도 등에 의해 차이를 나타내며 Color 역시 변하게 된다.

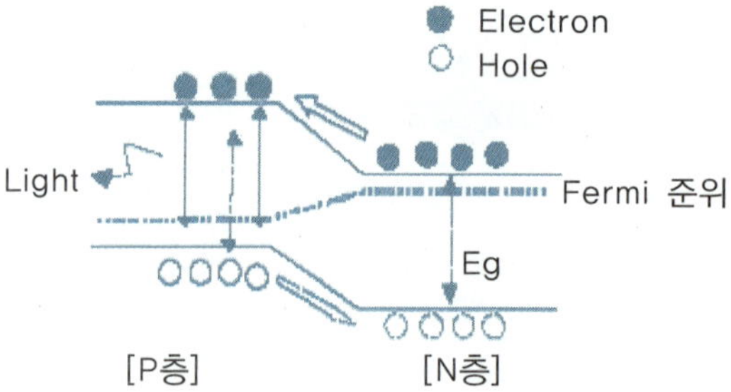

[그림 1-3] LED 전도대

03 LED의 장점

친환경 에너지 절감을 [표 1-1]과 같이 정리하였다.

[표 1-1] LED의 장점

기술적	친환경적	에너지 절감
• 초소형(Small size) – 구조적 디자인 용이 • 긴수명(Long life) – 약 5~10만 시간 – 유지보수비 절감 • 안전성(Solid state lighting) – 고속응답, DC 구동 – 화학적 안정 • 다양한 컬러연출 – 약 17,000,000여 가지 구현 – 매면적 디스플레이 응용	• 중금속 등 환경유해물질이 없는 광원 – Rb, Hg, Cd – WEEE 지침 • 긴수명(Long life)으로 인한 산업 폐기물 배출 감소 • Kyoto의정서(UNFCC)	• 기존 광원(형광등/백열등) 교체시 50~80% 에너지 절감

단점은 아직까지 LED 제조가격이 높은 것이 흠이며, 이는 고효율 및 고휘도 LED 제조 기술개발로 극복될 수 있다.

04 LED 분류

1) LED의 구성성분에 의한 분류

(1) GaP : ZnO 적색 LED

GaP 적색 LED는 1970년경부터 생산되어 LED의 주축이 되었고 현재의 가시 LED 램프에서 GaP가 차지하는 비율은 매우 높다. 이 LED는 고전류 밀도영역에서의 발광효율에 한계가 있고, 저전류에서의 사용에 적합하기 때문에 표시소자는 포터블 타입을 비롯해 옥내용 각종 기기에 많이 이용되고 있다.

(2) GaP : N 녹색 LED

ZnO 적색 LED와 마찬가지로 GaP이며, GaP 기판결정 위에 LPE법을 이용해 PN 접합을 형성하여 제작하는 LED로 옥외용 디스플레이로도 사용되고 있다.

(3) GaAsP계 적색 LED

GaAsP 결정은 GaAs1-xPx의 성분비 x를 바꿈으로써 적외선(x=0)부터 녹색(x=1)까지 발광한다.

(4) GaAsP계 등황색·황색 LED

GaAsP의 등황색 LED는 기판결정에 GaP를 이용하여 VPE법에 의해 발광용 PN 접합을 형성한다. GaAs1-XPX의 조성비 x를 적색 LED보다 크게 취함으로써 단파장화한다. x값이 0.65 및 0.75에서는 각각의 발광 피크 파장이 630nm 및 610nm의 등황색 LED로 된다.

(5) GaAlAs계 LED

GaAlAs는 x<0.35의 범위(직접 천이영역)에서 Al과 As의 조성비를 바꿈으로써 발광파장을 640nm부터 900nm까지 변화시킬 수 있다. 차재용 High mount stop lamp나 도로표시판, 광고간판등 각종 옥외용 표시소자로 응용이 확대되고 있다.

(6) InGaAIP계 등황색·황색 LED

InGaAIP는 근래 실용화된 혼합결정재료인데 직접 천이형 BAND 구조를 가져 등황색·황색 LED의 휘도 향상이 가능하다. 이 InGaAIP를 이용해 고휘도(광도 1000mcd이상) 등황색(약 620nm)의 LED가 개발되고 있다.

(7) GaN계 청색 LED

고휘도 청색 LED의 출현에 의해 옥외에서의 LED 디스플레이의 풀 컬러화가 촉진될 것이다. 또한 청녹색 LED는 백열전구를 대신하는 신호기의 광원으로 유명하다.

(8) SiC 청색 LED

SiC는 일찍 시판된 청색 LED의 재료인데 이유는 다른 재료와 달리 P형 결정을 비교적 용이하게 얻을 수 있기 때문이다. 최근 오프 기판결정을 이용해 1700℃ 전후에서 PN 접합을 형성해서 결정성을 향상시키고 질소 도너와 Al 억셉터에 의한 D.A 페어 발광중심을 제어성이 좋게 형성함으로써 신뢰성의 향상과 함께 발광효율을 비약적으로 개선하여 30mcd(20mA)의 고휘도를 달성하고 있다.

(9) II-VI족 청색 LED

II-VI족 화합물 반도체인 ZnSe, ZnS는 각각 실온에서 2.7eV 및 3.7eV의 밴드 갭을 가지며 직접 천이형 재료이므로 고발광 효율의 청색 LED 재료로서 유망해 최근 현저한 진보를 볼 수 있다.

(10) 풀 컬러 LED

풀 컬러 LED에 의한 디스플레이는 이제까지의 SiC 혹은 GaN 청색 LED와 다른 재료에 의한 적·녹색 LED를 조합시킨 하이브리드형의 풀 컬러 LED 램프를 제작하고 있는데 앞에서 기술한 높은 발광효율의 SiC 청색 LED와 GaP 적색 및 녹색 LED를 램프화하여 순백색 발광을 포함한 다수 발광이 가능한 풀 컬러 LED가 제작되었다.

(11) 적외선 LED

적외선 LED의 재료는 주로 GaAs로 양성 불순물인 Si를 이용하여 LPE 결정 성장조건으로 그 치환위치(Ga 또는 As원자)를 제어함으로써 PN 접합을 형성한다. 일반적인 포토커플러, 포토 아이솔레이터 등의 복합 광소자로서 가장 많이 이용된다. 최근에는 카메라의 오토 포커스 등 고출력을 요하는 것이나 장거리 리모트 컨트롤용 광원으로서 GaAlAs에 의한 DH 구조의 고출력 타입 적외선 LED가 이용되고 있다.

2) LED 형태별 분류

(1) CHIP LED

Red / Green / Orange / Yellow / Blue / White / Cyan / Violet / Full color

(2) LED LAMP

Red / Green / Orange / Yellow / Blue / White / Cyan / Violet / Full color

(3) SMD LED

Red / Green / Orange / Yellow / Blue / White / Cyan / Violet / Full color

05 LED 제조기술 현황

LED 부문은 10여년 전까지만 해도 기술적 장벽에 부딪혀 어려움을 겪었지만, 그 이후 기술발전이 급속히 진행되면서 수영장 조명, 스탠드등과 같은 여러 용도로 사용되게 되었다. LED 기술이 처음 선보인 것은 1960년대이지만 그 때는 알람시계의 시간이나 비디오카메라의 배터리 소모량을 알려주는 데 쓰이는 것이 전부였다(LED가 조명으로 활용되지 못한 것은 적색(Red), 녹색(Green), 청색(Blue)이 제한되어 백색 빛을 나타내지 못했기 때문). 그러나 일본의 니치아 화학이 1993년 청색 LED를 생산하기 시작하면서 LED 기술은 일대 변혁을 맞이하게 되었다. 적색, 녹색, 청색을 결합해 백색을 표현할 수 있게 된 것이다.

조명산업은 LED 기술에 촉각을 곤두세우고 있다. LED는 컴퓨터 프로세서처럼 반도체 기술에 기반을 두고 있어, 매년 더 빠르고 가격이 저렴한 새로운 프로세서가 개발되는 것처럼 밝기, 에너지 효율성, 수명이 뛰어난 LED가 선보이고 있기 때문이다.

당초 1962년에 미국 GE에 의해 LED 소자가 처음 개발되었고, 그 이후 1990년대 전반기에 고휘도 적색 LED가 1990년대 말에 고휘도 청색 LED가 개발되어 LED 조명은 극적인 진화를 이루었다.

LED(Light Emitting Diode)는 PN 접합 다이오드의 일종으로서, 초기에 적외선과 적색 소자로부터 시작된 LED 기술은 짧은 파장의 빛을 방출하는 소자를 개발하는 과정을 통해 발전되어 왔고 특히 청색 LED의 경우 개발에 많은 어려움을 겪어왔으나, 1993년 니치아 화학의 Nakamura에 의해 GaN을 기본으로 하는 발광소자가 개발되어 1990년대 후반 상용화 되었다. 이는 이미 개발된 적색, 녹색 발광다이오드와 함께 백색 LED를 구현할 수 있는 계기가 되었다.

또한 반도체 LED 분야의 연구개발이 활기를 띄게 된 것은 빛의 삼원색인 적색(Red), 녹색(Green), 청색(Blue) LED 중 미진하였던 청색 LED 개발 기술을 1990년대 중반 일본의 니치아 화학회사가 III족 질화물을 통해 개발한 이후부터이다. 이는 이미 개발된 적색, 녹색 발광 다이오드와 함께 백색 LED를 구현할 수 있는 계기가 되었으며, 이를 바탕으로 총천연색의 풀 컬러 디스플레이가 가능하게 되어 조명등의 사용 가능성을 보여 주었기 때문이다.

니치아 화학은 1992년 새로운 Two-Flow 유기금속화학증착법(MOCVD : Metal Organic Chemical Vapor Deposition)을 이용하여 고품질의 InGaN 박막성장에 성공하였다. 이는 이중의 이종 접합구조의 구현이 가능하게 하였다. MOCVD의 III족 원재료로는 유기금속 화합물, V족 원재료에는 수소화합물을 주로 사용하며 이것을 고온으로 가열한 기판에 공급하여 III-V족 화합물을 형성하였다.

1993년말 발광파장을 길게 하기 위해 활성층의 InGaN에 Zn을 도핑하고 클래드층에 있는 GaN을 AlGaN으로 하여 LCD급의 휘도를 가지는 InGaN / AlGaN 이중의 이종 접합

구조 청색 LED 제작에 성공하였다. 1995년 일본 니치아 화학의 나카무라 슈지가 사파이어(Al_2O_3) 기판 위에 저온완충층과 GaN 박막층을 형성하는 고휘도 파장 525nm의 청색 GaN LED 개발하게 되므로 해서 청색 LED 생산을 계기로 적색, 녹색, 청색의 삼원색을 발광하게 되었으며, 이로 인해 LED를 통한 풀 컬러의 구현이 가능하게 되었다. 2005년 9월 캘리포니아 대학의 나카무라 슈지, 일본 츠쿠바 대학 등이 참여한 일본과학기술진흥기구(JST)는 청색 LED의 소비전력을 1/10로 줄일 수 있는 재료의 개발에 성공하였다.

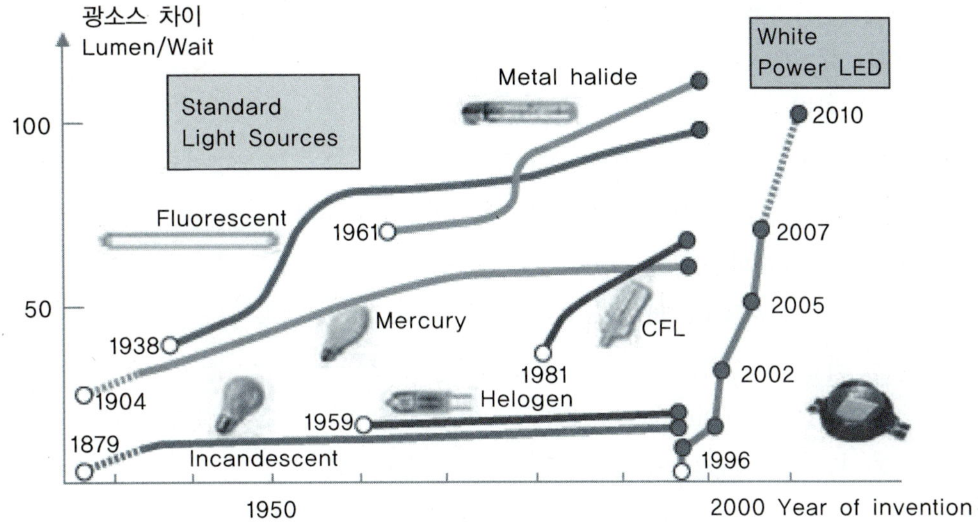

[그림 1-4] 광원의 효율향상

06 LED 조명의 구성요소

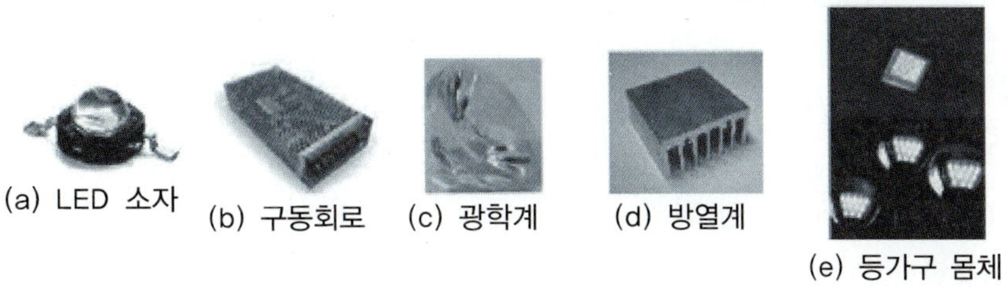

[그림 1-5] LED 조명의 구성요소

LED 조명제품 크게 5가지 요소로 구성되는데, 이는 LED 소자(LED 패키지류)와 구동회로(컨버터류, AC LED의 경우 불필요), 광학계(렌즈 및 반사판류), 방열계(히트싱크류), 등기구 몸체(하우징류)이다. 이러한 5가지 요소가 얼마나 최적으로 결합되었느냐에 따라서 제품의 효율과 성능이 결정된다.

07 기술 개요

1) LED 관련 용어

(1) 전자 관련

① 순방향 전압(Forward Voltage, Vf) : 순방향 전압으로 순방향으로 전류가 흐를 때 강하되는 전압으로 이는 최소한 순방향 강하전압 이상의 전압을 가해야 전류가 흐를 수 있는 것이다.

② 지속 순방향 전류(Continuous Forward Current : IF) : 지속적으로 LED에 인가할 수 있는 최대 전류(주위온도에 따라 Derating 필요)

③ 소비전력(Power Dissipation : PD) : LED가 소비할 수 있는 최대 전력

[PD = Forward Current(IF) × Forward Voltage(Vf)]

④ 최대 순방향 전류(Peak Forward Current, IFP) : Pulse Mode로 LED를 점등시 LED에 인가할 수 있는 최대 전류(조건 : Pulse폭, Duty비)

⑤ 동작온도(Operating Temperature, Topr) : LED를 정상적으로 동작시킬 수 있는 주위온도 범위

⑥ 저장온도(Storage Temperature, Tstg) : LED를 특성에 변화없이 보관가능한 저장온도 범위

⑦ 솔더링 온도(Soldering Temperature, Tsol) : 납땜 온도(Soldering) 조건

(2) 광 관련

① 광 도

광도(Luminous Intensity)란 빛의 세기를 나타내는 기본 단위로서 칸델라(Candela)라는 단위를 사용한다. 1칸델라는 대략 촛불 하나 정도의 밝기를 지닌다.

② 조 도

어떤 물체에 빛이 닿으면 그 면은 밝게 비춰지는데, 그 정도를 나타내는 것을 조도

(lluminance)라 한다. 단위는 룩스(Lux) 혹은 촉광(Foot-Candle)으로 표기한다. 1칸델라의 광원으로부터 1m 떨어진 곳에서 1제곱미터의 표면에 비추는 빛의 조도가 1룩스가 된다.

③ 휘 도

반사면 상태(반사율) 개념이 포함된 상태에서 밝기를 나타낸 것이 휘도이다. 휘도(Luminance)는 조도에 비례하지만 피사체의 반사율, 광원의 방향과 보는 각도에 따라 달라진다. 즉 반사율이 높아지면 휘도도 높아진다.

2) LED 색의 혼합(가산혼합)

색깔의 혼합에는 두 종류가 있다. 하나는 더하기 혼합이고 다른 하나는 빼기 혼합이다. 더하기 혼합은 빛이 합쳐질 때 일어나는 것으로 빛의 삼원색(RGB)을 적절히 혼합하여 일련의 색깔을 얻는 방법이다.

우선 삼원색을 같은 양만큼 합치게 되면 흰색이 만들어지고, 두 가지 원색을 같은 양만큼 합치게 되면 나머지 원색의 보색이 만들어진다. 빛이 전혀 없을 때가 검정이고 기본 삼원색에서 더하는 방식으로 색상을 만들기 때문에 가산혼합이라고 부른다.

우리 눈은 빛의 세기와 파장에 따라 어두운 곳에서는 색의 밝고 어두운 정도는 구별되지만 색깔은 거의 구별하지 못하는데, 이때 3종류의 원추세포와 간상세포가 빛을 감지하게 된다. 즉, 간상세포는 빛의 밝고 어두움만을 감지하며, 3종류의 원추세포는 각각 빨강(Red), 녹색(Green), 파랑(Blue)의 빛에 감응하는 것이다.

결국 빛의 삼원색인 빨강(Red), 파랑(Blue), 녹색(Green)을 혼합하여 우리가 원하는 여러 가지 색상을 만들어 낼 수 있으며 이를 가산혼합이라 한다. 이 방식은 TV나 컬러모니터, 영사기, 무대조명 등에 사용된다.

흰색은 최대한의 강도로 레드, 그린, 블루를 같은 비율로 비추었을 때 만들어진다. 빛의

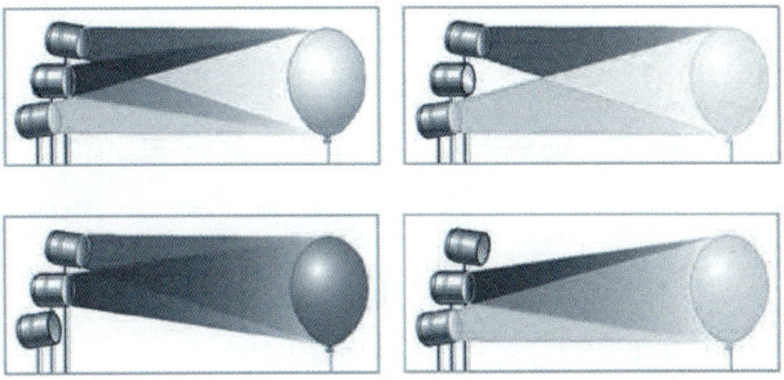

[그림 1-6] LED 색의 혼합

강도를 같은 비율로 낮출수록 회색이 되어가고 3색 중에 한 가지색 혹은 두 가지색의 비율을 다르게 조절하면 다양한 색상들이 나오게 되고, RGB 색상 모형의 기초가 된다.

3) 전류 공급방법

LED는 전류 구동소자로서 전류의 유입량에 따라 밝기가 변화하게 된다. 이 때 LED칩으로 들어가는 전류를 조절하는 회로가 필요한데 이를 조절하는 방식으로 정전압방식과 정전류방식이 있다. 말 그대로 정전압방식과 정전류방식은 각각 전압과 전류를 일정하게 유지하기 위한 방식이다. 즉 전압을 유지하기 위해 전류값이 변하게 되는 것이 정전압방식이며 전류를 유지하기 위해 전압값이 계속 움직이게 되는 것이 정전류방식이다.

정전압방식만으로도 어느 정도의 전류조절은 가능하기 때문에 일반적으로 사용되는 LED 제품들은 정전압방식만이 사용되는 경우도 많다. 하지만 전압은 온도에 민감하기 때문에 주변의 온도차에 의해 전압변동이 생길 경우 이를 제어하기 위해 전류량이 움직이게 되고 LED의 밝기도 변하게 된다.

정전압방식만이 사용된 LED의 경우 겨울철에 빛이 균일하게 지속되지 않고 흐려졌다 밝아졌다를 반복하게 되는 게 이같은 이유에서이다. 때문에 LED 조명의 신뢰성을 위해서는 전류값을 항상 일정하게 유지시켜 주는 정전류방식을 사용하는 것이 좋다.

4) 점등방식

LED 점등방식에는 시간적으로 연속해서 일정전류를 흘리는 스태틱(Static) 점등과 시간적으로 점멸을 반복하는 다이나믹(Dynamic) 점등이 있다. 점멸시간이 짧으면 눈으로 보았을 경우 스태틱(Static)점등하고 있는 것처럼 보인다.

다이나믹(Dynamic) 점등이면서 연속 점등처럼 보이고 싶은 경우에는(관측자가 정지한 경우) 높은 주파수로 점멸할 경우에는 문제가 없다. 그러나 점멸 주파수가 어느 정도 이

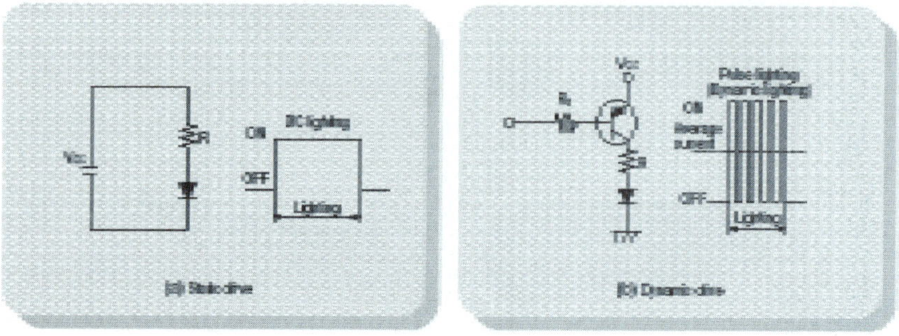

[그림 1-7] 스태틱과 다이나믹 방식 회로도

[표 1-2] 점등방식 비교

점등방식	주요 용도	장점
다이나믹 (Dynamic)	Matrix 배선에 의한 실내표시장치 Matrix 배선에 의한 조광용 광원장치	구동용 TR.등의 수를 줄여서 Cost 절감 가능
스태틱(Static)	Indicator 실외표시장치	고휘도 설계가 가능 도로표시등의 Flickering이 적다.

하치가 되면 눈으로 깜박임(Flickering)이 확인된다. 통상, 주로 사용되는 정현파점멸 또는 방형파점멸의 경우 60Hz보다 낮으면 깜박임이 인식되고, 40Hz정도에서는 확실하게 깜박임이 확인된다. 관측자가 움직이는 경우이거나 카메라로 촬영하는 경우에는 한층 높은 주파수에서도 깜박임이 확인된다. 용도에 맞춰서 점등주파수를 선택할 필요가 있다.

5) PWM을 통한 밝기 조절

LED 컬러 혼합(Color mixing)기술에 가장 널리 사용되는 방법으로 고정된 주파수 파형에서의 On time과 Off time의 비를 조절하여 LED의 광량을 조절하는 방법이다.

[그림 1-8]과 같은 PWM 신호(signal)로 LED를 구동하면 광량은 소스 신호(Source signal)의 사인파의 동기에 맞추어서 광량이 변하게 된다.

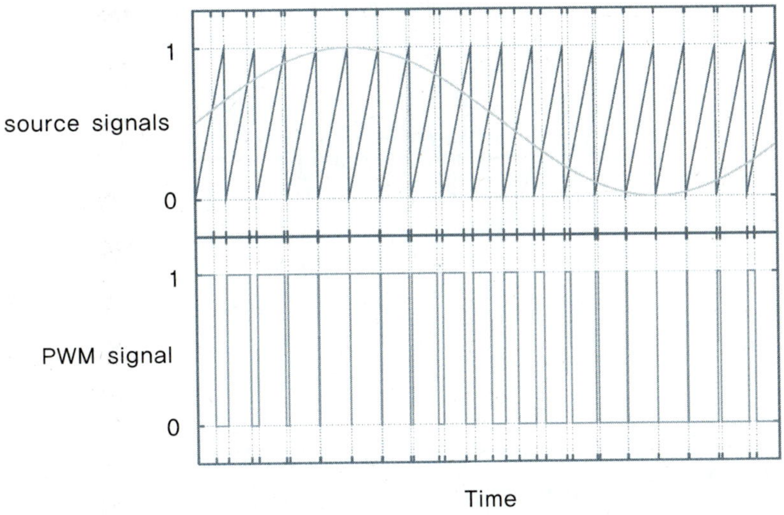

[그림 1-8] PWM을 통한 밝기 조절

6) 트라이액을 이용한 AC LED 밝기조절

트라이액(Triac)은 게이트(Gate)에 신호를 주면 T1, T2의 전원이 끊어지기 전까지는 계속 ON 상태를 유지하는 쌍방향 소자를 말한다. 쌍방향이란 교류와 같이 +, − 번갈아 바뀌는 전원도 제어가 가능하다는 의미이다. T1, T2에 연결되는 전원은 교류이므로 1초에 120번 0V를 지나므로 이때 자동으로 전원은 차단되므로 ON이 되는 시점(위상각)만 조정해주면 전력을 제어할 수 있게 된다.

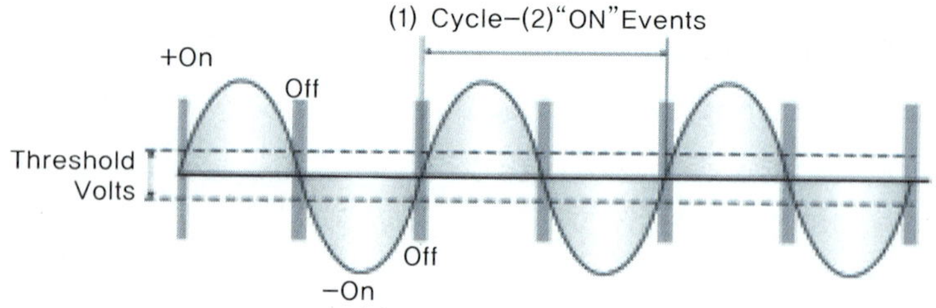

(a) Normal Operation

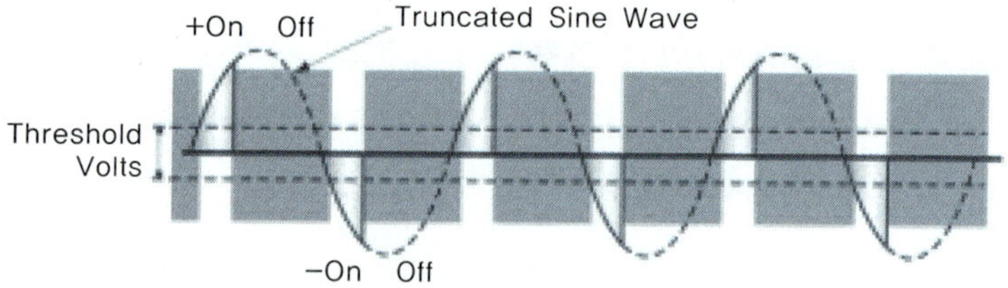

(b) Demand Operation

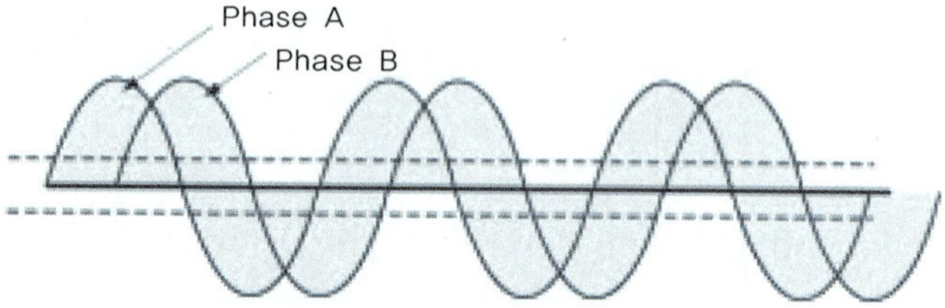

(c) A–B Phase Operation

[그림 1-9] Triac을 이용한 AC LED 밝기 조절

08 LED 응용

정보통신의 발달과 더불어 화합물 반도체 기술의 발전은 새로운 빛의 혁명을 예고하고 있다. LED로 잘 알려진 발광다이오드는 전기를 통해주면 전자가 에너지 레벨이 높은 곳

에서 낮은 곳으로 이동하면서 특정한 파장의 빛을 내는 화합물 반도체에 의해 만들어진 기본 소자이다.

적색 및 녹색 발광다이오드는 수십 년 전에 개발되어 디스플레이 및 광원용 장치 등에 폭넓게 쓰이고 있으나, 청색(Blue), 순녹색(Pure green)의 빛을 내는 LED의 개발이 어려워 오랫동안 총천연색을 구현하지 못하였다. 하지만 1990년대에 일본 나카무라 수지가 이끄는 Nichia Chemical의 연구팀을 필두로 HP, Cree, Toyota Gosei 등 세계 최고의 기술을 가진 몇몇 반도체 회사에 의해 질화갈륨을 이용한 청색 발광다이오드가 개발되었고, 이에 총천연색의 구현을 갈망하던 램프 및 디스플레이 장치 산업과 짧고 안정된 파장을 요구하는 광 메모리 장치 등 여러 LED 응용분야로부터 청색 및 순녹색 LED의 수요는 폭발적으로 증가하게 되었다.

이러한 청색 LED의 생산 역시 고난도의 기술과 고가의 장비가 필요한 분야로서 양산을 하는 데에는 막대한 비용과 시간이 걸리며 기하급수적으로 늘어나는 시장의 수요를 공급이 감당치 못하고 있는 형편이다. 또한 청색 LED에 Phpsphor를 도팅하여 백색광을 구현하는 백색(White) LED 역시 고부가가치 상품으로 소형기기의 광원 및 전구를 대체할 차기 조명시장의 주역으로 떠오르며 시장의 수요는 폭발적으로 늘어날 전망이다.

1) 표시장치분야(LED full color display)

청색 발광다이오드의 등장으로 기존의 적·녹색계열의 전광판들은 사라져가고 현재의 총천연색 전광판이 등장하게 되었다. 전광판 한 개를 만들기 위해서는 수백만 개의 LED 램프가 필요하며 전세계적으로 급증하는 총천연색 전광판의 수요에 따라 청색 및 순녹색

[그림 1-10] 표시장치분야 응용

LED의 수요도 기하급수적으로 증가하고 있으며 기존의 멀티 전광판이 전체 컬러(Full color) 전광판으로 교체되는 상태이다.

2) 신호등 / 자동차 부속품 분야

LED는 전력소비가 전구의 약 1/12에 불과하고 수명은 전구의 100배 이상이며 번기 Input에 대한 반응속도는 기존 전구보다 1000배 이상 빠르다. 저전력에도 고휘도를 내기 때문에 이미 미국 및 일본, 유럽 등 일부 나라에서는 신호등과 자동차 부품 등에 발광다이오드를 상용화하기 시작하였다. 이러한 LED 신호등의 개발로 기존 신호등 전구의 짧은 수명과 많은 전력소비의 문제점을 해결할 수 있게 되었다.

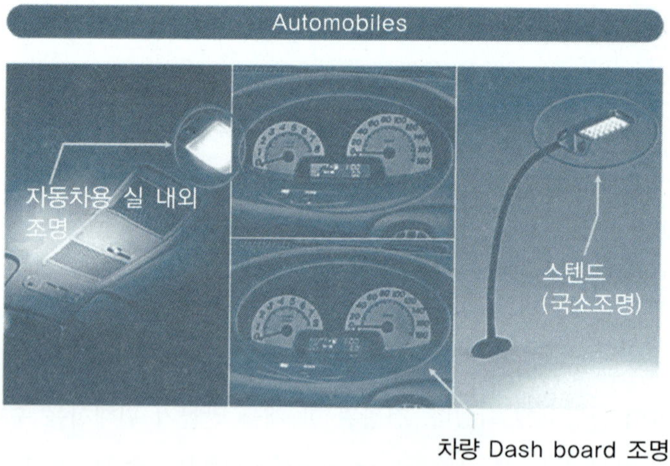

[그림 1-11] 자동차 및 형광등 분야 응용

[그림 1-12] 교통신호등 응용

3) 기타 : 핸드폰 백라이트(Backlight), 데이터 저장장치, 정보통신분야 etc

IMT-2000의 기술이 상용화되면 동영상을 구현하는 IMT-2000 단말기의 Backlight용으로 저전력 백색 LED가 필수적이다. 자동차 전장판과 음향기기 및 각종 정보통신 기기에서의 LED 수요도 폭발적으로 증가하고 있으며 완구시장과 같은 틈새시장도 빠른 속도로 성장하고 있다.

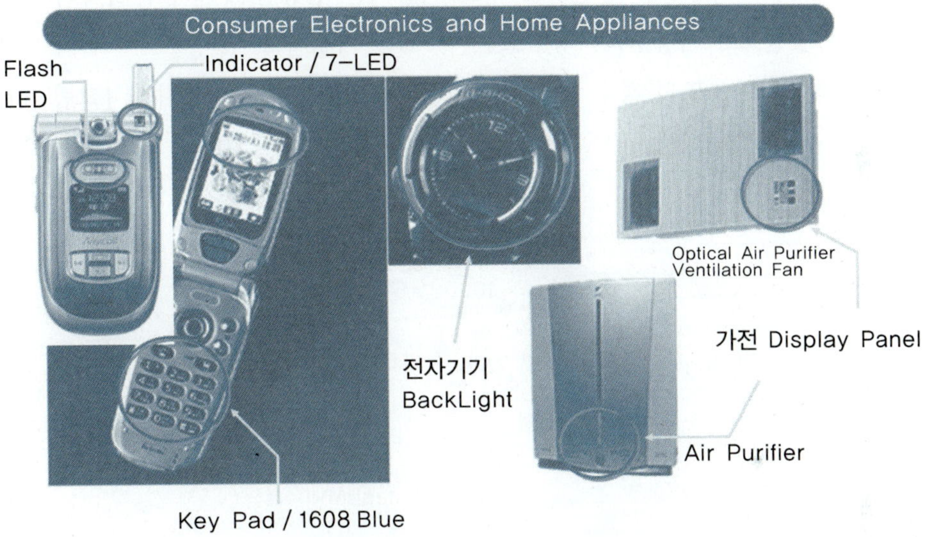

[그림 1-13] 가전 및 핸드 제품 응용폰

4) LED 응용 제품 구분

[표 1-3] LED 응용 제품구분

구분	Display용	Traffic Sign용	광원용	통신용
Set	옥내외 전광판	교통신호등 도로상태 경보등 도로상태 안내등 도로지명 표시등	산업용 특수조명	
Module & Array	옥내전광판 문자전광판 옥외전광판	도로교통 신호용 모듈 철도교통 신호용 모듈	정밀과학기기 특수조명 의료용 장비	IrDA IrDA-Array
Unit	가전제품 산업기기용 표시창 전광판 Pixel 완구류		전구형 Unit 형광등형 Unit Back Light (LCD, 단말기, 디지털카메라)	핸드폰 발광 안테나

09 전 세계 조명시장 현황

[그림 1-14]에서와 같이 2008년 기준으로 전 세계 조명은 약 1,090억 달러의 시장규모를 형성하고 있으며, 이 중 백열램프나 할로겐램프와 같은 실내조명용 광원을 중심으로 한 조명시장과 경관조명과 같은 외부조명으로 사용되는 나트륨램프 시장이 60% 이상을 차지하고 있으며, 사무실용 광원으로 주로 사용되는 형광램프(아시아 지역의 경우 일반 실내용 주 광원으로 사용됨)의 경우도 약 35%를 차지하고 있다.

이에 비해 LED 조명의 경우 약 3% 정도의 비율을 차지하고 있지만, [그림 1-15]에서 보는 바와 같이 2015년에 LED 조명시장은 전체 조명시장의 80%를 차지할 것으로 전망

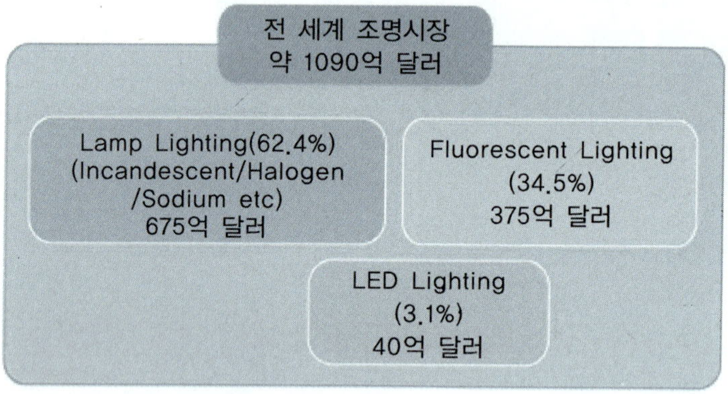

[그림 1-14] 세계 조명시장 현황

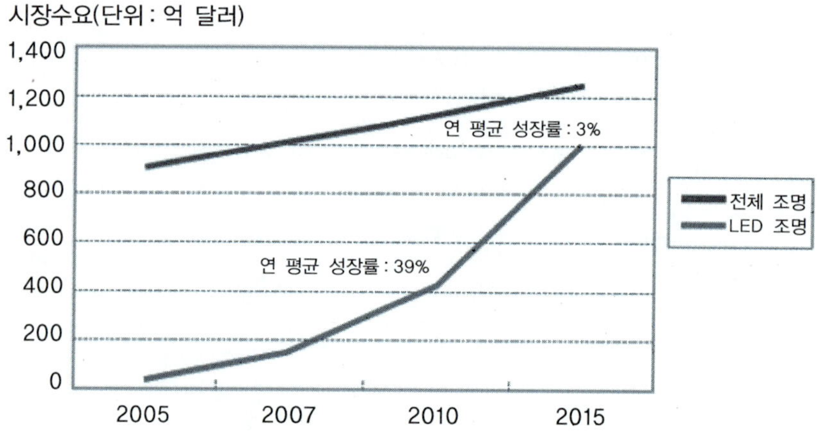

[그림 1-15] 세계 조명산업 전망(전체 조명/LED 조명)

하고 있다. 이는 2012년을 기점으로 전 세계적인 백열램프 사용규제와 함께 LED의 효율 향상에 따른 기타 모든 광원의 성능 대처를 감안해 본다면 충분히 가능할 것이라고 생각된다.

앞으로의 LED 조명시장은 앞서 언급한 바와 같이 상당히 매력적인 요소를 가지고 있지만, 시장만 보고 뛰어든다면 상당한 리스크를 감수해야 할 것이다. 조명분야의 세계적 선두업체의 경우도 상당이 오랜 시간 동안 LED 조명에 대해서 시행착오 및 핵심기술 확보, 시장상황에 따른 전략적인 판단을 거쳐 LED 조명사업에 참여하고 있기 때문이다. 이러한 업체들과 동등선상에서 경합을 한다는 것은 예상되는 결과를 미리 예측할 수 있다. 또한, 시장의 상황에 따른 진입, 진출 방안에 대한 우선순위를 정해 제품을 개발해야 한다.

기존 조명제품 대비 초기 비용에 대한 부담이 큰 사업이니만큼 정책적인 지원이 이루어지는 제품군 혹은 초기 투자대비 유지보수의 비중이 높은 제품군에 대한 개발이 우선시 되어야 할 것이다.

또한, 일반적인 조명제품의 적용보다는 농업, 어업, 군수, 항공, 의료 등 특수한 분야로의 제품개발이 다양한 형태로 개발되어 빠르게 적용될 것으로 예상된다. 그리고 LED 조명은 여러 가지의 틈새시장 진입이 가능하여 앞으로도 다양한 형태의 새로운 조명제품들이 시장에 소개될 것이다.

이때까지는 일정 수준 이상의 품질을 가지고 있는 LED 조명제품 가격에 LED 소자가격의 비중을 매우 높은 편이지만, 향후에는 LED 소자 자체에 대한 가격의 비중이 상대적으로 많이 줄어들 것으로 보이며, 현재는 조금 과장된 LED 조명제품에 대한 실제 수명특성, 조명제품 시스템 전반에 대한 효율과 디자인의 질적 향상을 위해 더욱 많은 투자가 이루어질 것으로 보인다.

10 LED 시장 현황

LED의 청색이 개발됨에 따라 조명시장이 열리고, 그 응용시장이 확대됨에 따라 세계시장의 성장속도도 급속히 증가하고 있다. [그림 1-16]과 같이 2003년 세계 고휘도 LED 시장규모는 약 27억 달러로 2002년 대비 약 47%나 확대되었고, 2004년에는 37억 달러로 37% 증가하였다. LED의 일반 조명시장 진입이 본격화될 것으로 예상되는 2010년 이후부터는 기하급수적으로 증가될 것으로 예상된다.

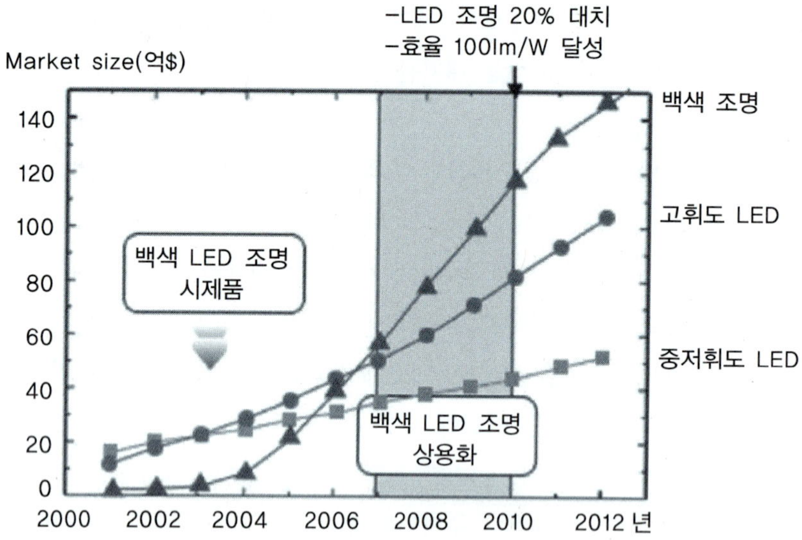

[그림 1-16] LED 시장 현황

1) 고휘도 LED의 용도별 세계시장

(1) 휴대전화

최근에 시장의 50% 이상을 차지하였고, 앞으로 58% 이상 증가될 것으로 예측되는 것을 [그림 1-17]과 같이 나타내었다. 휴대전화에서의 사용용도는 키패드, 착신 램프, 액정 패널의 백라이트 등에 이용되고 있으며, 컬러 액정화의 발달에 따라 백색 LED의 증가가 현격히 증가하고 있다. 고휘도 LED는 반도체 재료를 InGaAs, AlGaAs, InGaN 등의 화합물을 사용하여 패키지한 것을 말하며, 주로 조명이나 전광판 등 고기능성을 요구하는데 사용된다.

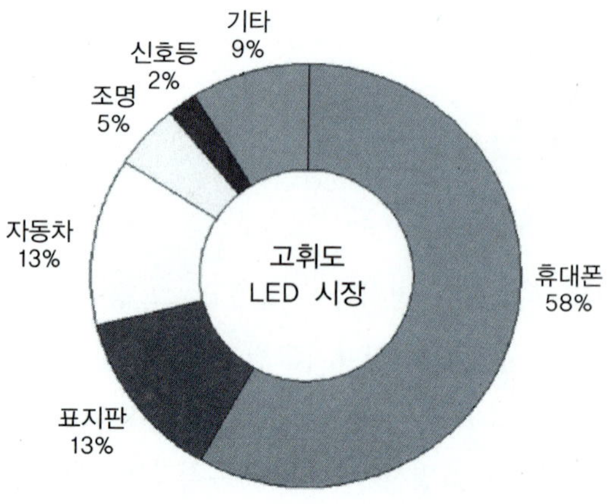

[그림 1-17] 고휘도 LED의 용도별 세계시장

(2) 표지판

도로 표시기나 전철, 버스 등의 행선지 안내판, 각종 광고 보드 등에 이용되고 있으며, 최근에 전체의 18%에서 점차 13%로 축소로 예측된다.

(3) 자동차

내장 광원으로서 실내조명이나 조작 버튼이 있고, 외장 광원으로서는 하이마운트, 스톱 램프가 중심이다.

2) LED의 컬러별 세계시장

고휘도 LED의 컬러별 시장분포를 보면 백색이 50%를 차지하고 있고, 그 다음에 청색 및 녹색 29%, 적색 및 황색이 15%를 차지하고 있으며 [그림 1-18]과 같이 나타낸다.

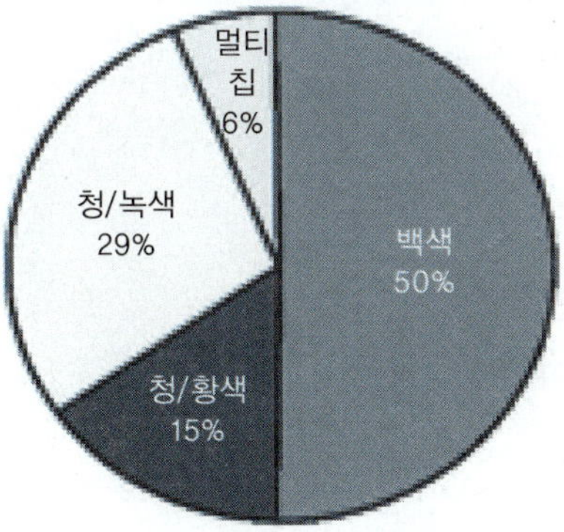

[그림 1-18] 고휘도 LED의 컬러별 세계시장

3) LED의 지역별 수요와 공급

[표 1-4] 고휘도 LED의 지역별 수요와 공급

단위 : 백만 달러

	공급	수요	공급-수요
북미	364	330	34
일본	974	598	376
유럽	227	413	-186
아태지역	280	448	-168
기타	0	83	-53
세계 전체	1,843	1,843	0

고휘도 LED의 공급과 수요에 대해 [표 1-4]에 살펴보면 북미와 일본이 공급 초과이며, 특히 일본의 공급 초과분이 크다. 이것은 일본이 고휘도 LED의 세계 공급기지화가 되어 있다는 의미로 해석할 수 있다.

4) 기업별 세계시장 점유율

(1) LED의 세계시장 점유율

일본이 세계의 약 53%를 점유하고 있고 국제 경쟁력이 가장 높다. 특히 니치아 화학, 도요다 합성, 스탠리 전기의 3사에서 세계 전체의 40%를 차지하고 있다. 한국은 약 6%로 대만보다 낮고 고휘도 LED의 기업별 세계시장 점유율을 [표 1-5]에 나타내었다.

[표 1-5] 고휘도 LED의 기업별 세계시장 점유율

지역	기업	매출(백만달러)	점유율(%)
일본	일아화학	400	21.7
	풍전합성	216	11.7
	스탠리 전기	153	8.3
	시티즌 전기	76	4.1
	송화전기	57	3.1
	동지	41	2.2
	샤프	11	0.6
	로옴	3	0.2
	삼양전기	3	0.2
	기타	13	0.7
	소계	974	52.9
북미	Agilent	282	15.3
	Lumileds	62	3.4
	기타	20	1.1
	소계	364	19.8
유럽	OSRAM Opto	208	11.3
	기타	19	1.1
	소계	227	12.3
아태지역	대만	128	6.9
	한국	112	6.1
	기타	40	2.2
	소계	280	15.2
세계	전체 합계	1,843	100.0

5) LED 특허 현황

(1) 원천특허

니치아 화학, 도요다 고세이, 루미레즈, 오스람 등 극소수에 불과하며, 원천특허를 보유한 기업이 세계 LED 시장을 주도하고 있다. LED 사업을 하는 경우 청색 LED, 형광체, 패키지 기술 등에 있어 반드시 니치아 화학 등의 구조, 물질, 형광체 등에 관한 특허를 회피해야만 한다. 청색 LED의 경우 원천구조, 물질 등에 있어 특허 문제가 있으며, 백색 또한 청색과 형광체인 야그 이트륨 알루미LED LED(YAG : 늄 가닛)에 대한 특허 문제가 존재한다. 따라서 non-YAG계 형광체를 채택한 LED를 개발하고, 새로운 형태의 전극 패턴을 개발하는 동시에 광효율을 높이는 새로운 박막구조 설계 등의 기술적 대응이 필요하다.

11 LED 활성화 국가적 정책

1) 한 국

우리나라에서 LED 조명은 국가발전을 위한 청사진의 정책적 모티브로도 많은 관심을 받고 있는데, 대표적인 LED 조명정책이 "1530프로젝트"이다. 이는 2015년까지 우리나라 조명의 30%를 LED 조명으로 바꾸겠다는 정부의 정책으로 이로 인한 예상 효과는 [표 1-6]에서 보는 바와 같다.

이를 위해 정부에서는 초기비용이 상대적으로 많이 드는 LED 조명의 보급 확대를 위해 관공서 조명을 LED 조명으로 교체하는 사업을 2008년 12월부터 시작하였고, 이를 계속해서 확대 적용해 나갈 예정이다. 또한, 미래의 기술에 대한 지원을 위한 방안으로 지식경제부에서 진행하는 통합기술청사진 사업에 있어서도 LED 조명을 중점 핵심기술로 지정하고 앞으로 꾸준히 연구개발에 대한 지원을 더욱 확대해 나갈 예정이다.

2) 미 국

경우 에너지부(DOE)에서 포괄적 LED 조명산업 육성전략을 통해 기초연구에서부터 상품개발, 상용화, 표준화, 입찰 판매 등과 같은 총괄적인 지원이 이루어지고 있으며, 다양한 기관 등이 LED 조명산업의 육성, 보급을 위해 LED 조명제품의 콘테스트와 같은 행사를 매년 실시하고 있다.

[표 1-6] LED 조명기기 30% 보급시 에너지 절감량 및 절감액

LED Lamp 효율(lm/W)	70lm/W	90lm/W	120lm/W	150lm/W	180lm/W
한국 LED 보급률(%)	30	30	30	30	30
LED 조명 보급에 따른 일반조명 전기절감량(GWh)	3,368	4,245	5,036	5,510	5,827
LED 조명 보급에 따른 일반조명 전기절감액(백만 원)	306,502	386,252	458,233	510,422	530,214
교통신호등, 유도등, 문자형 간판 전기절감량(GWh)	1,795	12,775	17,790	25,770	31,500
교통신호등, 유도등, 문자형 간판 보급에 따른 전기절감액(백만 원)	163,345	1,162,525	1,618,890	2,345,070	2,866,500
총 전기절감량(GWh)	5,163	17,020	22,826	31,280	37,327
총 전기절감액(백만 원)	469,847	1,548,777	2,077,123	2,846,492	3,396,714
CO_2 방출 절감(천톤) (탄소방출계수 : 0.39kg의 CO_2/kWh)	2,014	6,638	8,902	12,199	14,557
나무심기 효과(백만 그루) (나무 한 그루당 연간 14kg의 CO_2 흡수)	144	474	636	871	1,040

(출시 : 한국광기술원 조사분석(2008.4. 1kWh당 91원 기준))

3) 독 일

다른 EU 국가와 같이 2012년까지 단계적으로 백열램프 사용을 금지하고, 이를 에너지 세이빙램프나 LED 램프로 대체하도록 하는 것과 함께 각종 LED 분야에 대한 표준화를 적극적으로 지원하고 있다.

4) 중 국

반도체 조명과 관련된 다양한 프로젝트와 더불어 저효율 조명제품의 시장퇴출, LED 표준화 가속화, 10개 도시에 만개 전등 LED 시범 프로젝트, LED 조명제품 보조금지원 등을 통해 국가차원에서의 LED 조명보급을 위한 적극적인 정책을 시행하고 있다.

5) 대 만

백색 LED 조명산업 발전지도 계획 및 대만의 주요 LED 업체들을 소집하여 공동으로 연구할 수 있는 기관을 구성하여 국제적 표준화 활동에 적극 참여하도록 재정적 지원을 아끼지 않는다.

이외에도 일본, 러시아, 태국 등 수많은 국가에서 앞으로 크게 성장할 LED 조명시장에 대해 자국의 입지확보를 위한 환경조성을 위해 정책적인 지원을 아끼지 않고 있다.

12 LED의 기술개발

1) 백색 LED 기술개발 현황

(1) LED의 백색화에는 크게 두 가지 방법으로 실현시키고 있다.

① 적·녹·청색인 빛의 삼원색 LED를 조합해서 동시 발광시켜 백색광을 얻는 방법이다. 이는 3개의 칩이 필요하며, 각각의 개별적인 전원회로가 필요하기 때문에 코스트가 높은 결점이 있다. 또한 온도변화에 따른 발광 특성변화의 문제점도 있는 반면 표시색을 임의로 바꿀 수 있어 백색 LED로서 실용화되고 있다.

② 청색 또는 자외선을 발광하는 LED를 형광체의 발색과 조합하여 백색광을 얻는 것이다. 이는 하나의 칩으로 백색을 실현할 수 있고 전원회로도 하나로 할 수 있으므로 코스트가 저렴한 특징이 있다. 최근에는 고휘도 청색 LED와 형광재료를 조합하여 발광효율을 크게 향상시킨 백색 LED도 개발되고 있다.

(2) 조명용 LED의 기술요소는 LED 소자기술과 LED 응용기술로 구분된다.

① LED 소자기술은 재료기술, 구조기술, 제조방법, LED 패키징 기술 등으로 구분된다.

② LED 응용기술은 LED를 이용한 광원장치, 액정표시장치, 면조명장치, 자동차용 표지등, 차량용 조명기구, 계기조명장치, 일반조명장치, 신호기, 계단용 조명 등이 있다.

[표 1-7] LED 조명기술

분 야		기술요소	핵심기술
LED 조명기술	LED 소자기술	재료기술	화합물 반도체, GaAs, GaN, 전극, 패키징 재료
		구조기술	PN접합, 접합구조, 전극구조, 반사막, 차광 재료, 렌즈
		제조방법	에피택셜성장, 결정성장, 이온주입, 패키징
		LED 패키징 기술	패키징, 패키징 재료, 어레이, 매트릭스
	LED 응용기술	광원장치	광원장치, 발광장치, 발광 유니트, 램프, 조명기구
		액정표시장치	LCD, 액정표시 패널, 액정 TV, 확산 시트, 확산판
		면조명장치	백라이트, 프로브라이트, 면조명장치, 도광판
		자동차용 조명	전조등, 실내등, 신호등, 스톱등, 하이마운트램프
		계측기 조명장치	계측기
		일반조명장치	조명기구, 조명등, 조명장치
		기타	신호기, 촬영용조명, 의료용조명

(자료 : 일본공업소유권종합정보관)

(3) 조명용 LED 기술은 청색 LED의 개발에 의해 크게 발달되었다.

1993년부터 1995년에 걸쳐 칸델라급의 광도를 가지는 청색 LED와 녹색 LED가 제품화되어 기존의 적색 LED와 함께 고휘도 삼원색의 LED를 갖추게 되었고, 나아가 단파장 LED의 기술혁신을 통한 백색발광의 개 발이 이루어져 조명용 LED가 급진전을 보게 되었다.

(4) 국제표준화에 대해서는 국제조명위원회(CIE)에서 LED 표준화를 제정하였다.

국제조명위원회에는 빛과 조명에 대한 기초표준이나 계량의 방법에 대해서 또한 국제 및 국가 표준작성시의 지침에 관한 내용을 기술해 놓고 있다.

2) 백색 LED의 고효율화와 고출력화

1996년 일본의 니치아 화학은 청색 LED와 황색빛의 YAG 형광체를 조합한 독특한 백색 LED를 세계 최초로 상품화했다. 현재 백색 LED라고 하면 이러한 InGaN계 청색 LED와 YAG 형광체의 조합을 가리키는 정도로 일반화되었다. 이러한 백색 LED는 백색광원으로서 초소형, 초경량, 장수명 등의 특징이 있어 급속히 보급되었다. 예를 들어 휴대전화에 소형 컬러 액정 디스플레이의 백라이트로 사용되어 우리의 일상생활에 넓게 침투하고 있다. 백색 LED의 발광효율을 개선하기 위해서는 다음과 같다.

① 여기광원인 청색 LED 칩의 발광효율의 향상

② 형광체의 발광효율 향상

③ 청색 LED 칩의 형광체 도포방법 개선

④ 패키지 개량에 의해 광이용효율의 개선 등이 필요하다.

여기서 ① 청색 LED 칩의 발광효율 향상을 위해서는 에피의 결정성 향상에 의해 내부 양자효율향상, 에피 웨이퍼 구조개선에 의한 내부 양자효율의 개선 및 구동전압(Vf)의 저감, 디바이스 공정에 의한 광추출 효율의 개선 등이 필요하다. 최근 청색 LED용 GaN계 MOCVD 장치가 개발되어 에피 웨이퍼 결정 품질의 차이는 거의 없어졌으므로, 에피의 결정성 향상에 의해 내부 양자효율향상은 현재 각 사 모두 한계점에 도달한 상황이다. 그래서 각 칩 업계는 에피 웨이퍼 구조개선에 의한 내부 양자효율의 개선 및 구동전압(Vf)의 저감, 디바이스 공정에 의한 광추출 효율의 개선 등의 개발에 힘을 쓰고 있다.

니치아 화학에서는 에피 웨이퍼 구조개선에 의한 내부 양자효율의 개선 및 구동전압(Vf)의 저감, 디바이스 공정에 의한 광추출 효율의 개선 등 뿐만 아니고, ② 및 ③, ④의 형광체 개발 및 어셈블리 기술개발도 계속적으로 실시하여, 2004년도에 백색 LED의 발광효율을 종래의 1.7배라는 대폭적인 개선을 달성했다. 그 결과 20mA 구동시에 광출력은 3.6lm, 발광효율은 50lm/W라 는 고효율 백색을 제품화하기에 이르렀다. 이러한 LED 발광효율 향상에 가장 크게 기여한 분야는 디바이스 공정에 의한 광추출 효율의 개선에 의한 성과이다.

그러나 조명기구로서 사용하기에는 아직 상당한 거리가 있는 것은 분명하였다. 만약 조명기구에 필요한 1000lm의 광량을 달성하기 위해서는 LED 1개당의 출력이 3.6lm인 LED를 280개나 필요하다. 더욱이 발광효율을 2배로 향상시켜도 140개의 LED가 필요하게 된다. 따라서 백색 LED 1개당의 발광출력을 10배 이상으로 향상시키는 것이 필요하다. 백색 LED 1개당의 광출력을 향상시키기 위해서는 우선 투입전력을 크게 하는 것이 필요하지만, 투입전력을 크게 하면 발열도 커지기 때문에 패키지의 급냉기술이 필요해진다.

또한 청색 LED 칩 사이즈를 바꾸지 않으면 열밀도가 너무 증대해 칩 온도가 상승해 광출력을 크게 저하시키기 때문에 청색 LED 칩 사이즈도 필요에 따라서 크게 할 필요성이 있다. 이를 위해 니치아 화학에서는 열저항이 8℃/W와 매우 작은 신규 패키지를 개발해 종래 10배 이상의 전력 투입을 가능하게 하였다.

또한 청색 LED 칩 사이즈도 종래의 약 10배인 1mm × 1mm로 한 새로운 청색 LED 칩을 개발하여 350mA 구동으로 광출력 42lm, η L=32lm/W, x=0.31, y=0.31, Tcp=6800K 라는 파워 백색 LED를 2004년에 제품화했다.

또한 청색 LED칩의 발광층 구조를 개선하고 전극구조나 재료를 개선하여 50lm/W 제품을 출하하고 있다. 이러한 고효율 및 고출력의 백색 LED를 수십 개만 사용하더라도 HID 광원을 사용하는 헤드라이트 이상의 밝기를 실현하는 것이 가능하게 되었다.

3) 고연색성 백색 LED

(1) 개 요

LED의 발광색(발광파장)은 LED에 사용되는 반도체 재료의 밴드 갭 에너지에 의해 정해진다. 이러한 밴드 갭 에너지는 반도체 재료 고유의 값이고, 반도체 재료에 따라 다른 값이 정해진다. 따라서 LED를 개발한다는 것은 바로 반도체 재료를 개발하는 것을 의미한다. III족 질화물 반도체는 대표 재료인 질화갈륨(GaN)이 직접 천이형의 밴드 갭을 가지고 있어 그 에너지 폭이 3.4eV(365nm에 상당)에 달한다. 과거 오랫동안 III족 질화물 반도체는 그 결정 품질이 좋지 않았기 때문에 실용 소자로서 사용되지 않았으나, 수년전에 다음과 같은 혁신적인 기술개발로 인해 결정 품질이 현저하게 향상되어 실용 소자의 반도체 재료로서 사용할 수 있게 되었다.

MOCVD법에 의해 III족 질화물 반도체(특히 질화갈륨)와 사파이어 기판과의 사이에 저온 퇴적 버퍼층을 삽입함으로써, 고품질의 단결정 질화갈륨을 제작할 수가 있었다. III족 질화물 반도체의 N형 도전율 제어가 Si의 도핑에 의해 실현될 수 있었다. III족 질화물 반도체의 P형 전도가 Mg을 도핑하여 저에너지 LEEBI를 행함으로써 실현할 수 있었다. 그 후 III족 화합물 반도체를 이용한 청색 LED를 개발했고, 이 청색 LED는 Zn 도핑한 GaN을 기본 기술로 하여 LED를 구현한 것이다.

4) 백색 LED 기술

(1) 사용방법

① 필터를 통하는 광원

휴대전화의 액정 백라이트에 사용되는 경우가 대표적이다. 이 경우의 백색은 컬러 필터 자체의 색 특성에 매칭시키는 것이 필요하다.

② 우리 인간이 직접 백색을 보는 경우

예를 들면 LED 게시판, 각종 인디케이터(Indicator) 등이며 이것은 색의 품질을 요구한다.

③ 백색 LED가 빛을 비추어 물체를 보는 경우

조명 광원을 예로 들 수 있다. 이것은 모든 물체가 가지고 있는 색을 나타내기 위해서는 광원도 모든 색을 포함하고 있지 않으면 안된다.

위와 같이 백색 LED는 용도에 따라 광량이 필요한 경우와 색의 품질이 필요한 경우가 있다.

5) 백색 LED의 원리와 고연색성 백색 LED

백색 LED는 발광원리에 따라 다양한 종류의 백색 LED가 있다.

3색 LED는 1개의 패키지에 Red+Green+Blue 3개의 LED 소자를 투입하는 타입으로 3개의 LED 소자를 투입하여 각각 색의 강도를 전류값으로 제어할 수가 있으므로, 임의의 색을 발생시킬 수 있는 특징이 있으나, 1개의 패키지에 3개의 소자를 투입하기 위해서는 패키지 자체의 사이즈와 저비용화에 문제가 대두된다.

Blue LED + Yellow Phosphor는 광원에 청색 LED를 이용하는 것으로서, 형광체는 청색 LED에서 나오는 청색광에 의해 여기하여 황색의 발광색을 낼 수가 있는 것을 이용한다. 대표적인 것이 YAG계의 형광체이고 YAG 이외의 형광체도 검토되고 있다. 특징은 1개의 칩으로 백색을 실현할 수 있으며 고광도의 백색광을 얻을 수 있다.

Short Wave Length LED + Multiple Phosphors는 광원에 400nm 이하의 근자외선 발광

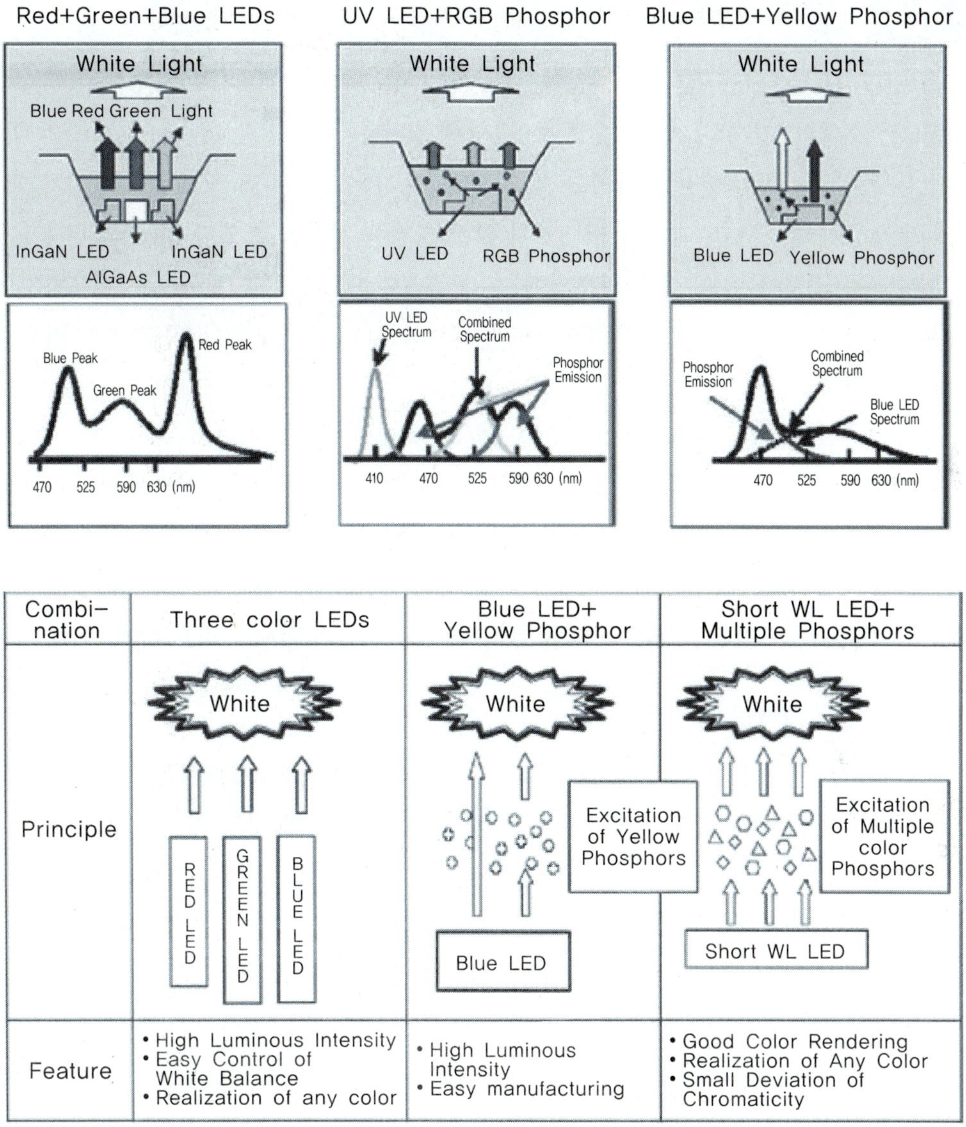

(자료 : OITDA 2005)

[그림 1-19] 백색 LED의 발광원리

LED를 이용해 복수의 형광체와 조합하여 백색을 실현하는 것이다. 이러한 조합은 근자외광선을 통해 다수의 형광체를 발광시켜 원하는 발광색이 되도록 형광체의 양을 제어하게 된다. 이것도 1개의 칩으로 백색을 실현할 수 있어 고연색성 백색 LED를 얻을 수 있으나, 고에너지 광원을 이용해 빨강을 포함한 저에너지색의 형광체를 발광시키기 때문에 발광효율은 Blue LED + Yellow Phosphor와 비교하여 떨어진다.

13 향후 과제

LED는 소형화, 경제성, 저전력, 긴 수명, 낮은 열방출, 환경보존, 파손이나 고장의 위험이 낮은 특성 등 많은 장점을 가지고 있다. LED 소자는 전구처럼 필라멘트가 없기 때문에 내충격성이 우수하고, 갑자기 끊어지지 않는 장점을 보유하고 있다. 따라서 현재 LED의 휘도와 신뢰성이 어느 정도 확보됨에 따라 종래의 백열전구를 광원으로 이용하고 있던 분야에서 서서히 대체되고 있으며, 녹색 LED의 실용화로 교통신호등으로도 사용 가능하게 되었다.

LED 교통신호등은 종래의 백열전구 신호등과 비교하여 소비전력이 80% 이상 절감되고, 수명이 50배 이상 늘어나며, 역광에 대해 시인성이 좋으며, LED 일부가 고장나도 신호등 전체가 소등되지는 않기 때문에 주행안정성의 향상에 크게 기여를 하게 되었다. 미래에는 현재 기술의 연장으로 더 나은 고휘도화, 내열성 개선 및 실장 기술향상이 기대되며, 새로운 기술로서는 고정밀화와 다색 발광이 가능한 모놀리식(Monolithc)형이 기대된다.

1) LED 소자 자체에 대한 기술개발

전자기술의 급속한 발달로 LED 제조단가는 과거에 비해 1/3가격으로 하락하였다. LED 신호등은 각 색별 소자가격이 다르기 때문에 신호등색별 가격 차이가 있으며, 전기적 부품비, 광학렌즈비용, 조립시 인건비를 제외한 소자 자체의 비용은 녹색등이 가장 많은 비율을 차지하고 있다. LED 신호등이 기존 신호등과 비교하여 초기 설치비용이 높음을 감안할 때, LED 신호등의 설치공사비가 지나치게 높을 경우 기존 신호등을 LED 신호등으로 교체하는 대안은 바람직하지 못하다. 따라서 현재 가장 많은 비용을 지출하는 녹색등을 중심으로 LED 소자의 제조관련 전자기술개발 부문 및 알고리즘의 개발이 필요할 것으로 보인다.

2) LED 배열과 구조의 다양화 및 회로설계

옥외에서 1년 내내 계속해서 점멸되는 LED 교통신호등은 고역률과 LED가 가지는 온도에 따른 광도 변화의 특성을 보완할 수 있어야 한다. 이를 위해 볼록렌즈를 이용하여 초점거리를 다양화하거나 렌즈의 두께를 줄여 신호등 함체의 크기를 줄이고, 광섬유와 같은 특수 물질을 통해 구조 및 LED Array의 배열을 다양화하는 기술개발이 필요하다.

또한 현재 사용되고 있는 LED 구동회로는 주위온도나 LED의 광출력을 온도 센서나

광센서를 통해 센싱하여 LED 구동전류나 전압을 제어하는 기술이다. 그러나 이러한 구동회로는 이 신호들을 제어하는 제어기를 별도로 제작함으로써 제작단가와 소비전력 등이 증가하게 된다.

그러므로 역률과 고조파 문제를 해결하면서 온도의 변화에 상관없이 일정한 광출력을 낼 수 있는 내구성이 우수한 구동회로의 개발이 필요하다. 이러한 구조의 다양화와 구동회로의 개발을 통해 적은 수의 LED로도 기존 신호등에 비해 밝기, 색상, 시인성 등이 우수한 차세대 장수형 교통신호등 공급이 기대된다.

환경측면을 고려하면 LED 신호등은 전력소모가 적음으로 인하여 전력발생량을 줄일 수 있으므로, 전력발생시 배출되는 CO_2시 배출량 삭감에 직접적으로 기여할 수 있다. 환경친화적 제품으로서 LED 교통신호등의 기술개발이 활발해짐으로써 이에 따른 관련 산업의 시스템 개발이 부가되어 동화상광고물, 가변정보판 등의 고밀도 화질 및 다양한 색상 구현, 가로등 등 기타 도로시설물의 조명분야, LED를 이용한 문자, 정보 등 그래픽 기술과 같은 분야에 활용이 가능하며, 교통사고의 감소도 기대되고 있다.

LED 교통신호등은 특허출원 동향에서도 알 수 있듯이 전 세계적으로 기술개발이 이루어지기 시작한지가 10년 내외이다. 따라서 한국이 일본과 같은 외국에 비해 시작은 다소 늦었더라도 광주에 "LED 밸리" 조성사업이 이루어지는 등 광반도체 연구가 활발하게 이루어지고 있어 앞으로의 기술개발 전망은 밝다고 할 수 있다. 외국의 선례를 보더라도 광소자의 특성상 벤처기업 형태가 유리하므로 벤처기업 창출을 통한 기술적・경제적 파급효과 또한 기대할 수 있다.

02장 LED 응용 시스템의 개요

01 LED 응용 시스템의 개요

LED 응용 시스템(ED-9810)은 LED에 대한 기초적인 이론을 제공하고 이에 대한 다양한 실습을 체계적으로 경험함으로써 동작원리의 이해를 높이는데 목적이 있다. LED 응용 시스템은 모두 9개 부분으로 구성되어 있으며 다음과 같다.

① 기본 보드(Base Board)
② 기본 회로도(Basic Circuit)
③ 응용 제어(Control) I
④ 응용 제어(Control) II
⑤ Webench
⑥ AC LED
⑦ VLC(Visual Light Communication)
⑧ 표시장치(Display)
⑨ 임베디드 파트(Embedded Part)

기본 회로(Basic Circuit) 보드로 LED의 기본적인 특성과 개념을 이해할 수 있으며 Control I 보드와 Control II 보드에서는 LED를 응용하기 위한 여러 가지 구동방법에 대한 이해를 한다. Webench 보드에서는 National Semiconductor(NS)사의 시뮬레이션을 통하여 LED 구동을 위한 회로설계에 대한 기초를 이해한다.

AC LED 보드를 통하여 AC 전원의 전력 제어방법에 대해 이해한다. VLC 보드를 통하여 LED를 이용한 통신방법에 대한 이해를 한다. Display 보드에서는 기본 회로와 Control I 보드의 수치값을 모니터링한다. 이 장에서는 이들에 대한 각각의 기능 및 특징에 대해 간단히 살펴보고 장비사용법에 대해 기초 지식을 숙지하고자 한다.

02 LED 응용 시스템 구성 및 특징

1) LED 응용 시스템(ED-9810)의 본체

- AC 220V를 입력받아서 각 모듈의 DC 전원을 공급한다(+5V, −5V, +12V, −12V).
- USB 케이블을 이용하여 연결한다(프로그램 실습).

2) LED 응용 시스템의 실습용 모듈

(1) 기본 회로(Basic Circuit) 모듈

- 기본적인 구동방법 실습 : 기본 구동, 정전압 구동, 정전류 구동, 직렬연결, 병렬연결
- 다이얼과 셀렉터를 이용한 입력
- TP(Test Point) 단자에 의한 출력파형 측정
- 조작의 편리함
- LED 구동에 필요한 요소들 계산법 학습

(2) 응용 제어(Control) I 모듈

- 밝기 조절 실습
- 색상 조절 실습
- 점등방법 실습(Dynamic / Static)
- TP(Test Point) 단자를 이용한 각 부분의 파형 측정

(3) 응용 제어(Control) II 모듈

- 색상조절 실습
- 예제 소스를 이용한 프로그램 실습
- 과제를 통한 프로그램 작성 실습

(4) Webench 모듈

- NS사의 시뮬레이션 실습
- Steady / PWM 시뮬레이션 실습
- TP(Test Point) 단자에 의한 출력파형 측정

(5) AC LED **모듈**

- AC LED 밝기 조절 실습
- TP(Test Point) 단자에 의한 출력파형 측정

(6) VLC **모듈**

- 아날로그 신호 송수신 실습
- 디지털 신호 송수신 실습
- TP(Test Point) 단자에 의한 출력파형 측정

(6) **표시**(Display) **모듈**

- 기본 회로의 측정값 모니터링
- Control I의 구동값 모니터링

03 LED 응용 시스템의 각 부분 설명

1. LED 응용 시스템의 실습 본체

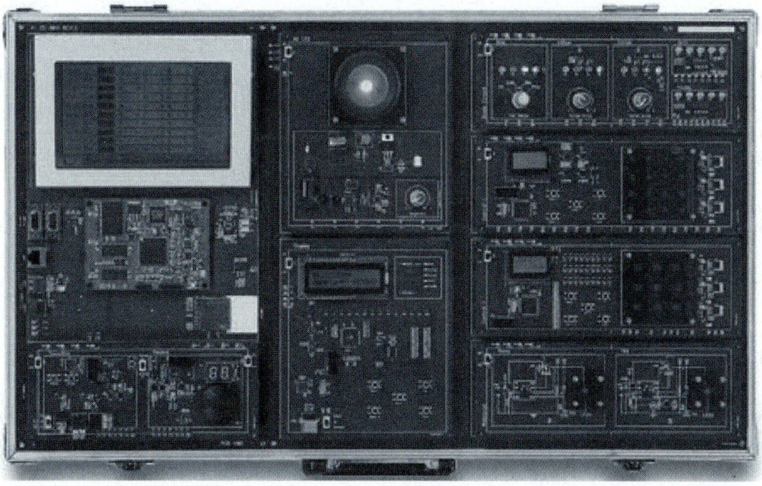

[그림 2-1] LED 응용 시스템의 정면도

2. LED 응용 시스템의 모듈

1) 기본 회로도(Basic Circuit) 모듈

[그림 2-2] 기본 회로도 모듈

(1) 다이얼(Dial) 동작설명

① 컬러 선택기(Color Selector) : Red / Green / Blue / White 중에 테스트하고자 하는 색을 선택한다.

② 전압설정(Voltage Set) : 정전압 테스트에서 공급전압을 변경한다.

③ 전류설정(Current Set) : 정전류 테스트에서 흐르는 전류를 변경한다.

(2) SW(스위치) 동작설명

① SW2 : 정전류 테스트에서 공급전압(Supply Voltage)을 변경한다.

② SW3 : 병렬연결 테스트에서 LED의 점등을 제어한다.

③ SW4 : 직렬연결 테스트에서 LED의 점등을 제어한다.

(3) 실습내용

① Base

a. LED의 공급전압(Supply Voltage) 측정 실습

- TP 단자를 이용

b. LED의 순방향 전압(Forward Voltage) 측정 실습

- TP 단자를 이용

c. LED의 Current 계산 실습

d. LED의 Watt 계산 실습

e. Red / Green / Blue / White의 각종 측정값 비교 실습

② 전압(Voltage)

a. LED의 공급전압 측정 실습

- TP 단자를 이용

b. LED의 순방향 전압 측정 실습

- TP 단자를 이용

c. LED의 Current 계산 실습

d. LED의 Watt 계산 실습

e. Red / Green / Blue / White의 각종 측정값 비교 실습

③ 전류(Current)

a. LED의 공급전압 측정 실습

- TP 단자를 이용

b. LED의 순방향 전압 측정 실습

- TP 단자를 이용

c. TR의 Vce 측정 실습

- TP 단자를 이용

d. LED의 Current 계산 실습

e. LED의 Watt 계산 실습

f. Red / Green / Blue / White의 각종 측정값 비교 실습

④ Serial

a. LED의 공급전압 측정 실습

- TP 단자를 이용

b. LED의 순방향 전압 측정 실습

- TP 단자를 이용

c. LED의 Current 계산 실습

d. LED의 Watt 계산 실습

⑤ Parallel

a. LED의 공급전압 측정 실습

- TP 단자를 이용

b. LED의 순방향 전압 측정 실습

- TP 단자를 이용

c. LED의 Current 계산 실습

d. LED의 Watt 계산 실습

2) 제어(Control) I

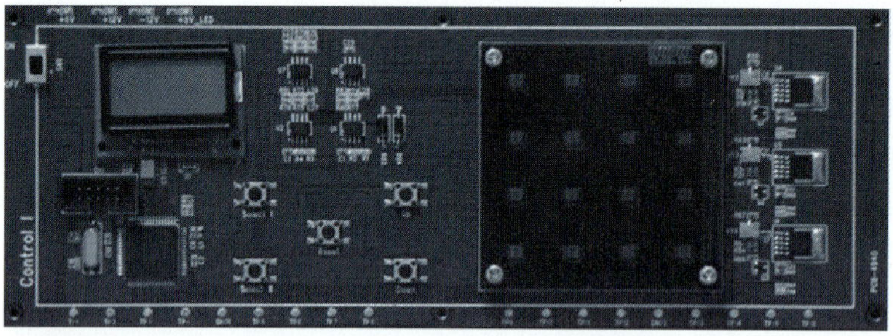

[그림 2-3] 제어(Control) I 보드

(1) SW 동작설명

① Reset : 키로부터 입력 데이터가 모두 초기화된다.

② Select I : Bright → Color → Hz 순으로 테스트 항목을 변경한다.

③ Select II : Color 테스트에서 Red → Green → Blue 순으로 항목을 변경한다.

④ Up : 각 테스트에서의 값을 증가시킨다.

⑤ Down : 각 테스트에서의 값을 감소시킨다.

(2) 실습내용

① 밝기(Bright)

a. LED의 Duty비 측정

- TP 단자를 이용
- SW 이용

b. LED의 Current 계산 실습

c. LED의 Watt 계산 실습

② 색상(Color)

a. 색상표에 의한 색상 조합 실습

- CLCD / SW 이용

b. LED의 Current 계산 실습

- TP 단자를 이용

c. LED의 Duty비에 대한 Current 계산 실습

 – TP 단자를 이용

d. LED의 Watt 계산 실습

e. Red / Green / Blue의 측정값 비교 실습

③ 사이클(Cycle)

a. Cycle에 의한 착시 실습

 – TP 단자를 이용

 – SW 이용

b. LED의 Current 계산 실습

 – TP 단자를 이용

c. LED의 Duty비에 대한 Current 계산 실습

 – TP 단자를 이용

d. LED의 Watt 계산 실습

(3) ATmega128 CPU 채택

① 향상된 RISC 구조

a. 133개의 강력한 명령어

b. 16MHz에서 최대 16MIPS 처리량

② 비휘발성 프로그램과 데이터 메모리

a. 128Kbyte 프로그램할 수 있는 플래시

b. 4Kbyte EEPROM

c. 4Kbyte 내부 SRAM

③ 주변기기 특징

a. Two 8Bit Timer / Counters

b. Two 8Bit PWM Channels

c. 8CH 10Bit ADC

3) 제어(Control) II

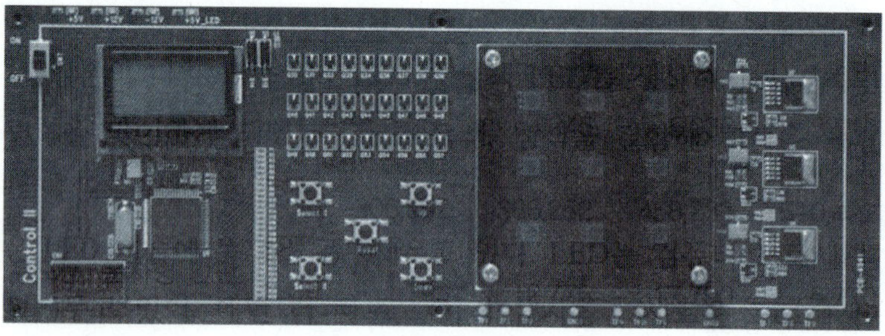

[그림 2-4] 제어(Control) II 보드

(1) SW 동작설명

① Reset : 키로부터 입력 데이터가 모두 초기화된다.

② Select I : LED1 → LED2 → … LED8 → LED9 순으로 항목을 변경한다.

③ Select II : 각 LED에서 Red → Green → Blue 순으로 항목을 변경한다.

④ Up : 각 테스트에서의 값을 증가시킨다.

⑤ Down : 각 테스트에서의 값을 감소시킨다.

(2) 실습내용

① 예제 1을 이용한 포트 제어 프로그램

- TP 단자를 이용

② 예제 2를 이용한 전체 구동 프로그램

- TP 단자를 이용

③ 예제 3을 이용한 개별 구동 프로그램

- TP 단자를 이용

④ 과제를 통한 프로그램 실습

- TP 단자를 이용

(3) ATmega128 CPU 채택

① 향상된 RISC 구조

a. 133개의 강력한 명령어

b. 16MHz에서 최대 16MIPS 처리량

② 비휘발성 프로그램과 데이터 메모리

a. 128Kbyte 프로그램할 수 있는 플래시

b. 4Kbyte EEPROM

c. 4Kbyte 내부 SRAM

③ 주변기기 특징

a. Two 8Bit Timer / Counters

b. Two 8Bit PWM Channels

c. 8CH 10Bit ADC

4) Webench

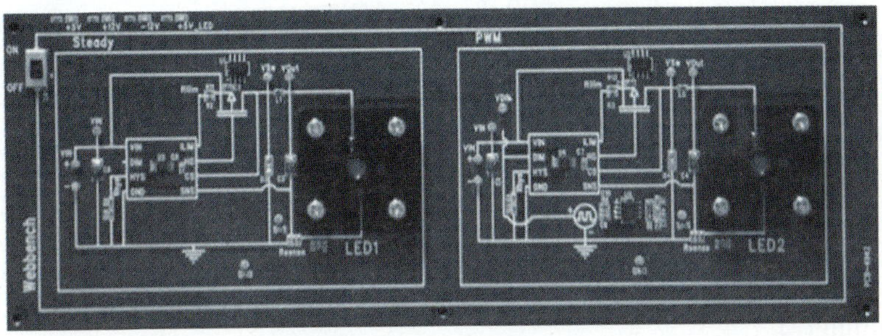

[그림 2-5] Webench 보드

(1) 실습내용

① NS사의 Webench 시뮬레이션

a. Webench 사용방법 학습

b. 시뮬레이션 결과 기록(Steady, PWM)

② Board의 Webench

a. Steady 테스트 포인트 파형 기록

 – TP 단자를 이용

b. PWM 테스트 포인트 파형 기록

 – TP 단자를 이용

5) AC LED

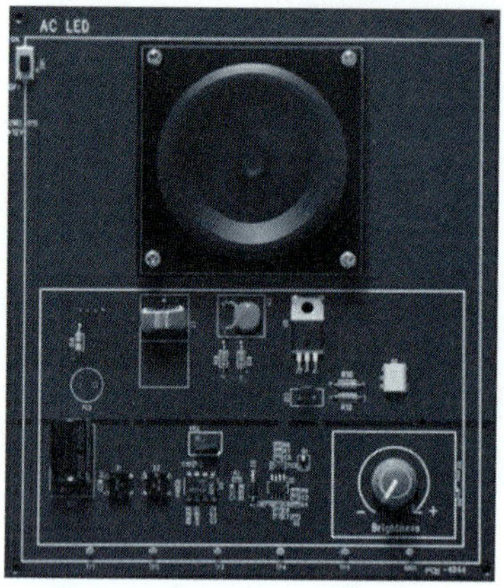

[그림 2-6] AC LED 보드

(1) 다이얼(Dial) 동작설명

① Brighteness : 밝기를 변경한다.

(2) 실습내용

① AC dimming

a. 전파정류 실습

- TP 단자를 이용

b. 제로크로싱 실습

- TP 단자를 이용

c. PWM 실습

- TP 단자를 이용
- 다이얼 이용

6) VLC

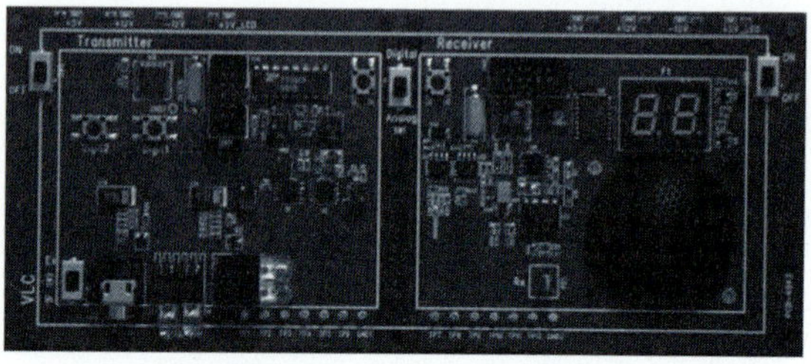

[그림 2-7] VLC 보드

(1) SW 동작설명

① Reset : 키로부터 입력 데이터가 모두 초기화된다.

② Digit I : 디지털 전송시 하위 비트를 변경한다.

③ Digit II : 디지털 전송시 상위 비트를 변경한다.

(2) 실습내용

① 아날로그 송수신

a. 음성신호 송수신

- TP 단자를 이용
- MP3 player / 스피커를 이용

② 디지털 송수신

a. ART 송수신

- TP 단자를 이용
- SW / FND를 이용

(3) ATmega8 CPU 채택

① 향상된 RISC 구조

a. 133개의 강력한 명령어

b. 16MHz에서 최대 16MIPS 처리량

② 비휘발성 프로그램과 데이터 메모리

a. 8Kbyte 프로그램할 수 있는 플래시

b. 512byte EEPROM

c. 1Kbyte Internal SRAM

③ 주변기기 특징

a. Two 8Bit Timer / Counters

b. One 8Bit PWM Channels

7) 디스플레이(Display)

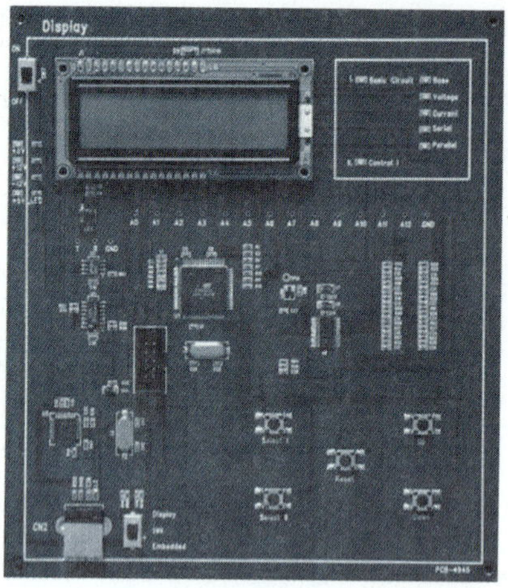

[그림 2-8] Display 보드

(1) SW 동작설명

① Reset : 키로부터 입력 데이터가 모두 초기화된다.

② Select I : Up / Down 키를 통하여 모니터링할 테스트 목록을 변경할 수 있도록 한다.

③ Select II : Up / Down 키를 통하여 테스트 항목에서 측정값 목록을 변경할 수 있도록 한다.

④ Up : 각 테스트에서의 목록을 변경한다.

⑤ Down : 각 테스트에서의 목록을 변경한다.

(2) ATmega128 CPU 채택

① 향상된 RISC 구조

a. 133개의 강력한 명령어

b. 16MHz에서 최대 16MIPS 처리량

② 비휘발성 프로그램과 데이터 메모리

a. 128Kbyte 프로그램할 수 있는 플래시

b. 4Kbyte EEPROM

c. 4Kbyte Internal SRAM

③ 주변기기 특징

a. Two 8Bit Timer / Counters

b. Two 8Bit PWM Channels

c. 8CH 10Bit ADC

8) PC GUI(Graphic User Interface)

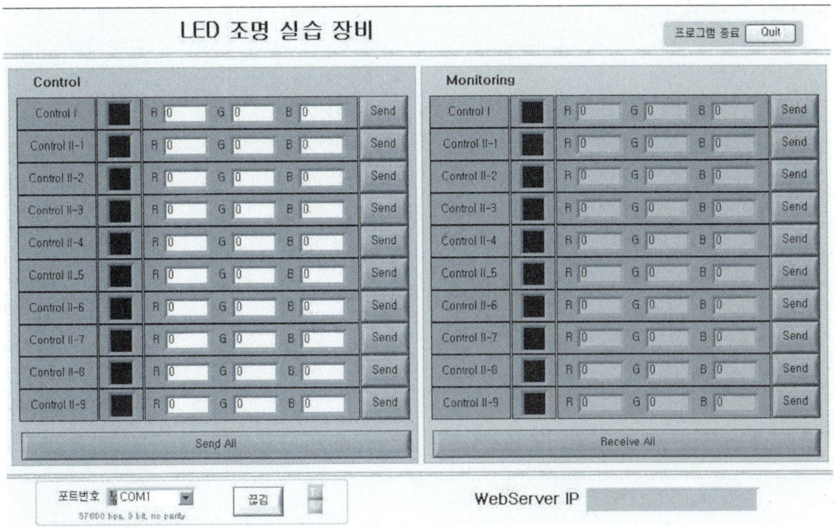

[그림 2-9] PC 그래픽 유저 인터페이스

(1) 실습내용

① RS-232를 이용한 모듈 제어

a. Control I / Control II LED 제어

b. Control I / Control II LED 모니터링

② Web Server를 이용한 모듈 제어

a. Control I / Control II LED 제어

b. Control I / Control II LED 모니터링

③ LabVIEW 응용을 이용한 모듈 제어

④ QT 응용을 이용한 모듈 제어

03장 LED 기본 구동

1 실험 제목 : LED 기본 구동 실험

2 실험 목적

① LED를 구동하기 위한 가장 간단한 회로를 이해한다.

② LED 구동에 필요한 값들을 이해한다.

3 실험 준비사항

① 실험용 장비 본체

② 디지털 멀티미터

③ 기본 회로 모듈

4 실험 주의사항

① LED의 빛을 주시하지 않는다.

② 보드를 임의로 분리 조립하지 않는다.

③ 보드의 소자를 분리 조립 튜닝하지 않는다.

④ 보드의 홀 사이로 이물질이 들어가지 않도록 한다.

5 실험 관련 이론

전류의 측정을 하기 위해서는 회로를 끊어서 측정하기 때문에 V=IR을 이용해서 저항값을 알고 전압을 측정하여 간접적으로 전류를 측정하였다(회로가 너무 복잡해짐).

스위치와 테스트 포인트(TP) 등을 이용해서 학생들이 전류를 직접 측정해 볼 수 있다면 학습에는 도움이 될거라고 생각된다. 하지만 이는 기초 전기·전자에서 실습할 내용이라 생각된다.

1) 관련 용어

① 순방향 전압(Forward Voltage, Vf) : 순방향 전압으로 순방향으로 전류가 흐를 때 강하되는 전압으로 이는 최소한 순방향 강하전압 이상의 전압을 가해야 전류가 흐를 수 있는 것이다.

② 지속 순방향 전류(Continuous Forward Current : IF) : 지속적으로 LED에 인가할 수 있는 최대 전류(주위온도에 따라 Derating 필요)

③ 소비전력(Power Dissipation : PD) : LED가 소비할 수 있는 최대 전력
[PD = Forward Current(IF) × Forward Voltage(VF)]

④ 최대 순방향 전류(Peak Forward Current, IFP) : Pulse Mode로 LED를 점등시 LED에 인가할 수 있는 최대 전류(조건 : Pulse폭, Duty비)

⑤ 동작온도(Operating Temperature, Topr) : LED를 정상적으로 동작시킬 수 있는 주위온도 범위

⑥ 저장온도(Storage Temperature, Tstg) : LED를 특성에 변화없이 보관가능한 저장온도 범위

⑦ 솔더링 온도(Soldering Temperature, Tsol) : Soldering 조건

2) 보드 회로 용어

① V 전류(Vcurrent) : 키르히호프의 전류법칙을 적용하여 흐르는 전류를 계산하기 위한 전압 측정 값(측정한 저항의 양단의 전압을 저항값으로 나누어서 전류를 계산함)

② Vf : 순방향 전압(Forward Voltage)

③ Vs : 공급전압(Supply Voltage)

3) 보드 회로

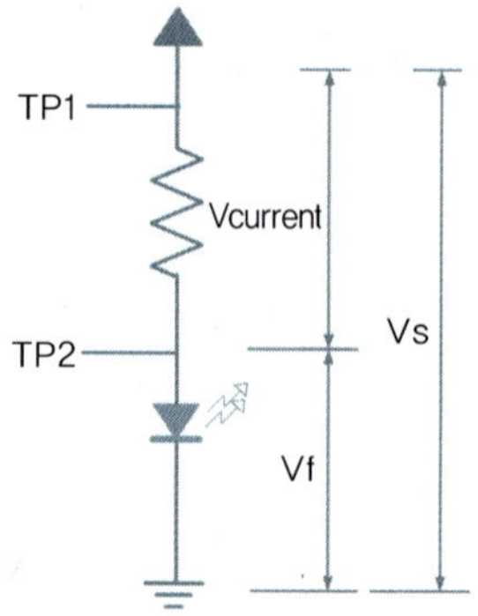

[그림 3-1] 보드 회로

6 실험 절차

1. 장비의 main 전원을 켠다.
2. 모듈의 전원을 켠다.
3. Color selector를 Red에 맞춘다.
   ① TP1의 전압을 측정하여 기록한다.
   TP1 = 5.0V
   ② TP2의 전압을 측정하여 기록한다.
   TP2 = 1.92V
   ③ Red LED의 전류를 계산한다(보호저항 = 200Ω).
   Current = (TP1 − TP2) / 200 = 15.4mA
   ④ Red LED의 Watt를 계산한다.
   Watt = Current * TP2 = 29.568mW
4. Color selector를 돌려서 Green에 맞춘다.
   ① TP1의 전압을 측정하여 기록한다.
   TP1 = 5.01V
   ② TP2의 전압을 측정하여 기록한다.
   TP2 = 2.987V
   ③ Green LED의 전류를 계산한다.
   Current = (TP1 − TP2) / 200 = 10.1mA
   ④ Green LED의 Watt를 계산한다.
   Watt = Current * TP2 = 30.2mW
5. Color selector를 돌려서 Blue에 맞춘다.
   ① TP1의 전압을 측정하여 기록한다.
   TP1 = 5.01V
   ② TP2의 전압을 측정하여 기록한다.
   TP2 = 3.005V
   ③ Blue LED의 전류를 계산한다.
   Current = (TP1 − TP2) / 200 = 10.025mA
   ④ Blue LED의 Watt를 계산한다.
   Watt = Current * TP2 = 30.125mW

6. Color selector를 돌려서 White에 맞춘다.

① TP1의 전압을 측정하여 기록한다.

TP1 = 5.01V

② TP2의 전압을 측정하여 기록한다.

TP2 = 2.966V

③ White LED의 전류를 계산한다.

Current = (TP1 − TP2) / 200 = 10.22mA

④ White LED의 Watt를 계산한다.

Watt = Current * TP2 = 30.31mW

7. Red / Green / Blue / White에 대한 TP1, TP2, current, Watt의 값을 [표 3-1]과 같이 작성한다(보호저항 200Ω).

[표 3-1] Red / Green / Blue / White에 대한 TP1, TP2, current, Watt의 값

구분	Red	Green	Blue	White	비고
Supply Voltage(V) = TP1	5.00	5.01	5.01	5.01	
Forward Voltage(V) = TP2	1.92	2.987	3.005	2.966	
TP1−TP2(V)	3.08	2.023	2.005	2.044	
Current(mA) = (TP1−TP2)/200	15.4	10.115	10.025	10.22	
Watt(mW) = TP2 * Current	29.568	30.21	30.125	30.3125	
lumen					

04장 LED 정전압 구동

정전압 구동방식이란 전압을 일정하게 유지한다는 의미이다. 전압과 전류 중에 어느 펙터를 일정하게 유지하는가를 말한다. 이해를 돕기 위해서는 보통 쓰이는 전원공급기(Power Supply)가 정전압 방식이고 굳이 부른다면 정전압 가변형이라고 부를 수도 있을 것이다.

1 실험 제목 : LED 정전압 구동 실험

2 실험 목적

① LED의 정전압 구동의 원리를 이해한다.
② LED 정전압 구동의 특성을 이해한다.

3 실험 준비사항

① 실험용 장비 본체
② 디지털 멀티미터
③ 기본 회로 모듈

4 실험 주의사항

① LED의 빛을 주시하지 않는다.
② 보드를 임의로 분리 조립하지 않는다.
③ 보드의 소자를 분리 조립 튜닝하지 않는다.
④ 보드의 홀사이로 이물질이 들어가지 않도록 한다.

5 실험 관련 이론

1) 관련 용어

① 순방향 전압(Forward Voltage, Vf) : 순방향 전압으로 순방향으로 전류가 흐를 때 강하되는 전압으로 이는 최소한 순방향 강하전압 이상의 전압을 가해야 전류가 흐를 수 있는 것이다.

② 지속 순방향 전류(Continuous Forward Current : IF) : 지속적으로 LED에 인가할 수 있는 최대 전류(주위온도에 따라 Derating 필요)

③ 소비전력(Power Dissipation : PD) : LED가 소비할 수 있는 최대 전력
[PD = Forward Current(IF) × Forward Voltage(VF)]

④ 최대 순방향 전류(Peak Forward Current, IFP) : Pulse Mode로 LED를 점등시 LED에 인가할 수 있는 최대 전류(조건 : Pulse폭, Duty비)

⑤ 동작온도(Operating Temperature, Topr) : LED를 정상적으로 동작시킬 수 있는 주위온도 범위

⑥ 저장온도(Storage Temperature, Tstg) : LED를 특성에 변화없이 보관가능한 저장온도 범위

⑦ 솔더링 온도(Soldering Temperature, Tsol) : Soldering 조건

2) 보드 회로 용어

① 전류(Vcurrent) : 키르히호프의 전류법칙을 적용하여 흐르는 전류를 계산하기 위한 전압 측정 값(측정한 저항의 양단의 전압을 저항값으로 나누어서 전류를 계산함)

② Vf : 순방향 전압(Forward Voltage)

③ Vs : 공급전압(Supply Voltage)

3) 보드 회로

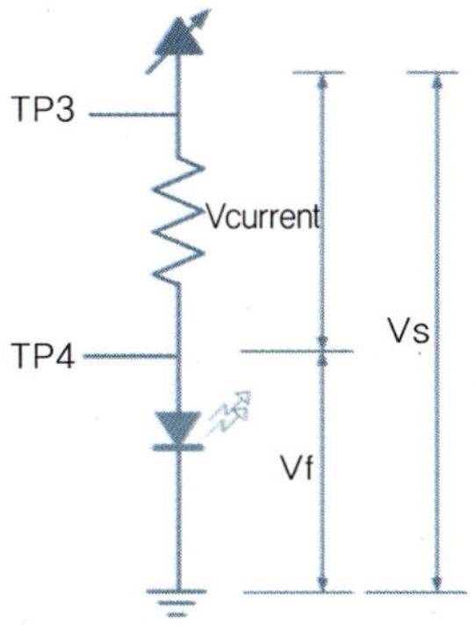

[그림 4-1] 보드 회로

6 실험 절차

1. 장비의 main 전원을 켠다.
2. 모듈의 전원을 켠다.
3. Color selector를 Red에 맞춘다.
   ① Voltage set 다이얼을 맨 좌측으로 돌린다.
   ② Voltage set 다이얼을 우측으로 돌려 TP3의 전압을 0.2V 올린다.
   ③ TP4의 전압을 측정한다.
   ④ 전류와 전력을 계산한다(보호저항 = 200Ω).
   ⑤ TP3의 전압이 최대가 될 때까지 위의 세 과정을 반복하여 TP3의 변화에 대한 TP4, 전류, Wattage의 값을 [표 4-1]과 같이 작성한다.

[표 4-1] TP3의 변화에 대한 TP4, 전류, Wattage의 값

TP3(V)	TP4(V)	TP3-TP4(V)	Current(mA)	Wattage(mW)	비고
1.4	1.4	0	0	0.00	
1.6	1.580	0.02	0.1	0.16	
1.8	1.725	0.075	0.375	0.65	
2.023	1.778	0.245	1.225	2.18	
2.210	1.803	0.407	2.035	3.67	
2.401	1.822	0.579	2.895	5.27	
2.617	1.840	0.777	3.885	7.15	
2.806	1.855	0.951	4.755	8.82	

TP3(V)	TP4(V)	TP3-TP4(V)	Current(mA)	Wattage(mW)	비고
3.002	1.865	1.137	5.685	10.60	
3.207	1.878	1.329	6.645	12.48	
3.412	1.891	1.521	7.605	14.38	
3.604	1.902	1.702	8.51	16.19	
3.798	1.912	1.886	9.43	18.03	
4.00	1.926	2.074	10.37	19.97	
4.20	1.936	2.264	11.32	21.92	
4.40	1.946	2.454	12.27	23.88	
4.60	1.956	2.644	13.22	25.86	
4.81	1.965	2.845	14.225	27.95	
4.92	1.971	2.949	14.745	29.06	

LED 정전압 구동의 그래프와 표의 의미는 다음과 같다.

- Red / Green / Blue / White는 각각의 LED의 특성을 비교함을 목적으로 한다.
- Red / Green / Blue / White는 각각의 Vf를 비교하여 서로 다른 Vf(TP4)의 값을 가지는 LED의 공급전압을 변경시켰을 때 흐르는 전류의 계산과 소모전력의 특성을 확인한다.
- 전류 / 전력 그래프는 대략 [그림 4-2]와 같이 나오나 특성의 차이가 있다.

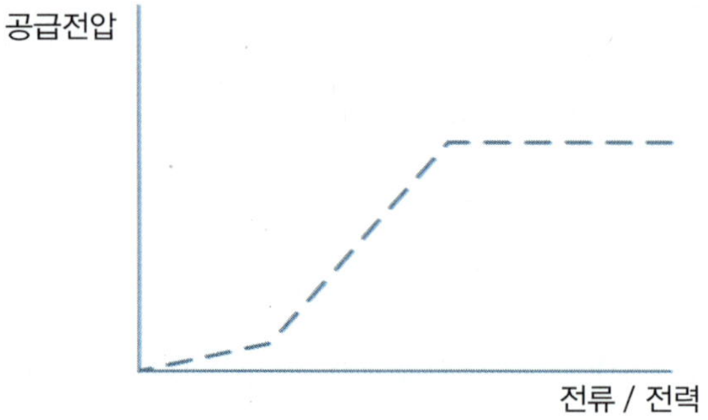

[그림 4-2] LED 정전압 구동의 그래프

⑥ [표 4-1]에서 TP3에 대한 전류 그래프를 [그림 4-3]에 작성한다.

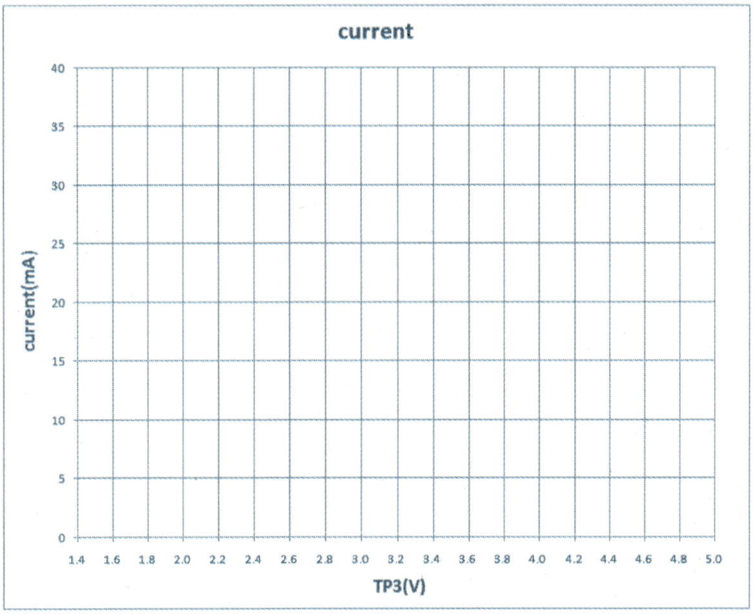

[그림 4-3] TP3에 대한 전류 그래프

4. Color selector를 Green에 맞춘다.

① Voltage set 다이얼을 맨 좌측으로 돌린다.

② Voltage set 다이얼을 우측으로 돌려 TP3의 전압을 0.2V 올린다.

③ TP4의 전압을 측정한다.

④ 전류와 전력을 계산한다.

⑤ TP3의 전압이 최대가 될 때까지 위의 세 과정을 반복한다.

⑥ TP3의 변화에 대한 TP4, 전류, 전력의 값을 [표 4-2]와 같이 작성한다.

[표 4-2] TP3의 변화에 대한 TP4, 전류, 전력의 값

TP3(V)	TP4(V)	TP3-TP4(V)	Current(mA)	Wattage(mW)	비고
1.463	1.438	0.025	0.125	0.18	
1.608	1.581	0.027	0.135	0.21	
1.802	1.771	0.031	0.155	0.27	
2.018	1.983	0.035	0.175	0.35	
2.203	2.165	0.038	0.19	0.41	

TP3(V)	TP4(V)	TP3–TP4(V)	Current(mA)	Wattage(mW)	비고
2.410	2.367	0.043	0.215	0.51	
2.608	2.544	0.064	0.32	0.81	
2.809	2.658	0.151	0.755	2.01	
3.011	2.727	0.284	1.42	3.87	
3.201	2.775	0.426	2.13	5.91	
3.407	2.818	0.589	2.945	8.30	
3.607	2.853	0.754	3.77	10.76	
3.804	2.883	0.921	4.605	13.28	
4.01	2.918	1.092	5.46	15.93	
4.21	2.945	1.265	6.325	18.63	
4.40	2.967	1.433	7.165	21.26	
4.61	2.989	1.621	8.105	24.23	
4.80	3.009	1.791	8.955	26.95	
4.92	3.021	1.899	9.495	28.68	

⑦ [표 4-2]에 대한 그래프를 [그림 4-4]에 작성한다.

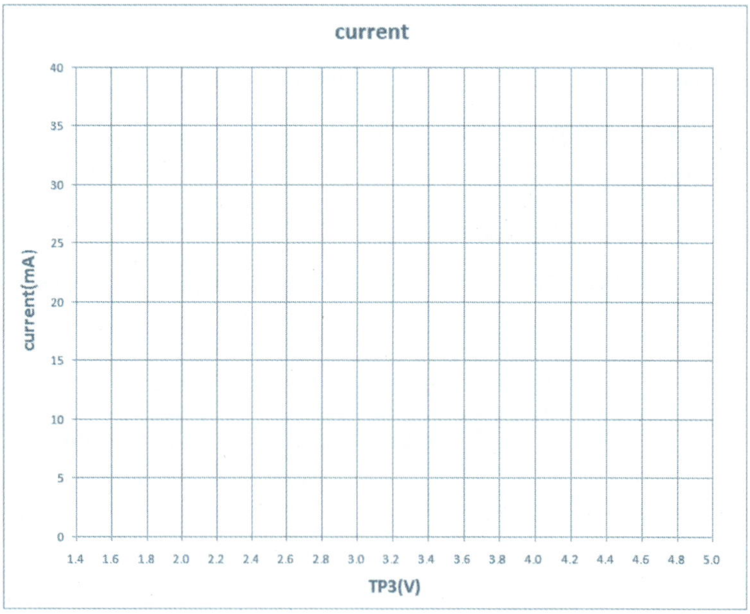

[그림 4-4] TP3의 변화에 대한 TP4, 전류, 전력의 그래프

5. Color selector를 Blue에 맞춘다.

① Voltage set 다이얼을 맨 좌측으로 돌린다.

② Voltage set 다이얼을 우측으로 돌려 TP3의 전압을 0.2V 올린다.

③ TP4의 전압을 측정한다.

④ 전류와 전력을 계산한다.

⑤ TP3의 전압이 최대가 될 때까지 위의 세 과정을 반복한다.

⑥ TP3의 변화에 대한 TP4, 전류, 전력의 값을 [표 4-3]과 같이 작성한다.

[표 4-3] TP3의 변화에 대한 TP4, 전류, 전력의 값

TP3(V)	TP4(V)	TP3−TP4(V)	Current(mA)	Wattage(mW)	비고
1.463	1.438	0.025	0.125	0.18	
1.611	1.583	0.028	0.14	0.22	
1.806	1.775	0.031	0.155	0.28	
2.016	1.981	0.035	0.175	0.35	
2.213	2.175	0.038	0.19	0.41	
2.405	2.363	0.042	0.21	0.50	
2.611	2.542	0.069	0.345	0.88	
2.799	2.657	0.142	0.71	1.89	
3.000	2.745	0.255	1.275	3.50	
3.202	2.805	0.397	1.985	5.57	
3.407	2.849	0.558	2.79	7.95	
3.608	2.883	0.725	3.625	10.45	
3.806	2.911	0.895	4.475	13.03	
4.00	2.942	1.058	5.29	15.56	
4.20	2.965	1.235	6.175	18.31	
4.40	2.987	1.413	7.065	21.10	
4.60	3.006	1.594	7.97	23.96	
4.80	3.024	1.776	8.88	26.85	
4.92	3.035	1.885	9.425	28.60	

⑦ [표 4-3]에 대한 그래프를 [그림 4-5]에 작성한다.

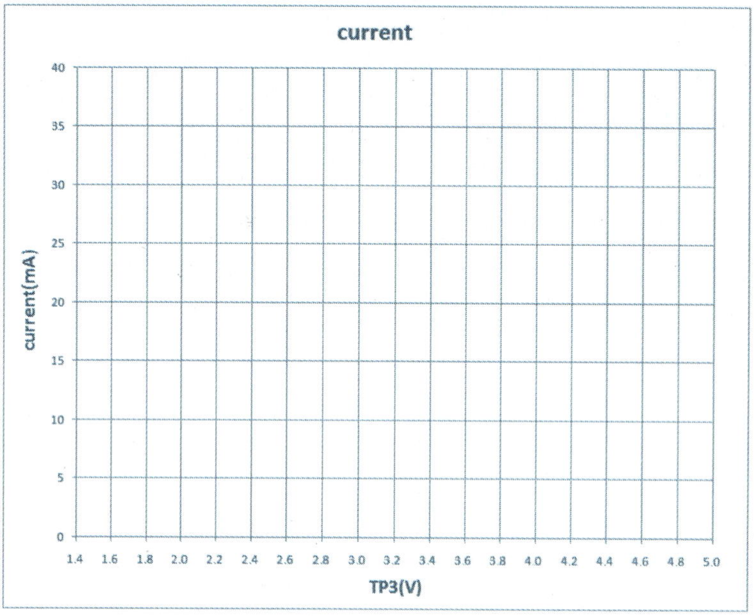

[그림 4-5] TP3의 변화에 대한 TP4, 전류, 전력 그래프

6. Color selector를 White에 맞춘다.

① Voltage set 다이얼을 맨 좌측으로 돌린다.

② Voltage set 다이얼을 우측으로 돌려 TP3의 전압을 0.2V 올린다.

③ TP4의 전압을 측정한다.

④ 전류와 전력을 계산한다.

⑤ TP3의 전압이 최대가 될 때까지 위의 세 과정을 반복한다.

⑥ TP3의 변화에 대한 TP4, 전류, 전력의 값을 [표 4-4]와 같이 작성한다.

[표 4-4] TP3의 변화에 대한 TP4, 전류, 전력의 값

TP3(V)	TP4(V)	TP3–TP4(V)	Current(mA)	Wattage(mW)	비고
1.463	1.438	0.025	0.125	0.18	
1.603	1.576	0.027	0.135	0.21	
1.806	1.775	0.031	0.155	0.28	
2.003	1.969	0.034	0.17	0.33	
2.203	2.164	0.039	0.195	0.42	

TP3(V)	TP4(V)	TP3−TP4(V)	Current(mA)	Wattage(mW)	비고
2.400	2.357	0.043	0.215	0.51	
2.608	2.527	0.081	0.405	1.02	
2.800	2.606	0.194	0.97	2.53	
3.026	2.662	0.364	1.82	4.84	
3.203	2.696	0.507	2.535	6.83	
3.405	2.729	0.676	3.38	9.22	
3.609	2.759	0.85	4.25	11.73	
3.803	2.785	1.018	5.09	14.18	
4.00	2.816	1.184	5.92	16.67	
4.20	2.839	1.361	6.805	19.32	
4.40	2.862	1.538	7.69	22.01	
4.60	2.883	1.717	8.585	24.75	
4.80	2.904	1.896	9.48	27.53	
4.92	2.916	2.004	10.02	29.22	

⑦ [표 4-4]에 대한 그래프를 [그림 4-6]에 작성한다.

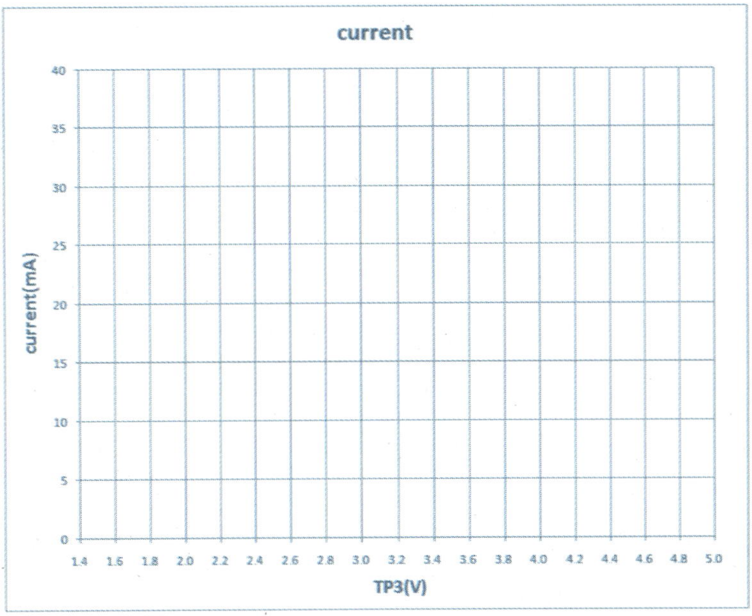

[그림 4-6] TP3의 변화에 대한 TP4, 전류, 전력 그래프

7. Red / Green / Blue / White에 대한 그래프를 하나로 [그림 4-7]과 같이 작성한다. 특성의 차이가 나는 원인을 분석한다.
8. Red / Green / Blue / White에 대한 그래프에서 어떤 차이를 보이며 그 이유는 무엇인지 분석한다.

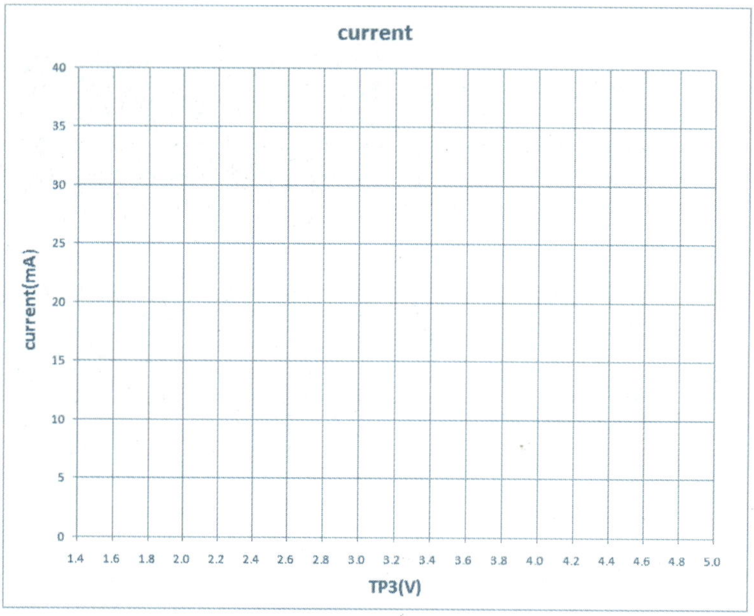

[그림 4-7] Red / Green / Blue / White에 대한 그래프

05장 LED 정전류 구동

정전류 구동방식이란 공급되는 전압에 관계없이 일정하게 전류를 제어해주는 방식이다. 대부분의 LED가 이 방식으로 설계되고 있다. 보드에서 전류를 변경하는 것을 굳이 말하면 정전류 가변형 구동방식이라고 할 수 있다.

정전류 구동방식 실습에서의 표와 그래프의 의미는 정전류 제어를 하기 위해서는 회로상에서 얼마의 전압을 인가하여야 원하는 전류 제어를 할 수 있는지를 확인하는 실험이다. 전압이 충분한 경우에는 목표 설정값(약 30mA)까지 제어가 가능하지만 충분한 전압이 공급되지 않으면 목표값에 도달하기 전에 포화상태(Saturation)가 되는 현상을 확인할 수 있다. 반대의 경우는 LED 및 회로에 데미지를 주기 때문에 실습하기 어렵다.

1 실험 제목 : LED 정전류 구동 실험

2 실험 목적

① LED의 정전류 구동의 원리를 이해한다.

② LED 정전류 구동의 특성을 이해한다.

3 실험 준비사항

① 실험용 장비 본체

② 디지털 멀티미터

③ 기본 회로 모듈

4 실험 주의사항

① LED의 빛을 주시하지 않는다.

② 보드를 임의로 분리 조립하지 않는다.

③ 보드의 소자를 분리 조립 튜닝하지 않는다.

④ 보드의 홀사이로 이물질이 들어가지 않도록 한다.

5 실험 관련 이론

1) 관련 용어

① 순방향 전압(Forward Voltage, Vf) : 순방향 전압으로 순방향으로 전류가 흐를 때 강하되는 전압으로 이는 최소한 순방향 강하전압 이상의 전압을 가해야 전류가 흐를 수 있는 것이다.

② 지속 순방향 전류(Continuous Forward Current : IF) : 지속적으로 LED에 인가할 수 있는 최대 전류(주위온도에 따라 Derating 필요)

③ 소비전력(Power Dissipation : PD) : LED가 소비할 수 있는 최대 전력
[PD = Forward Current(IF) × Forward Voltage(VF)]

④ 최대 순방향 전류(Peak Forward Current, IFP) : Pulse Mode로 LED를 점등시 LED에 인가할 수 있는 최대 전류(조건 : Pulse폭, Duty비)

⑤ 동작온도(Operating Temperature, Topr) : LED를 정상적으로 동작시킬 수 있는 주위온도 범위

⑥ 저장온도(Storage Temperature, Tstg) : LED를 특성에 변화없이 보관가능한 저장온도 범위

⑦ 솔더링 온도(Soldering Temperature, Tsol) : Soldering 조건

2) 보드 회로 용어

① V 전류(Vcurrent) : 키르히호프의 전류법칙을 적용하여 흐르는 전류를 계산하기 위한 전압 측정 값(측정한 저항의 양단의 전압을 저항값으로 나누어서 전류를 계산함)

② Vf : 순방향 전압(Forward Voltage)

③ Vs : 공급전압(Supply Voltage)

④ Vce : Transistor의 컬렉터와 이미터간의 전압

3) 보드 회로

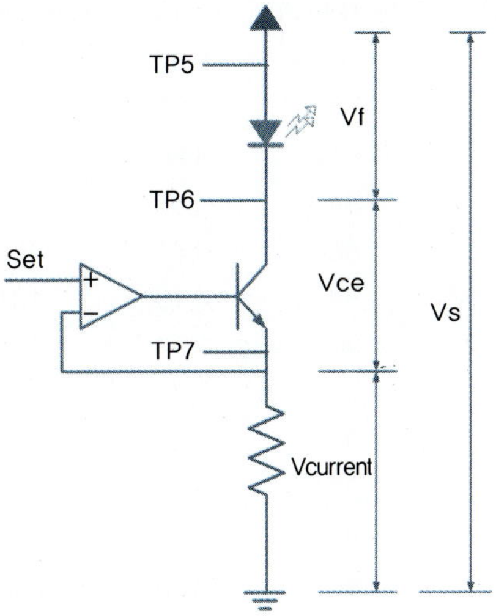

[그림 5-1] 기본 회로도

6 실험 절차

1. 장비의 Main 전원을 켠다.
2. 모듈의 전원을 켠다.
3. SW2의 스위치를 모두 내린다.
4. Color selector를 Red에 맞춘다.
   ① Current set 다이얼을 맨 좌측으로 돌린다.
   ② Current set 다이얼을 우측으로 돌려 TP7의 전압을 0.2V 올린다.
   ③ TP5의 전압을 측정한다.
   ④ TP6의 전압을 측정한다.
   ⑤ 전류와 전력 그리고 Vce를 계산한다(보호저항 = 100Ω).
   ⑥ TP7의 전압이 최대가 될 때까지 위의 네 과정을 반복한다.
   ⑦ TP7의 변화에 대한 TP5, TP6, 전류, 전력, Vce의 값을 [표 5-1]과 같이 작성한다 (Vce = Transistor의 collector, emitting간의 전압).

CHAPTER 05

[표 5-1] TP7의 변화에 대한 TP5, TP6, 전류, 전력, Vce의 값

TP7(V)	TP5(V)	TP6(V)	TP5-TP6(V)	Vce(V)	Current(mA)	Wattage(mW)	비고
0	7.07	5.37	1.70	5.37	0.0	0.0	
0.2	7.07	5.29	1.78	5.09	2.0	3.6	
0.4	7.07	5.26	1.81	4.86	4.0	7.2	
0.6	7.07	5.23	1.84	4.63	6.0	11.0	
0.8	7.07	5.21	1.86	4.41	8.0	14.9	
1.00	7.07	5.19	1.88	4.19	10.0	18.8	
1.20	7.07	5.17	1.90	3.97	12.0	22.8	
1.4	7.07	5.15	1.92	3.75	14.0	26.9	
1.611	7.07	5.13	1.94	3.52	16.1	31.3	
1.810	7.07	5.12	1.95	3.31	18.1	35.3	
2.006	7.07	5.10	1.97	3.09	20.1	39.5	
2.201	7.07	5.09	1.98	2.89	22.0	43.6	
2.409	7.07	5.07	2.00	2.66	24.1	48.2	
2.601	7.07	5.06	2.01	2.46	26.0	52.3	
2.809	7.07	5.05	2.02	2.24	28.1	56.7	
3.018	7.07	5.03	2.04	2.01	30.2	61.6	

⑧ [표 5-1]에 대한 그래프를 [그림 5-2]와 [그림 5-3]에 작성한다.

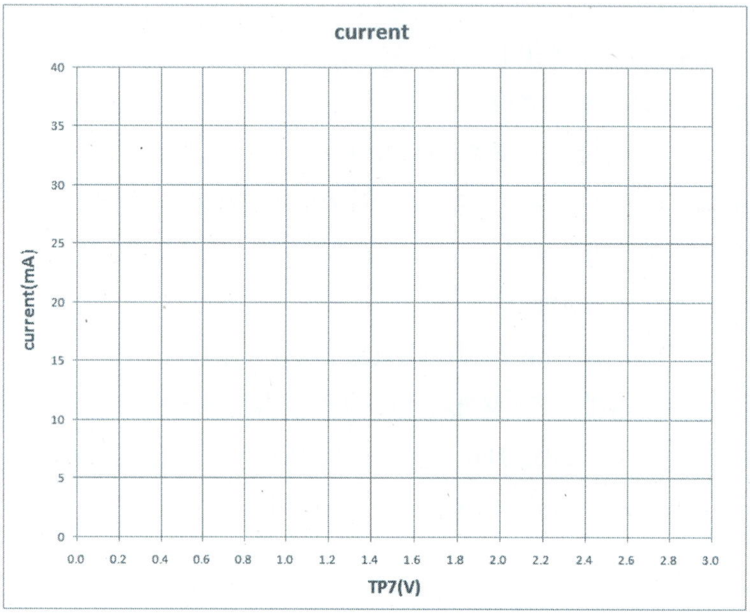

[그림 5-2] TP7의 변화에 대한 전류 그래프

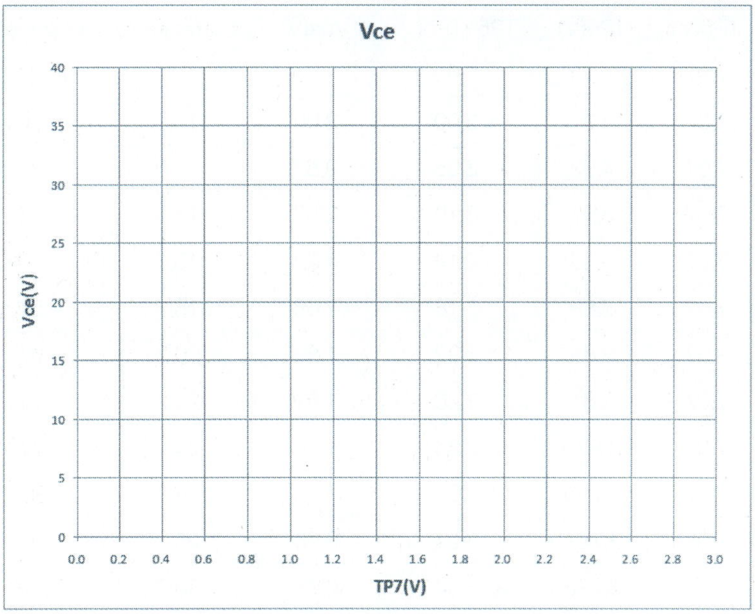

[그림 5-3] TP7의 변화에 대한 Vce의 그래프

5. Color selector를 Green에 맞춘다.
   ① Current set 다이얼을 맨 좌측으로 돌린다.
   ② Current set 다이얼을 우측으로 돌려 TP7의 전압을 0.2V 올린다.
   ③ TP5의 전압을 측정한다.
   ④ TP6의 전압을 측정한다.
   ⑤ 전류와 전력 그리고 Vce를 계산한다.
   ⑥ TP7의 전압이 최대가 될 때까지 위의 네 과정을 반복한다.
   ⑦ TP7의 변화에 대한 TP5, TP6, 전류, 전력, Vce의 값을 [표 5-2]와 같이 작성한다 (Vce = Transistor의 collector, emitting간의 전압).

[표 5-2] TP7의 변화에 대한 TP5, TP6, 전류, 전력, Vce의 값

TP7(V)	TP5(V)	TP6(V)	TP5–TP6(V)	Vce(V)	Current(mA)	Wattage(mW)	비고
0	7.07	4.50	2.57	4.50	0.0	0.0	
0.2	7.07	4.34	2.73	4.14	2.0	5.5	
0.401	7.07	4.25	2.82	3.85	4.0	11.3	
0.602	7.07	4.18	2.89	3.58	6.0	17.4	

TP7(V)	TP5(V)	TP6(V)	TP5-TP6(V)	Vce(V)	Current(mA)	Wattage(mW)	비고
0.815	7.07	4.12	2.95	3.31	8.2	24.0	
1.006	7.07	4.07	3.00	3.06	10.1	30.2	
1.200	7.07	4.02	3.05	2.82	12.0	36.6	
1.403	7.07	3.97	3.10	2.57	14.0	43.5	
1.611	7.07	3.93	3.14	2.32	16.1	50.6	
1.806	7.07	3.89	3.18	2.08	18.1	57.4	
2.027	7.07	3.85	3.22	1.82	20.3	65.3	
2.201	7.07	3.81	3.26	1.61	22.0	71.8	
2.401	7.07	3.833	3.24	1.43	24.0	77.7	
2.606	7.07	3.799	3.27	1.19	26.1	85.2	
2.806	7.07	3.764	3.31	0.96	28.1	92.8	
3.018	7.07	3.728	3.34	0.71	30.2	100.9	

⑧ [표 5-2]에 대한 그래프를 [그림 5-4]와 [그림 5-5]에 작성한다.

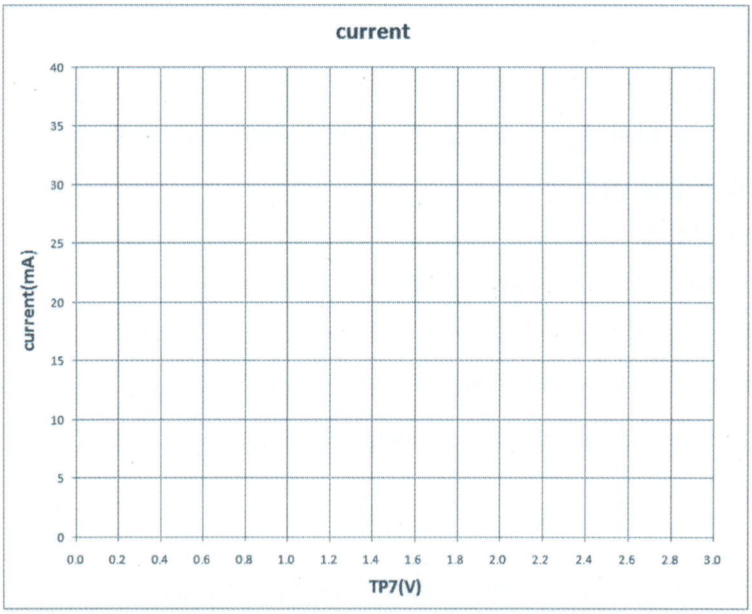

[그림 5-4] TP7의 변화에 대한 전류 그래프

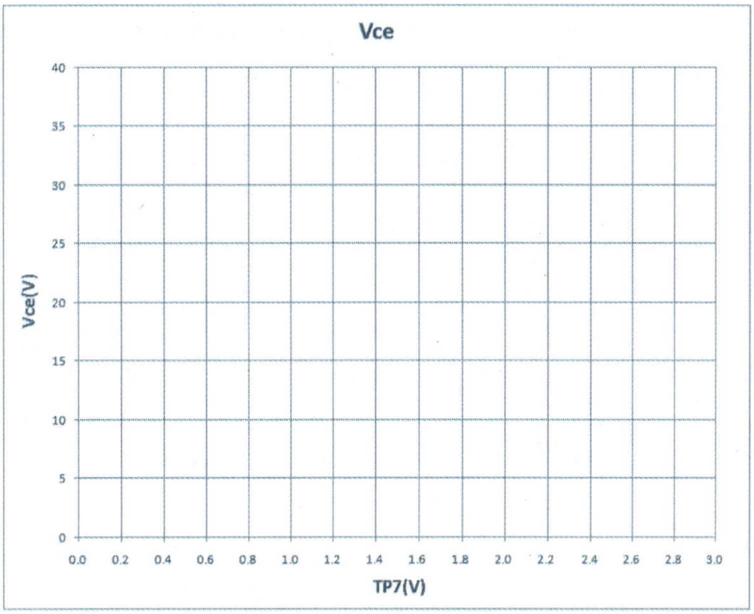

[그림 5-5] TP7의 변화에 대한 Vce의 그래프

6. Color selector를 Blue에 맞춘다.
   ① Current set 다이얼을 맨 좌측으로 돌린다.
   ② Current set 다이얼을 우측으로 돌려 TP7의 전압을 0.2V 올린다.
   ③ TP5의 전압을 측정한다.
   ④ TP6의 전압을 측정한다.
   ⑤ 전류와 전력 그리고 Vce를 계산한다.
   ⑥ TP7의 전압이 최대가 될 때까지 위의 네 과정을 반복한다.
   ⑦ TP7의 변화에 대한 TP5, TP6, 전류, 전력, Vce의 값을 [표 5-3]과 같이 작성한다 (Vce = Transistor의 collector, emitting간의 전압).

[표 5-3] TP7의 변화에 대한 TP5, TP6, 전류, 전력, Vce의 값

TP7(V)	TP5(V)	TP6(V)	TP5–TP6(V)	Vce(V)	Current(mA)	Wattage(mW)	비고
0	7.07	4.39	2.68	4.39	0.0	0.0	
0.2	7.07	4.27	2.80	4.07	2.0	5.6	
0.403	7.07	4.22	2.85	3.82	4.0	11.5	
0.609	7.07	4.18	2.89	3.57	6.1	17.6	

TP7(V)	TP5(V)	TP6(V)	TP5-TP6(V)	Vce(V)	Current(mA)	Wattage(mW)	비고
0.8	7.07	4.15	2.92	3.35	8.0	23.4	
1.005	7.07	4.12	2.95	3.12	10.1	29.6	
1.201	7.07	4.10	2.97	2.90	12.0	35.7	
1.406	7.07	4.07	3.00	2.66	14.1	42.2	
1.602	7.07	4.05	3.02	2.45	16.0	48.4	
1.806	7.07	4.03	3.04	2.22	18.1	54.9	
2.012	7.07	4.01	3.06	2.00	20.1	61.6	
2.207	7.07	4.00	3.07	1.79	22.1	67.8	
2.407	7.07	3.98	3.09	1.57	24.1	74.4	
2.603	7.07	3.96	3.11	1.36	26.0	81.0	
2.808	7.07	3.95	3.12	1.14	28.1	87.6	
3.018	7.07	3.93	3.14	0.91	30.2	94.8	

⑧ [표 5-3]에 대한 그래프를 [그림 5-6]과 [그림 5-7]에 작성한다.

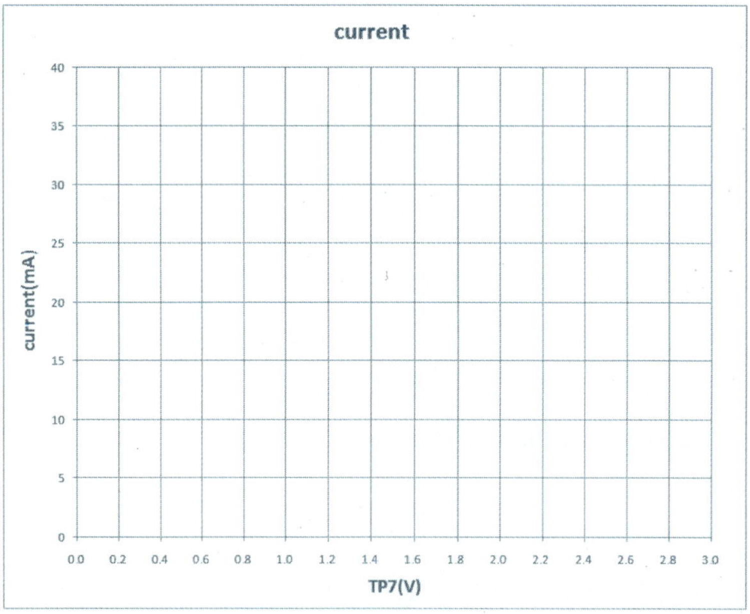

[그림 5-6] TP7의 변화에 대한 전류 그래프

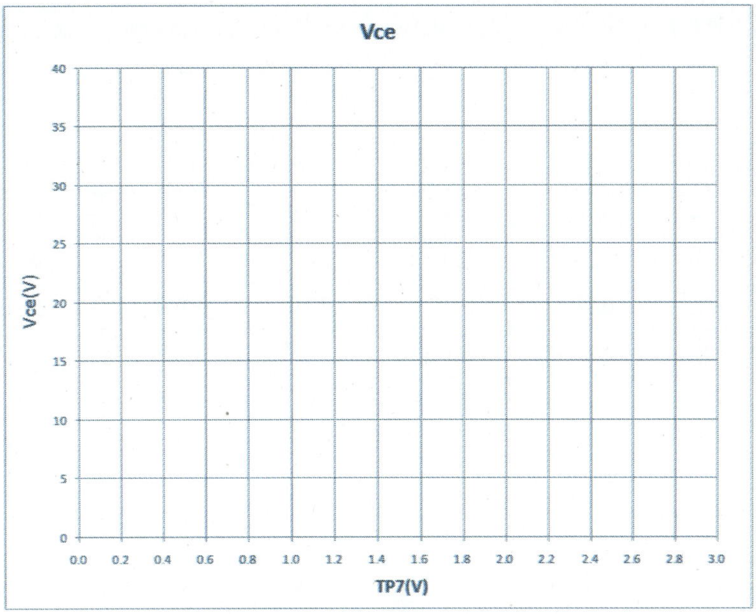

[그림 5-7] TP7의 변화에 대한 Vce의 그래프

7. Color selector를 White에 맞춘다.
   ① Current set 다이얼을 맨 좌측으로 돌린다.
   ② Current set 다이얼을 우측으로 돌려 TP7의 전압을 0.2V 올린다.
   ③ TP5의 전압을 측정한다.
   ④ TP6의 전압을 측정한다.
   ⑤ 전류와 전력 그리고 Vce를 계산한다.
   ⑥ TP7의 전압이 최대가 될 때까지 위의 네 과정을 반복한다.
   ⑦ TP7의 변화에 대한 TP5, TP6, 전류, 전력, Vce의 값을 [표 5-4]와 같이 작성한다 (Vce = Transistor의 collector, emitting간의 전압).

[표 5-4] TP7의 변화에 대한 TP5, TP6, 전류, 전력, Vce의 값

TP7(V)	TP5(V)	TP6(V)	TP5−TP6(V)	Vce(V)	Current(mA)	Wattage(mW)	비고
0	7.07	4.54	2.53	4.54	0.0	0.0	
0.2	7.07	4.40	2.67	4.20	2.0	5.3	
0.4	7.07	4.33	2.74	3.93	4.0	11.0	
0.6	7.07	4.27	2.80	3.67	6.0	16.8	

CHAPTER 05

TP7(V)	TP5(V)	TP6(V)	TP5–TP6(V)	Vce(V)	Current(mA)	Wattage(mW)	비고
0.808	7.07	4.21	2.86	3.40	8.1	23.1	
1.005	7.07	4.16	2.91	3.16	10.1	29.2	
1.206	7.07	4.11	2.96	2.90	12.1	35.7	
1.409	7.07	4.07	3.00	2.66	14.1	42.3	
1.608	7.07	4.02	3.05	2.41	16.1	49.0	
1.800	7.07	3.98	3.09	2.18	18.0	55.6	
2.018	7.07	3.94	3.13	1.92	20.2	63.2	
2.200	7.07	3.91	3.16	1.71	22.0	69.5	
2.401	7.07	3.87	3.20	1.47	24.0	76.8	
2.600	7.07	3.83	3.24	1.23	26.0	84.2	
2.805	7.07	3.847	3.22	1.04	28.1	90.4	
3.018	7.07	3.808	3.26	0.79	30.2	98.4	

⑧ [표 5-4]에 대한 그래프를 [그림 5-8]과 [그림 5-9]에 작성한다.

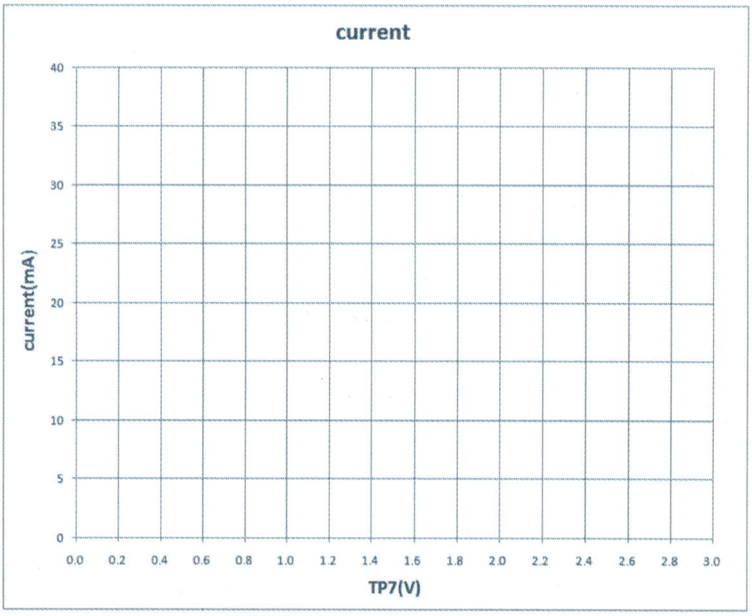

[그림 5-8] TP7의 변화에 대한 전류 그래프

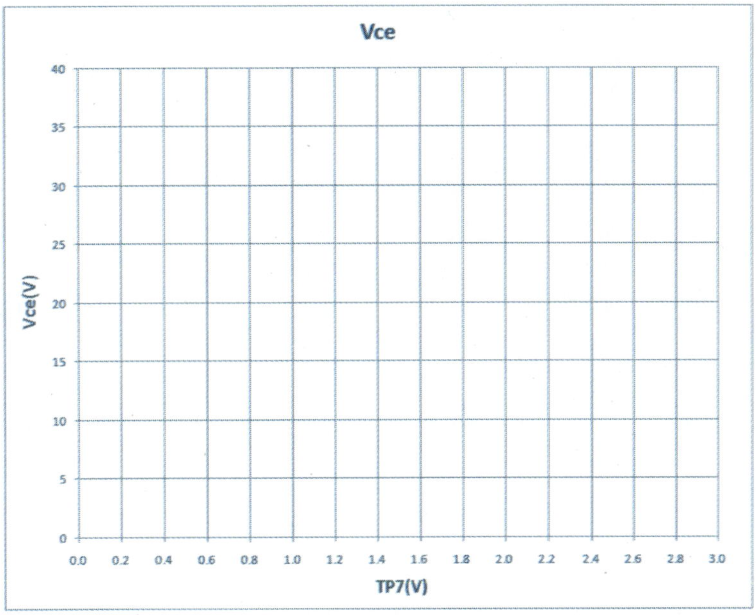

[그림 5-9] TP7의 변화에 대한 Vce의 그래프

8. SW2를 전부 내린 상태에서의 테스트 과정 중 제어가 원활하지 못한 경우가 언제인지 확인하고 원인을 분석한다.
9. SW2의 스위치를 모두 내린다.
10. SW2의 스위치 1을 올린다.
11. Color selector를 Red에 맞춘다.
    ① Current set 다이얼을 맨 좌측으로 돌린다.
    ② Current set 다이얼을 우측으로 돌려 TP7의 전압을 0.2V 올린다.
    ③ TP5의 전압을 측정한다.
    ④ TP6의 전압을 측정한다.
    ⑤ 전류와 전력 그리고 Vce를 계산한다(보호저항 = 100Ω).
    ⑥ TP7의 전압이 최대가 될 때까지 위의 네 과정을 반복한다.
    ⑦ TP7의 변화에 대한 TP5, TP6, 전류, 전력, Vce의 값을 [표 5-5]와 같이 작성한다(Vce = Transistor의 collector, emitting간의 전압).

[표 5-5] TP7의 변화에 대한 TP5, TP6, 전류, 전력, Vce의 값

TP7(V)	TP5(V)	TP6(V)	TP5-TP6(V)	Vce(V)	Current(mA)	Wattage(mW)	비고
0	6.10	4.42	1.68	4.42	0.0	0.0	
0.2	6.10	4.33	1.77	4.13	2.0	3.5	
0.4	6.10	4.29	1.81	3.89	4.0	7.2	
0.60	6.10	4.27	1.83	3.67	6.0	11.0	
0.8	6.10	4.24	1.86	3.44	8.0	14.9	
1.00	6.10	4.22	1.88	3.22	10.0	18.8	
1.2	6.10	4.20	1.90	3.00	12.0	22.8	
1.40	6.10	4.18	1.92	2.78	14.0	26.9	
1.60	6.10	4.17	1.93	2.57	16.0	30.9	
1.80	6.10	4.15	1.95	2.35	18.0	35.1	
2.02	6.10	4.13	1.97	2.11	20.2	39.8	
2.21	6.10	4.12	1.98	1.91	22.1	43.8	
2.41	6.10	4.10	2.00	1.69	24.1	48.2	
2.60	6.10	4.09	2.01	1.49	26.0	52.3	
2.80	6.10	4.07	2.03	1.27	28.0	56.8	
3.01	6.10	4.06	2.04	1.05	30.1	61.4	

⑧ [표 5-5]에 대한 그래프를 [그림 5-10]과 [그림 5-11]에 작성한다.

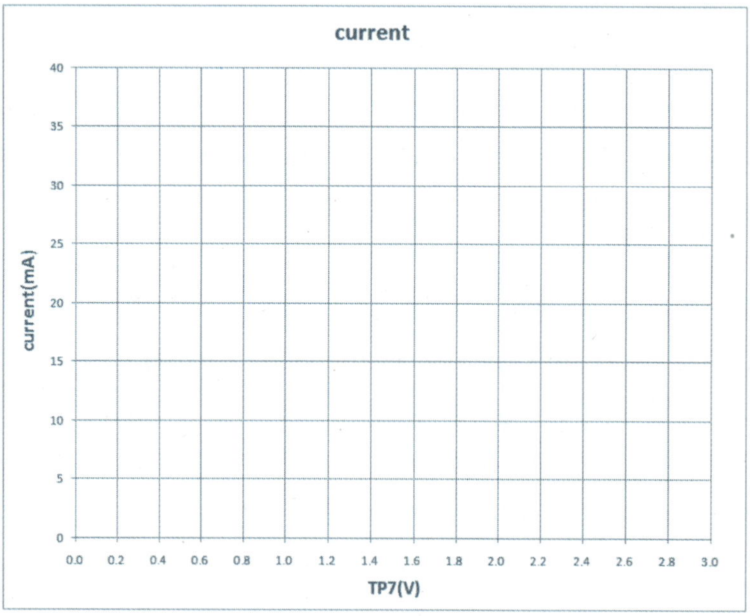

[그림 5-10] TP7의 변화에 대한 전류 그래프

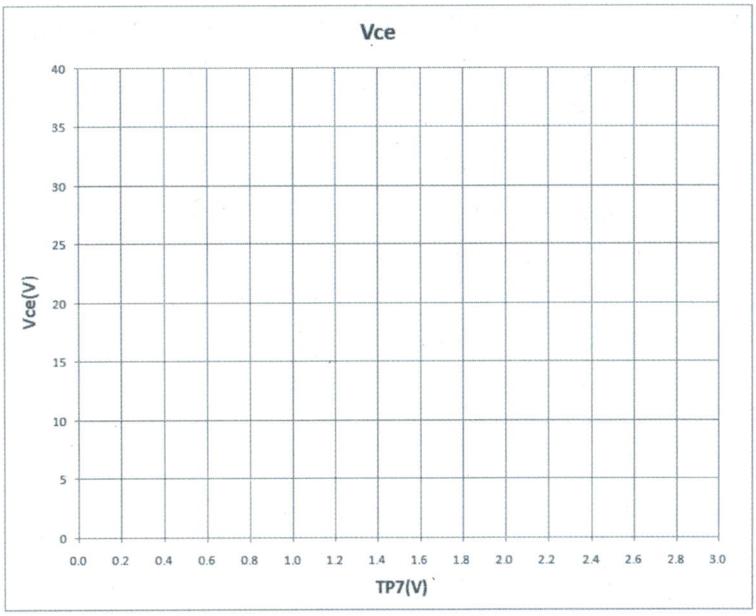

[그림 5-11] TP7의 변화에 대한 Vce의 그래프

12. Color selector를 Green에 맞춘다.
   ① Current set 다이얼을 맨 좌측으로 돌린다.
   ② Current set 다이얼을 우측으로 돌려 TP7의 전압을 0.2V 올린다.
   ③ TP5의 전압을 측정한다.
   ④ TP6의 전압을 측정한다.
   ⑤ 전류와 전력 그리고 Vce를 계산한다.
   ⑥ TP7의 전압이 최대가 될 때까지 위의 네 과정을 반복한다.
   ⑦ TP7의 변화에 대한 TP5, TP6, 전류, 전력, Vce의 값을 [표 5-6]과 같이 작성한다 (Vce = Transistor의 collector, emitting간의 전압).

[표 5-6] TP7의 변화에 대한 TP5, TP6, 전류, 전력, Vce의 값

TP7(V)	TP5(V)	TP6(V)	TP5–TP6(V)	Vce(V)	Current(mA)	Wattage(mW)	비고
0	6.1	3.596	2.50	3.60	0.0	0.0	
0.2	6.1	3.419	2.68	3.22	2.0	5.4	
0.4	6.1	3.334	2.77	2.93	4.0	11.1	
0.6	6.1	3.266	2.83	2.67	6.0	17.0	

TP7(V)	TP5(V)	TP6(V)	TP5–TP6(V)	Vce(V)	Current(mA)	Wattage(mW)	비고
0.80	6.1	3.203	2.90	2.40	8.0	23.2	
1.01	6.1	3.146	2.95	2.14	10.1	29.8	
1.20	6.1	3.101	3.00	1.90	12.0	36.0	
1.4	6.1	3.053	3.05	1.65	14.0	42.7	
1.6	6.1	3.009	3.09	1.41	16.0	49.5	
1.805	6.1	2.968	3.13	1.16	18.1	56.5	
2.00	6.1	2.927	3.17	0.93	20.0	63.5	
2.213	6.1	2.887	3.21	0.67	22.1	71.1	
2.405	6.1	2.853	3.25	0.45	24.1	78.1	
2.608	6.1	2.817	3.28	0.21	26.1	85.6	
2.807	6.1	2.845	3.26	0.04	28.1	91.4	
2.871	6.1	2.899	3.20	0.03	28.7	91.9	

⑧ [표 5-6]에 대한 그래프를 [그림 5-12]와 [그림 5-13]에 작성한다.

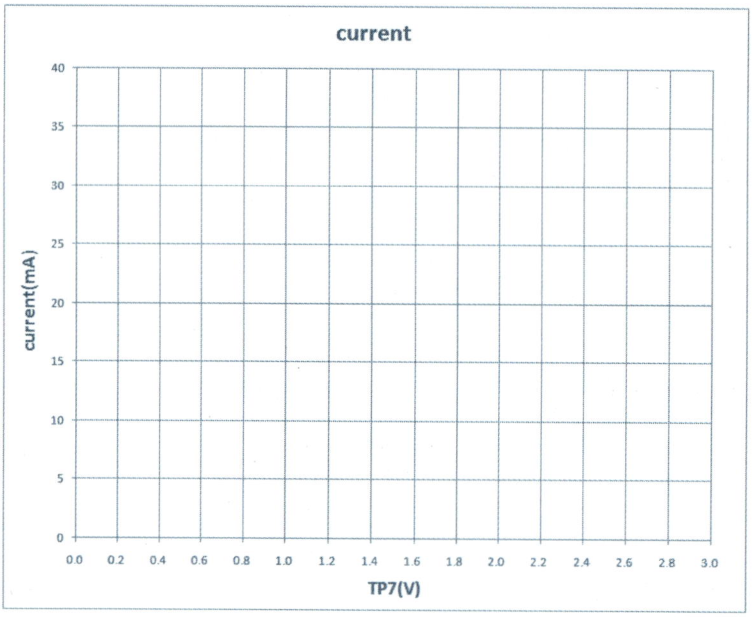

[그림 5-12] TP7의 변화에 대한 전류 그래프

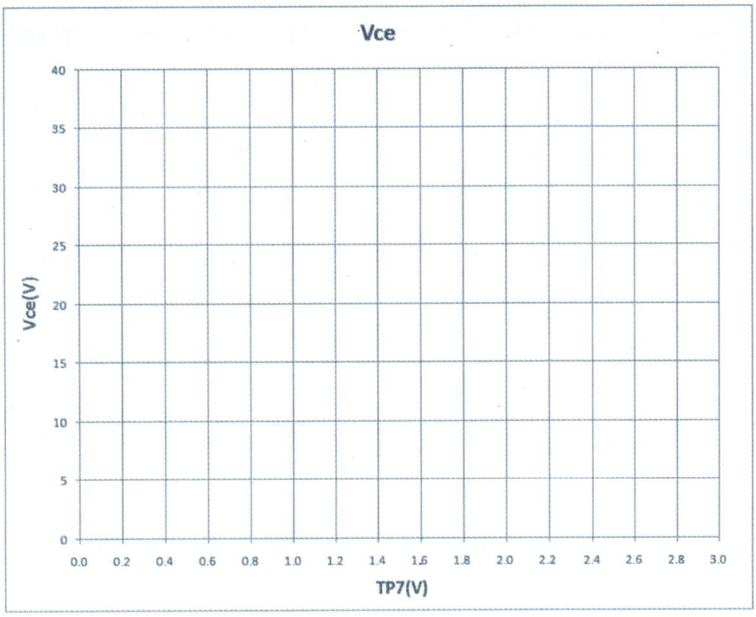

[그림 5-13] TP7의 변화에 대한 Vce의 그래프

13. Color selector를 Blue에 맞춘다.
   ① Current set 다이얼을 맨 좌측으로 돌린다.
   ② Current set 다이얼을 우측으로 돌려 TP7의 전압을 0.2V 올린다.
   ③ TP5의 전압을 측정한다.
   ④ TP6의 전압을 측정한다.
   ⑤ 전류와 전력 그리고 Vce를 계산한다.
   ⑥ TP7의 전압이 최대가 될 때까지 위의 네 과정을 반복한다.
   ⑦ TP7의 변화에 대한 TP5, TP6, 전류, 전력, Vce의 값을 [표 5-7]과 같이 작성한다 (Vce = Transistor의 collector, emitting간의 전압).

[표 5-7] TP7의 변화에 대한 TP5, TP6, 전류, 전력, Vce의 값

TP7(V)	TP5(V)	TP6(V)	TP5-TP6(V)	Vce(V)	Current(mA)	Wattage(mW)	비고
0	6.1	3.485	2.62	3.49	0.0	0.0	
0.2	6.1	3.347	2.75	3.15	2.0	5.5	
0.4	6.1	3.296	2.80	2.90	4.0	11.2	
0.6	6.1	3.259	2.84	2.66	6.0	17.0	

CHAPTER 05

TP7(V)	TP5(V)	TP6(V)	TP5–TP6(V)	Vce(V)	Current(mA)	Wattage(mW)	비고
0.8	6.1	3.227	2.87	2.43	8.0	23.0	
1.0	6.1	3.198	2.90	2.20	10.0	29.0	
1.2	6.1	3.172	2.93	1.97	12.0	35.1	
1.4	6.1	3.149	2.95	1.75	14.0	41.3	
1.6	6.1	3.127	2.97	1.53	16.0	47.6	
1.8	6.1	3.108	2.99	1.31	18.0	53.9	
2.0	6.1	3.088	3.01	1.09	20.0	60.2	
2.2	6.1	3.071	3.03	0.87	22.0	66.6	
2.4	6.1	3.053	3.05	0.65	24.0	73.1	
2.6	6.1	3.037	3.06	0.44	26.0	79.6	
2.8	6.1	3.022	3.08	0.22	28.0	86.2	
2.991	6.1	3.058	3.04	0.07	29.9	91.0	

⑧ [표 5-7]에 대한 그래프를 [그림 5-14]와 [그림 5-15]에 작성한다.

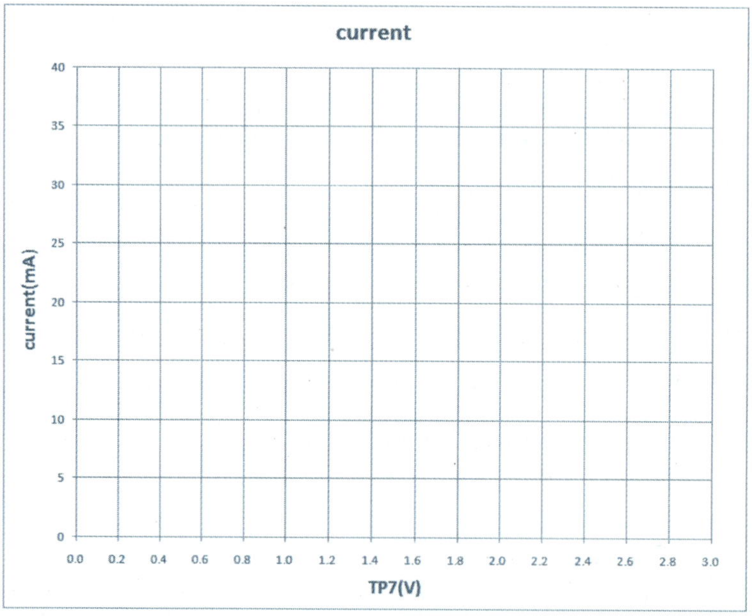

[그림 5-14] TP7의 변화에 대한 전류 그래프

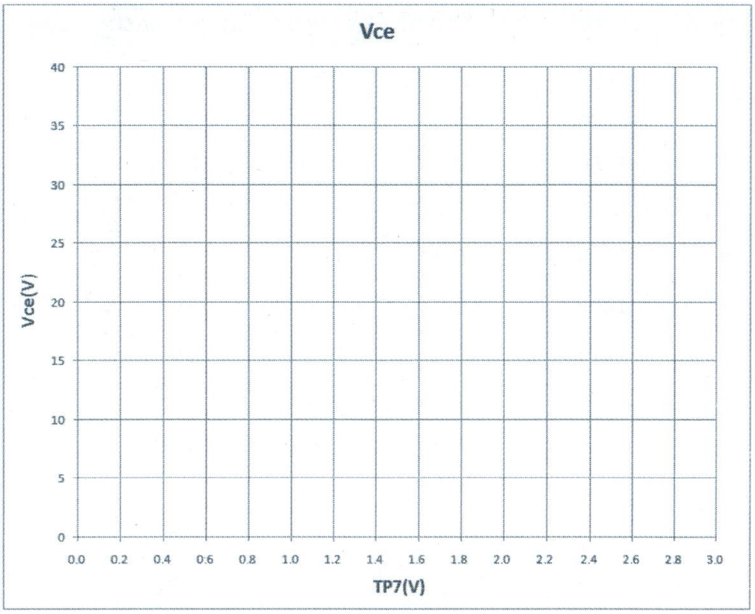

[그림 5-15] TP7의 변화에 대한 Vce의 그래프

14. Color selector를 White에 맞춘다.

① Current set 다이얼을 맨 좌측으로 돌린다.

② Current set 다이얼을 우측으로 돌려 TP7의 전압을 0.2V 올린다.

③ TP5의 전압을 측정한다.

④ TP6의 전압을 측정한다.

⑤ 전류와 전력 그리고 Vce를 계산한다.

⑥ TP7의 전압이 최대가 될 때까지 위의 네 과정을 반복한다.

⑦ TP7의 변화에 대한 TP5, TP6, 전류, 전력, Vce의 값을 [표 5-8]과 같이 작성한다 (Vce = Transistor의 collector, emitting간의 전압).

[표 5-8] TP7의 변화에 대한 TP5, TP6, 전류, 전력, Vce의 값

TP7(V)	TP5(V)	TP6(V)	TP5–TP6(V)	Vce(V)	Current(mA)	Wattage(mW)	비고
0	6.1	3.629	2.47	3.63	0.0	0.0	
0.2	6.1	3.484	2.62	3.28	2.0	5.2	
0.4	6.1	3.405	2.70	3.01	4.0	10.8	
0.6	6.1	3.342	2.76	2.74	6.0	16.5	

TP7(V)	TP5(V)	TP6(V)	TP5−TP6(V)	Vce(V)	Current(mA)	Wattage(mW)	비고
0.8	6.1	3.288	2.81	2.49	8.0	22.5	
1.0	6.1	3.235	2.87	2.24	10.0	28.7	
1.2	6.1	3.188	2.91	1.99	12.0	34.9	
1.4	6.1	3.143	2.96	1.74	14.0	41.4	
1.6	6.1	3.099	3.00	1.50	16.0	48.0	
1.8	6.1	3.058	3.04	1.26	18.0	54.8	
2.0	6.1	3.017	3.08	1.02	20.0	61.7	
2.2	6.1	2.974	3.13	0.77	22.0	68.8	
2.4	6.1	2.937	3.16	0.54	24.0	75.9	
2.6	6.1	2.900	3.20	0.30	26.0	83.2	
2.8	6.1	2.897	3.20	0.10	28.0	89.7	
2.911	6.1	2.973	3.13	0.06	29.1	91.0	

⑧ [표 5-8]에 대한 그래프를 [그림 5-16]과 [그림 5-17]에 작성한다.

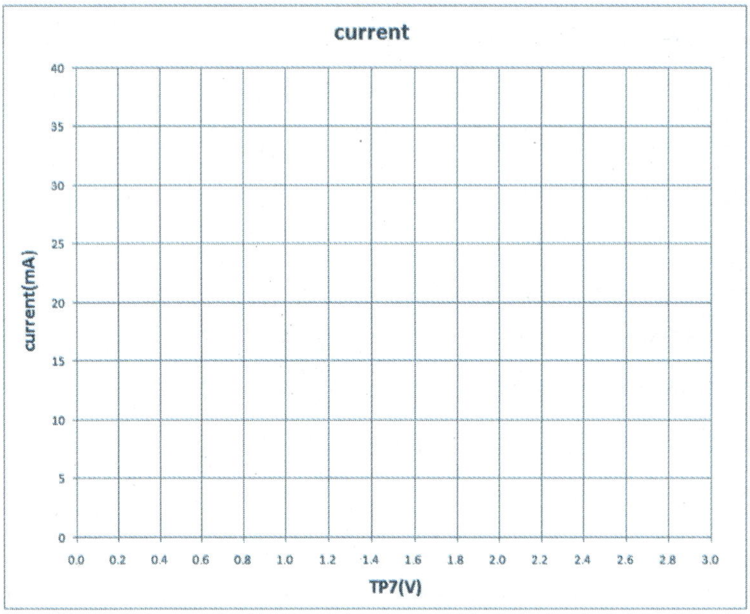

[그림 5-16] TP7의 변화에 대한 전류 그래프

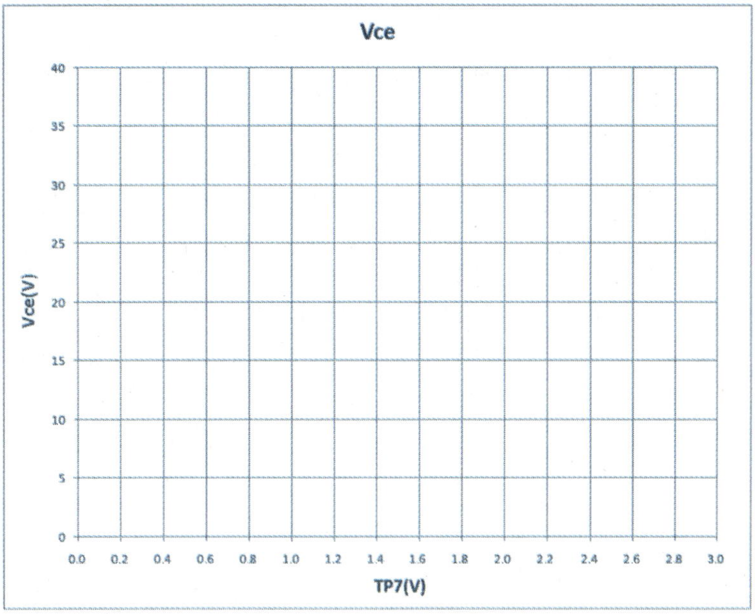

[그림 5-17] TP7의 변화에 대한 Vce의 그래프

15. SW2를 1만 올린 상태에서의 테스트 과정 중 제어가 원활하지 못한 경우가 언제인지 확인하고 원인을 분석한다.
16. SW2의 스위치를 모두 내린다.
17. SW2의 스위치 2를 올린다.
18. Color selector를 Red에 맞춘다.
    ① Current set 다이얼을 맨 좌측으로 돌린다.
    ② Current set 다이얼을 우측으로 돌려 TP7의 전압을 0.2V 올린다.
    ③ TP5의 전압을 측정한다.
    ④ TP6의 전압을 측정한다.
    ⑤ 전류와 전력 그리고 Vce를 계산한다(보호저항 = 100Ω).
    ⑥ TP7의 전압이 최대가 될 때까지 위의 네 과정을 반복한다.
    ⑦ TP7의 변화에 대한 TP5, TP6, 전류, 전력, Vce의 값을 [표 5-9]와 같이 작성한다(Vce = Transistor의 collector, emitting간의 전압).

CHAPTER 05

[표 5-9] TP7의 변화에 대한 TP5, TP6, 전류, 전력, Vce의 값

TP7(V)	TP5(V)	TP6(V)	TP5–TP6(V)	Vce(V)	Current(mA)	Wattage(mW)	비고
0	5.08	3.443	1.64	3.44	0.0	0.0	
0.2	5.08	3.350	1.73	3.15	2.0	3.5	
0.4	5.08	3.313	1.77	2.91	4.0	7.1	
0.6	5.08	3.286	1.79	2.69	6.0	10.8	
0.8	5.08	3.261	1.82	2.46	8.0	14.6	
1	5.08	3.240	1.84	2.24	10.0	18.4	
1.2	5.08	3.221	1.86	2.02	12.0	22.3	
1.4	5.08	3.202	1.88	1.80	14.0	26.3	
1.6	5.08	3.184	1.90	1.58	16.0	30.3	
1.8	5.08	3.167	1.91	1.37	18.0	34.4	
2	5.08	3.151	1.93	1.15	20.0	38.6	
2.2	5.08	3.136	1.94	0.94	22.0	42.8	
2.4	5.08	3.121	1.96	0.72	24.0	47.0	
2.6	5.08	3.106	1.97	0.51	26.0	51.3	
2.8	5.08	3.093	1.99	0.29	28.0	55.6	
2.991	5.08	3.089	1.99	0.10	29.9	59.6	

⑧ [표 5-9]에 대한 그래프를 [그림 5-18]과 [그림 5-19]에 작성한다.

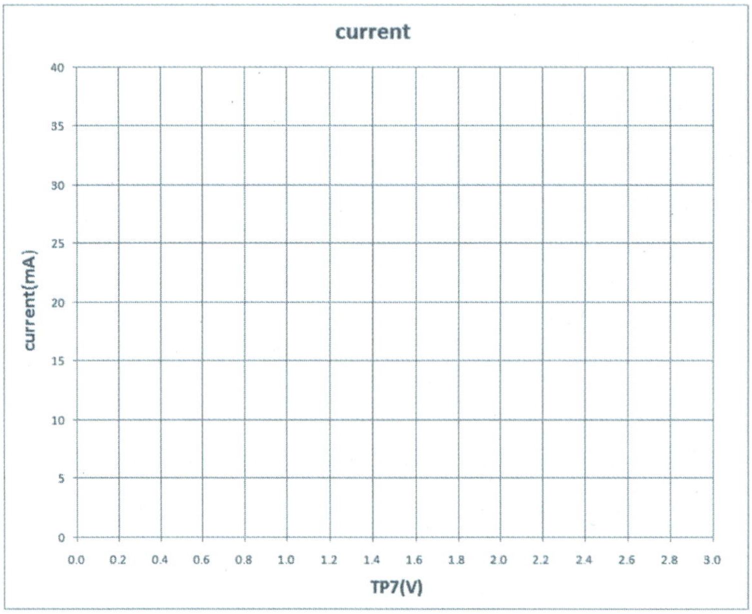

[그림 5-18] TP7의 변화에 대한 전류 그래프

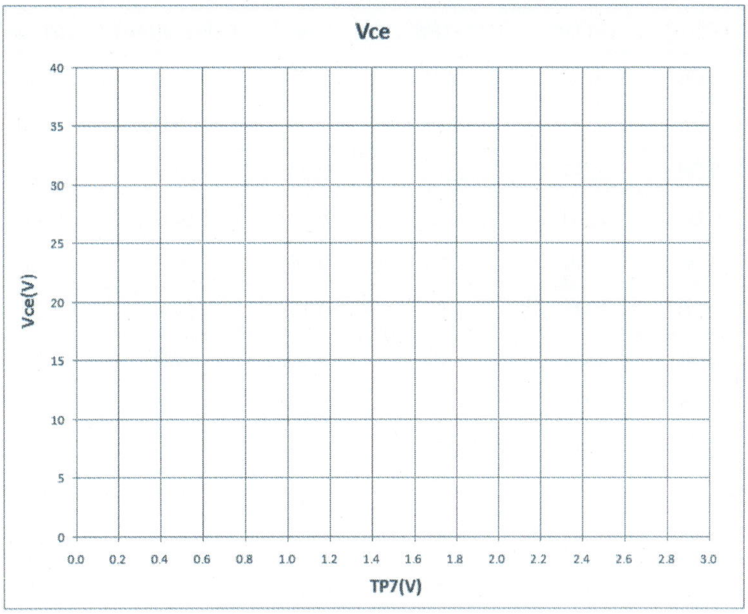

[그림 5-19] TP7의 변화에 대한 Vce의 그래프

19. Color selector를 Green에 맞춘다.

① Current set 다이얼을 맨 좌측으로 돌린다.

② Current set 다이얼을 우측으로 돌려 TP7의 전압을 0.2V 올린다.

③ TP5의 전압을 측정한다.

④ TP6의 전압을 측정한다.

⑤ 전류와 전력 그리고 Vce를 계산한다.

⑥ TP7의 전압이 최대가 될 때까지 위의 네 과정을 반복한다.

⑦ TP7의 변화에 대한 TP5, TP6, 전류, 전력, Vce의 값을 [표 5-10]과 같이 작성한다 (Vce = Transistor의 collector, emitting간의 전압).

[표 5-10] TP7의 변화에 대한 TP5, TP6, 전류, 전력, Vce의 값

TP7(V)	TP5(V)	TP6(V)	TP5-TP6(V)	Vce(V)	Current(mA)	Wattage(mW)	비고
0	5.08	2.58	2.50	2.58	0.0	0.0	
0.2	5.08	2.37	2.71	2.17	2.0	5.4	
0.4	5.08	2.28	2.80	1.88	4.0	11.2	
0.6	5.08	2.20	2.88	1.60	6.0	17.3	

TP7(V)	TP5(V)	TP6(V)	TP5-TP6(V)	Vce(V)	Current(mA)	Wattage(mW)	비고
0.8	5.08	2.15	2.93	1.35	8.0	23.4	
1	5.08	2.09	2.99	1.09	10.0	29.9	
1.2	5.08	2.04	3.04	0.84	12.0	36.5	
1.4	5.08	2.00	3.08	0.60	14.0	43.1	
1.6	5.08	1.95	3.13	0.35	16.0	50.1	
1.8	5.08	1.91	3.17	0.11	18.0	57.1	
2	5.08	2.03	3.05	0.03	20.0	61.0	
2	5.08	2.03	3.05	0.03	20.0	61.0	
2	5.08	2.03	3.05	0.03	20.0	61.0	
2	5.08	2.03	3.05	0.03	20.0	61.0	
2	5.08	2.03	3.05	0.03	20.0	61.0	
2	5.08	2.03	3.05	0.03	20.0	61.0	

⑧ [표 5-10]에 대한 그래프를 [그림 5-20]과 [그림 5-21]에 작성한다.

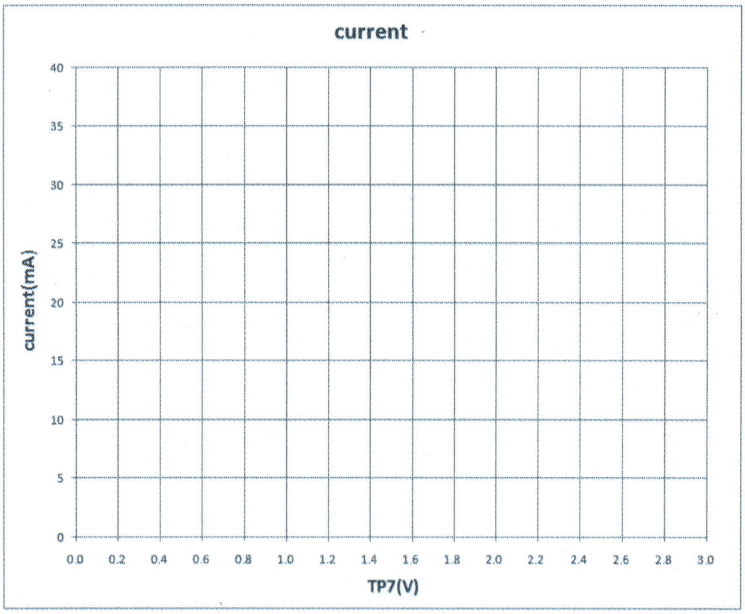

[그림 5-20] TP7의 변화에 대한 전류 그래프

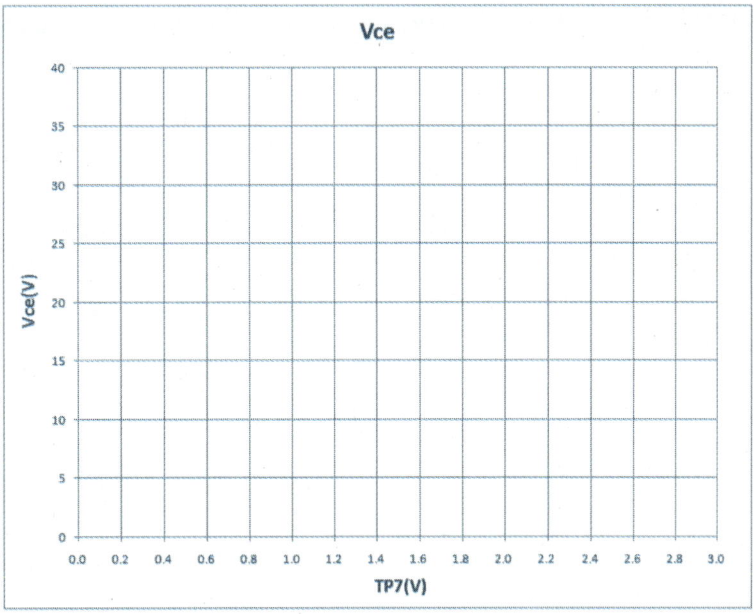

[그림 5-21] TP7의 변화에 대한 Vce의 그래프

20. Color selector를 Blue에 맞춘다.
   ① Current set 다이얼을 맨 좌측으로 돌린다.
   ② Current set 다이얼을 우측으로 돌려 TP7의 전압을 0.2V 올린다.
   ③ TP5의 전압을 측정한다.
   ④ TP6의 전압을 측정한다.
   ⑤ 전류와 전력 그리고 Vce를 계산한다.
   ⑥ TP7의 전압이 최대가 될 때까지 위의 네 과정을 반복한다.
   ⑦ TP7의 변화에 대한 TP5, TP6, 전류, 전력, Vce의 값을 [표 5-11]과 같이 작성한다 (Vce = Transistor의 collector, emitting간의 전압).

[표 5-11] TP7의 변화에 대한 TP5, TP6, 전류, 전력, Vce의 값

TP7(V)	TP5(V)	TP6(V)	TP5−TP6(V)	Vce(V)	Current(mA)	Wattage(mW)	비고
0	5.08	2.45	2.63	2.45	0.0	0.0	
0.2	5.08	2.29	2.79	2.09	2.0	5.6	
0.4	5.08	2.24	2.84	1.84	4.0	11.4	
0.6	5.08	2.20	2.88	1.60	6.0	17.3	

TP7(V)	TP5(V)	TP6(V)	TP5–TP6(V)	Vce(V)	Current(mA)	Wattage(mW)	비고
0.8	5.08	2.17	2.91	1.37	8.0	23.3	
1	5.08	2.14	2.94	1.14	10.0	29.4	
1.2	5.08	2.11	2.97	0.91	12.0	35.6	
1.4	5.08	2.09	2.99	0.69	14.0	41.9	
1.6	5.08	2.07	3.01	0.47	16.0	48.2	
1.8	5.08	2.05	3.03	0.25	18.0	54.5	
2	5.08	2.07	3.01	0.07	20.0	60.2	
2	5.08	2.07	3.01	0.07	20.0	60.2	
2	5.08	2.07	3.01	0.07	20.0	60.2	
2	5.08	2.07	3.01	0.07	20.0	60.2	
2	5.08	2.07	3.01	0.07	20.0	60.2	
2	5.08	2.07	3.01	0.07	20.0	60.2	

⑧ [표 5-11]에 대한 그래프를 [그림 5-22]와 [그림 5-23]에 작성한다.

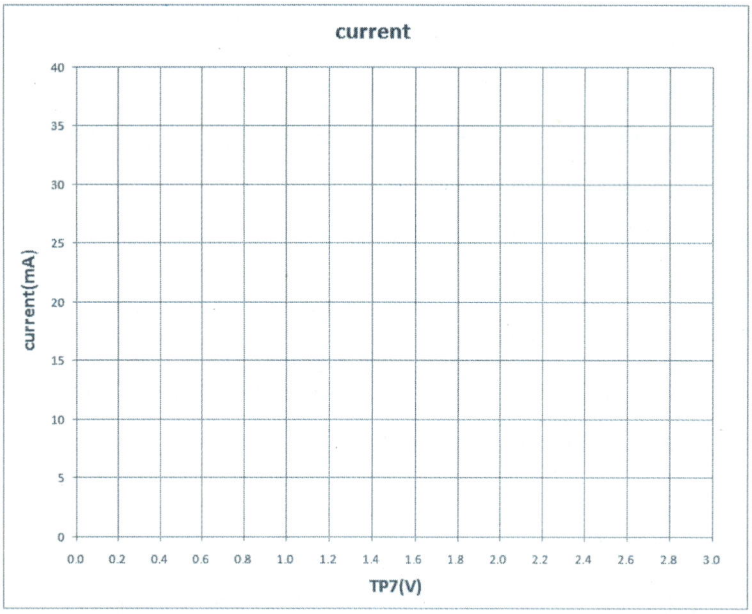

[그림 5-22] TP7의 변화에 대한 전류 그래프

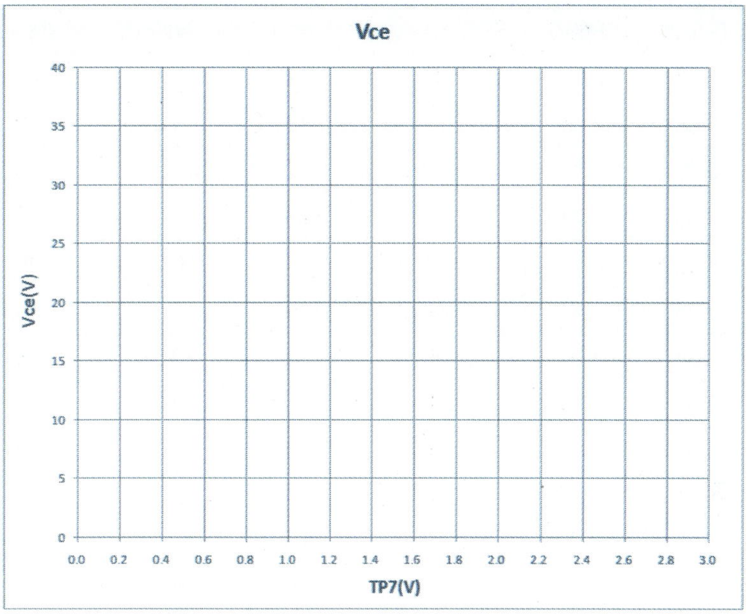

[그림 5-23] TP7의 변화에 대한 Vce의 그래프

21. Color selector를 White에 맞춘다.
   ① Current set 다이얼을 맨 좌측으로 돌린다.
   ② Current set 다이얼을 우측으로 돌려 TP7의 전압을 0.2V 올린다.
   ③ TP5의 전압을 측정한다.
   ④ TP6의 전압을 측정한다.
   ⑤ 전류와 전력 그리고 Vce를 계산한다.
   ⑥ TP7의 전압이 최대가 될 때까지 위의 네 과정을 반복한다.
   ⑦ TP7의 변화에 대한 TP5, TP6, 전류, 전력, Vce의 값을 [표 5-12]와 같이 작성한다 (Vce = Transistor의 collector, emitting간의 전압).

[표 5-12] TP7의 변화에 대한 TP5, TP6, 전류, 전력, Vce의 값

TP7(V)	TP5(V)	TP6(V)	TP5–TP6(V)	Vce(V)	Current(mA)	Wattage(mW)	비고
0	5.08	2.58	2.50	2.58	0.0	0.0	
0.2	5.08	2.42	2.66	2.22	2.0	5.3	
0.4	5.08	2.34	2.74	1.94	4.0	11.0	
0.6	5.08	2.28	2.80	1.68	6.0	16.8	

TP7(V)	TP5(V)	TP6(V)	TP5–TP6(V)	Vce(V)	Current(mA)	Wattage(mW)	비고
0.8	5.08	2.22	2.86	1.42	8.0	22.9	
1	5.08	2.18	2.90	1.18	10.0	29.0	
1.2	5.08	2.12	2.96	0.92	12.0	35.5	
1.4	5.08	2.08	3.00	0.68	14.0	42.0	
1.6	5.08	2.04	3.04	0.44	16.0	48.6	
1.8	5.08	2.06	3.02	0.26	18.0	54.4	
2	5.08	2.10	2.98	0.10	20.0	59.6	
2	5.08	2.10	2.98	0.10	20.0	59.6	
2	5.08	2.10	2.98	0.10	20.0	59.6	
2	5.08	2.10	2.98	0.10	20.0	59.6	
2	5.08	2.10	2.98	0.10	20.0	59.6	
2	5.08	2.10	2.98	0.10	20.0	59.6	

⑧ [표 5-12]에 대한 그래프를 [그림 5-24]와 [그림 5-25]에 작성한다.

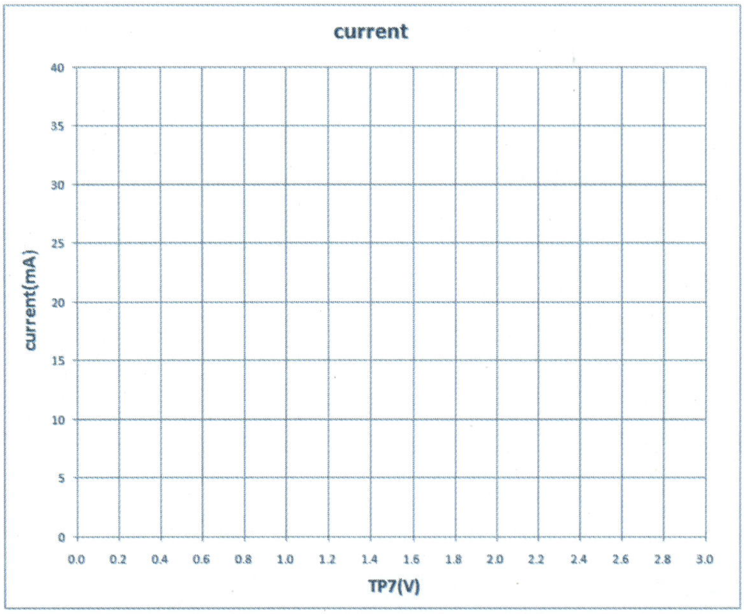

[그림 5-24] TP7의 변화에 대한 전류 그래프

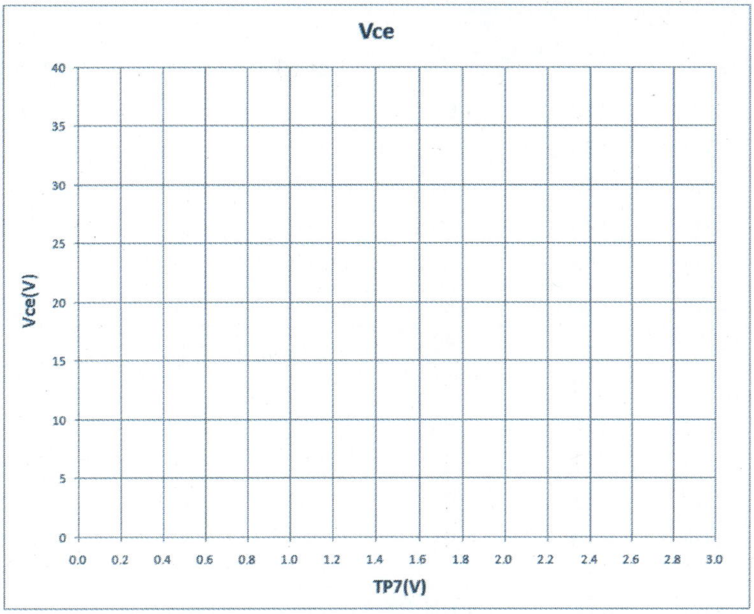

[그림 5-25] TP7의 변화에 대한 Vce의 그래프

22. SW2를 2만 올린 상태에서의 테스트 과정 중 제어가 원활하지 못한 경우가 언제인지 확인하고 원인을 분석한다.
23. SW2의 스위치를 모두 내린다.
24. SW2의 스위치3을 올린다.
25. Color selector를 Red에 맞춘다.
    ① Current set 다이얼을 맨 좌측으로 돌린다.
    ② Current set 다이얼을 우측으로 돌려 TP7의 전압을 0.2V 올린다.
    ③ TP5의 전압을 측정한다.
    ④ TP6의 전압을 측정한다.
    ⑤ 전류와 전력 그리고 Vce를 계산한다(보호저항 = 100Ω).
    ⑥ TP7의 전압이 최대가 될 때까지 위의 네 과정을 반복한다.
    ⑦ TP7의 변화에 대한 TP5, TP6, 전류, 전력, Vce의 값을 [표 5-13]과 같이 작성한다 (Vce = Transistor의 collector, emitting간의 전압).

CHAPTER 05

[표 5-13] TP7의 변화에 대한 TP5, TP6, 전류, 전력, Vce의 값

TP7(V)	TP5(V)	TP6(V)	TP5–TP6(V)	Vce(V)	Current(mA)	Wattage(mW)	비고
0	4.09	2.43	1.66	2.43	0.0	0.0	
0.2	4.09	2.33	1.76	2.13	2.0	3.5	
0.4	4.09	2.29	1.80	1.89	4.0	7.2	
0.6	4.09	2.26	1.83	1.66	6.0	11.0	
0.8	4.09	2.24	1.85	1.44	8.0	14.8	
1	4.09	2.22	1.87	1.22	10.0	18.7	
1.2	4.09	2.20	1.89	1.00	12.0	22.7	
1.4	4.09	2.18	1.91	0.78	14.0	26.7	
1.6	4.09	2.16	1.93	0.56	16.0	30.9	
1.8	4.09	2.15	1.94	0.35	18.0	34.9	
2	4.09	2.13	1.96	0.13	20.0	39.2	
2.165	4.09	2.18	1.91	0.02	21.7	41.4	
2	4.09	2.18	1.91	0.18	20.0	38.2	
2	4.09	2.18	1.91	0.18	20.0	38.2	
2	4.09	2.18	1.91	0.18	20.0	38.2	
2	4.09	2.18	1.91	0.18	20.0	38.2	

⑧ [표 5-13]에 대한 그래프를 [그림 5-26]과 [그림 5-27]에 작성한다.

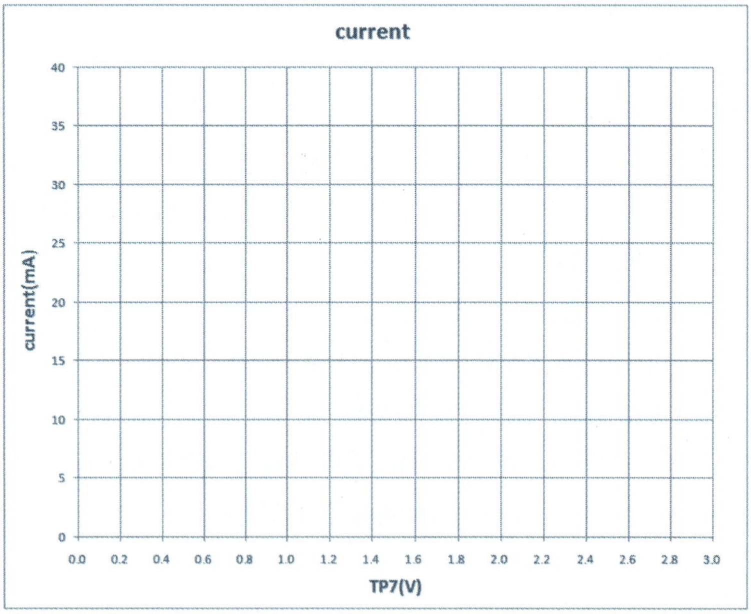

[그림 5-26] TP7의 변화에 대한 전류 그래프

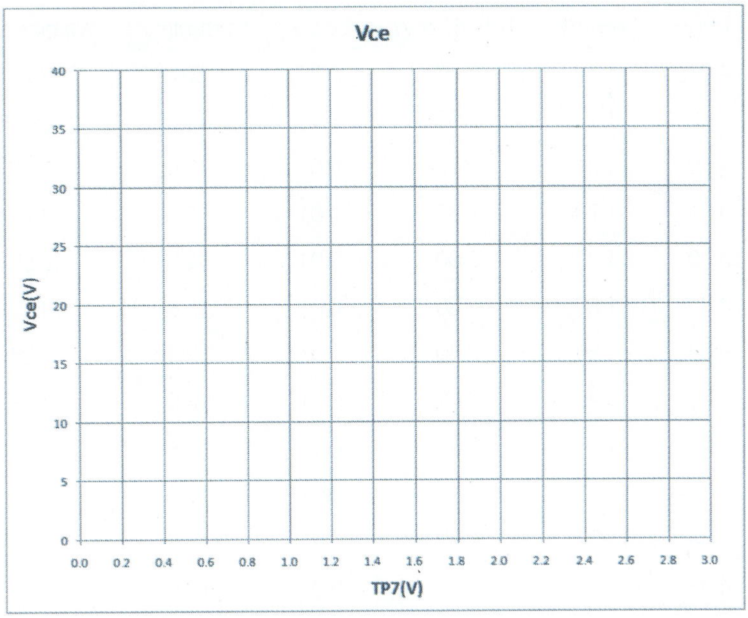

[그림 5-27] TP7의 변화에 대한 Vce의 그래프

26. Color selector를 Green에 맞춘다.

① Current set 다이얼을 맨 좌측으로 돌린다.

② Current set 다이얼을 우측으로 돌려 TP7의 전압을 0.2V 올린다.

③ TP5의 전압을 측정한다.

④ TP6의 전압을 측정한다.

⑤ 전류와 전력 그리고 Vce를 계산한다.

⑥ TP7의 전압이 최대가 될 때까지 위의 네 과정을 반복한다.

⑦ TP7의 변화에 대한 TP5, TP6, 전류, 전력, Vce의 값을 [표 5-14]와 같이 작성한다 (Vce = Transistor의 collector, emitting간의 전압).

[표 5-14] TP7의 변화에 대한 TP5, TP6, 전류, 전력, Vce의 값

TP7(V)	TP5(V)	TP6(V)	TP5-TP6(V)	Vce(V)	Current(mA)	Wattage(mW)	비고
0	4.09	1.6	2.49	1.60	0.0	0.0	
0.2	4.09	1.39	2.70	1.19	2.0	5.4	
0.4	4.09	1.3	2.79	0.90	4.0	11.2	
0.6	4.09	1.23	2.86	0.63	6.0	17.2	

TP7(V)	TP5(V)	TP6(V)	TP5–TP6(V)	Vce(V)	Current(mA)	Wattage(mW)	비고
0.8	4.09	1.17	2.92	0.37	8.0	23.4	
1	4.09	1.12	2.97	0.12	10.0	29.7	
1.2	4.09	1.21	2.88	0.01	12.0	34.6	
1.28	4.09	1.29	2.80	0.01	12.8	35.8	
1.28	4.09	1.29	2.80	0.01	12.8	35.8	
1.28	4.09	1.29	2.80	0.01	12.8	35.8	
1.28	4.09	1.29	2.80	0.01	12.8	35.8	
1.28	4.09	1.29	2.80	0.01	12.8	35.8	
1.28	4.09	1.29	2.80	0.01	12.8	35.8	
1.28	4.09	1.29	2.80	0.01	12.8	35.8	
1.28	4.09	1.29	2.80	0.01	12.8	35.8	
1.28	4.09	1.29	2.80	0.01	12.8	35.8	

⑧ [표 5-14]에 대한 그래프를 [그림 5-28]과 [그림 5-29]에 작성한다.

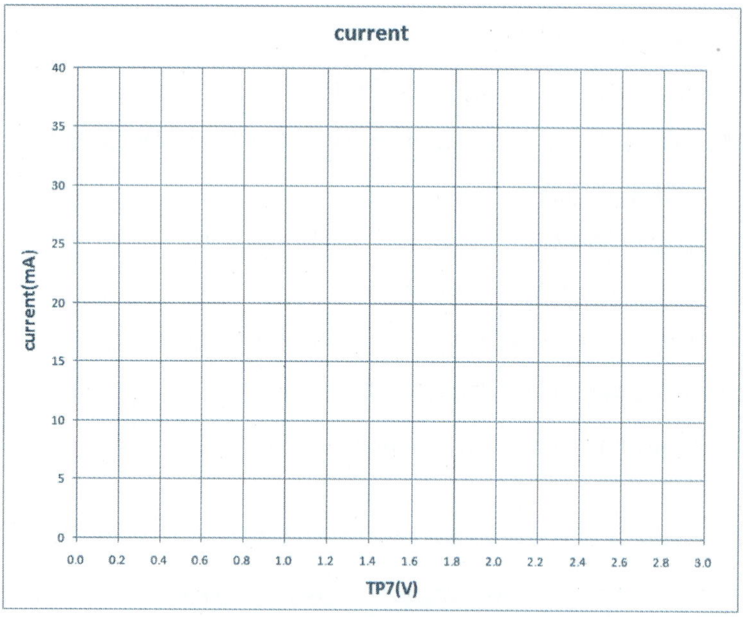

[그림 5–28] TP7의 변화에 대한 전류 그래프

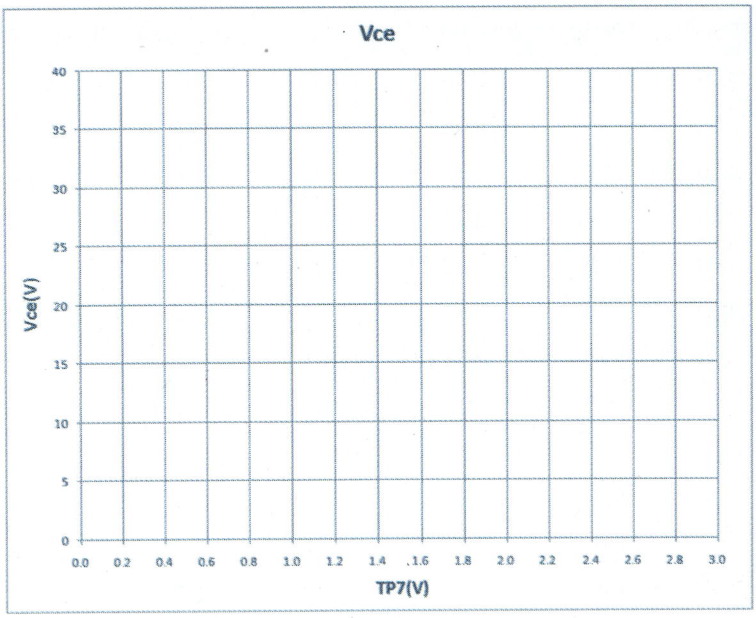

[그림 5-29] TP7의 변화에 대한 Vce의 그래프

27. Color selector를 Blue에 맞춘다.

① Current set 다이얼을 맨 좌측으로 돌린다.

② Current set 다이얼을 우측으로 돌려 TP7의 전압을 0.2V 올린다.

③ TP5의 전압을 측정한다.

④ TP6의 전압을 측정한다.

⑤ 전류와 전력 그리고 Vce를 계산한다.

⑥ TP7의 전압이 최대가 될 때까지 위의 네 과정을 반복한다.

⑦ TP7의 변화에 대한 TP5, TP6, 전류, 전력, Vce의 값을 [표 5-15]와 같이 작성한다 (Vce = Transistor의 collector, emitting간의 전압).

[표 5-15] TP7의 변화에 대한 TP5, TP6, 전류, 전력, Vce의 값

TP7(V)	TP5(V)	TP6(V)	TP5–TP6(V)	Vce(V)	Current(mA)	Wattage(mW)	비고
0	4.09	1.51	2.58	1.51	0.0	0.0	
0.2	4.09	1.32	2.77	1.12	2.0	5.5	
0.4	4.09	1.26	2.83	0.86	4.0	11.3	
0.6	4.09	1.22	2.87	0.62	6.0	17.2	

TP7(V)	TP5(V)	TP6(V)	TP5−TP6(V)	Vce(V)	Current(mA)	Wattage(mW)	비고
0.8	4.09	1.19	2.90	0.39	8.0	23.2	
1	4.09	1.16	2.93	0.16	10.0	29.3	
1.2	4.09	1.22	2.87	0.02	12.0	34.4	
1.252	4.09	1.26	2.83	0.01	12.5	35.4	
1.252	4.09	1.26	2.83	0.01	12.5	35.4	
1.252	4.09	1.26	2.83	0.01	12.5	35.4	
1.252	4.09	1.26	2.83	0.01	12.5	35.4	
1.252	4.09	1.26	2.83	0.01	12.5	35.4	
1.252	4.09	1.26	2.83	0.01	12.5	35.4	
1.252	4.09	1.26	2.83	0.01	12.5	35.4	
1.252	4.09	1.26	2.83	0.01	12.5	35.4	
1.252	4.09	1.26	2.83	0.01	12.5	35.4	

⑧ [표 5-15]에 대한 그래프를 [그림 5-30]과 [그림 5-31]에 작성한다.

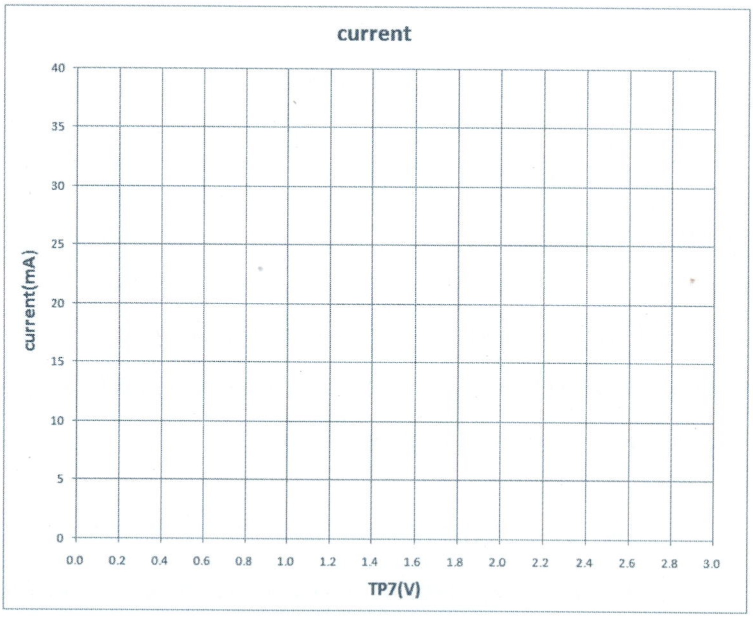

[그림 5-30] TP7의 변화에 대한 전류 그래프

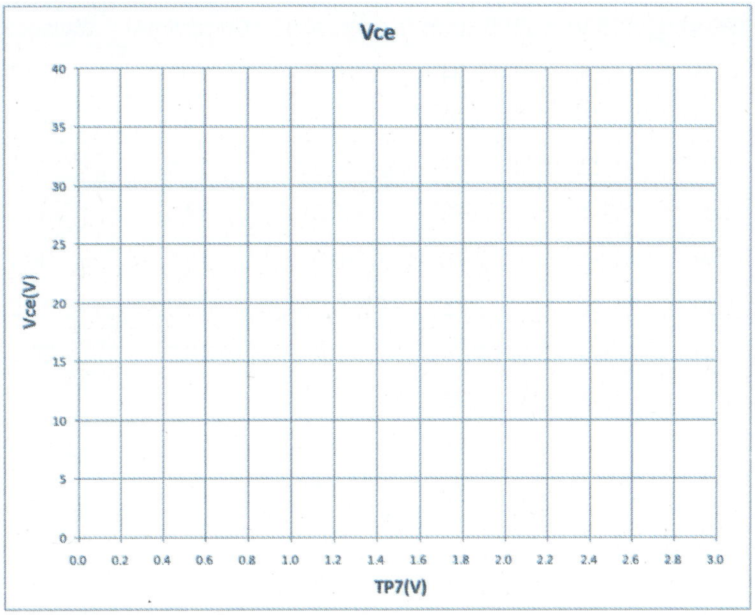

[그림 5-31] TP7의 변화에 대한 Vce의 그래프

28. Color selector를 White에 맞춘다.
   ① Current set 다이얼을 맨 좌측으로 돌린다.
   ② Current set 다이얼을 우측으로 돌려 TP7의 전압을 0.2V 올린다.
   ③ TP5의 전압을 측정한다.
   ④ TP6의 전압을 측정한다.
   ⑤ 전류와 전력 그리고 Vce를 계산한다.
   ⑥ TP7의 전압이 최대가 될 때까지 위의 네 과정을 반복한다.
   ⑦ TP7의 변화에 대한 TP5, TP6, 전류, 전력, Vce의 값을 [표 5-16]과 같이 작성한다 (Vce = Transistor의 collector, emitting간의 전압).

[표 5-16] TP7의 변화에 대한 TP5, TP6, 전류, 전력, Vce의 값

TP7(V)	TP5(V)	TP6(V)	TP5–TP6(V)	Vce(V)	Current(mA)	Wattage(mW)	비고
0	4.09	1.62	2.47	1.62	0.0	0.0	
0.2	4.09	1.44	2.65	1.24	2.0	5.3	
0.4	4.09	1.37	2.72	0.97	4.0	10.9	
0.6	4.09	1.3	2.79	0.70	6.0	16.7	

TP7(V)	TP5(V)	TP6(V)	TP5–TP6(V)	Vce(V)	Current(mA)	Wattage(mW)	비고
0.8	4.09	1.25	2.84	0.45	8.0	22.7	
1	4.09	1.2	2.89	0.20	10.0	28.9	
1.2	4.09	1.22	2.87	0.02	12.0	34.4	
1.326	4.09	1.34	2.75	0.01	13.3	36.5	
1.326	4.09	1.34	2.75	0.01	13.3	36.5	
1.326	4.09	1.34	2.75	0.01	13.3	36.5	
1.326	4.09	1.34	2.75	0.01	13.3	36.5	
1.326	4.09	1.34	2.75	0.01	13.3	36.5	
1.326	4.09	1.34	2.75	0.01	13.3	36.5	
1.326	4.09	1.34	2.75	0.01	13.3	36.5	
1.326	4.09	1.34	2.75	0.01	13.3	36.5	
1.326	4.09	1.34	2.75	0.01	13.3	36.5	

⑧ [표 5-16]에 대한 그래프를 [그림 5-32]와 [그림 5-33]에 작성한다.

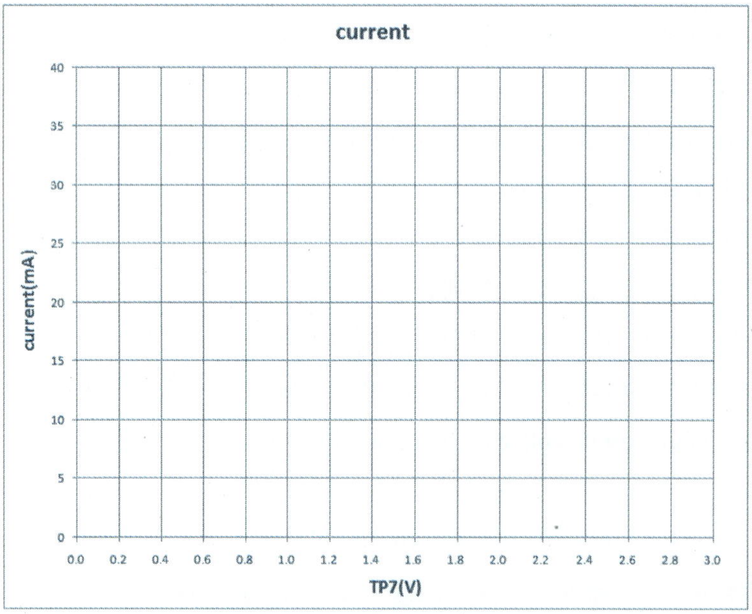

[그림 5-32] TP7의 변화에 대한 전류 그래프

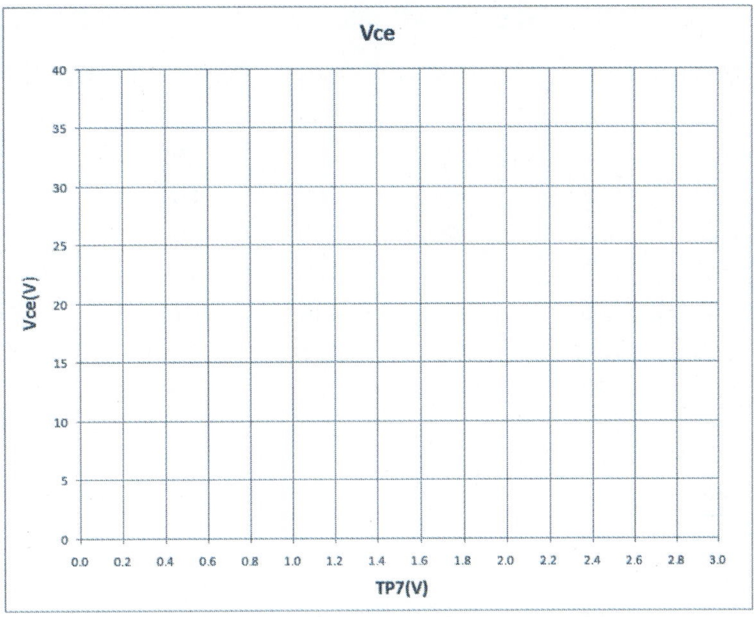

[그림 5-33] TP7의 변화에 대한 Vce의 그래프

29. SW2를 3만 올린 상태에서의 테스트 과정 중 제어가 원활하지 못한 경우가 언제인지 확인하고 원인을 분석한다.
30. SW2의 스위치를 모두 내린다.
31. SW2의 스위치4를 올린다.
32. Color selector를 Red에 맞춘다.
    ① Current set 다이얼을 맨 좌측으로 돌린다.
    ② Current set 다이얼을 우측으로 돌려 TP7의 전압을 0.2V 올린다.
    ③ TP5의 전압을 측정한다.
    ④ TP6의 전압을 측정한다.
    ⑤ 전류와 전력 그리고 Vce를 계산한다(보호저항 = 100Ω).
    ⑥ TP7의 전압이 최대가 될 때까지 위의 네 과정을 반복한다.
    ⑦ TP7의 변화에 대한 TP5, TP6, 전류, 전력, Vce의 값을 [표 5-17]과 같이 작성한다 (Vce = Transistor의 collector, emitting간의 전압).

[표 5-17] TP7의 변화에 대한 TP5, TP6, 전류, 전력, Vce의 값

TP7(V)	TP5(V)	TP6(V)	TP5–TP6(V)	Vce(V)	Current(mA)	Wattage(mW)	비고
0	3.03	1.39	1.64	1.39	0.0	0.0	
0.2	3.03	1.27	1.76	1.07	2.0	3.5	
0.4	3.03	1.23	1.80	0.83	4.0	7.2	
0.6	3.03	1.2	1.83	0.60	6.0	11.0	
0.8	3.03	1.18	1.85	0.38	8.0	14.8	
1	3.03	1.16	1.87	0.16	10.0	18.7	
1.2	3.03	1.21	1.82	0.01	12.0	21.8	
1.226	3.03	1.23	1.80	0.00	12.3	22.1	
1.226	3.03	1.23	1.80	0.00	12.3	22.1	
1.226	3.03	1.23	1.80	0.00	12.3	22.1	
1.226	3.03	1.23	1.80	0.00	12.3	22.1	
1.226	3.03	1.23	1.80	0.00	12.3	22.1	
1.226	3.03	1.23	1.80	0.00	12.3	22.1	
1.226	3.03	1.23	1.80	0.00	12.3	22.1	
1.226	3.03	1.23	1.80	0.00	12.3	22.1	
1.226	3.03	1.23	1.80	0.00	12.3	22.1	

⑧ [표 5-17]에 대한 그래프를 [그림 5-34]와 [그림 5-35]에 작성한다.

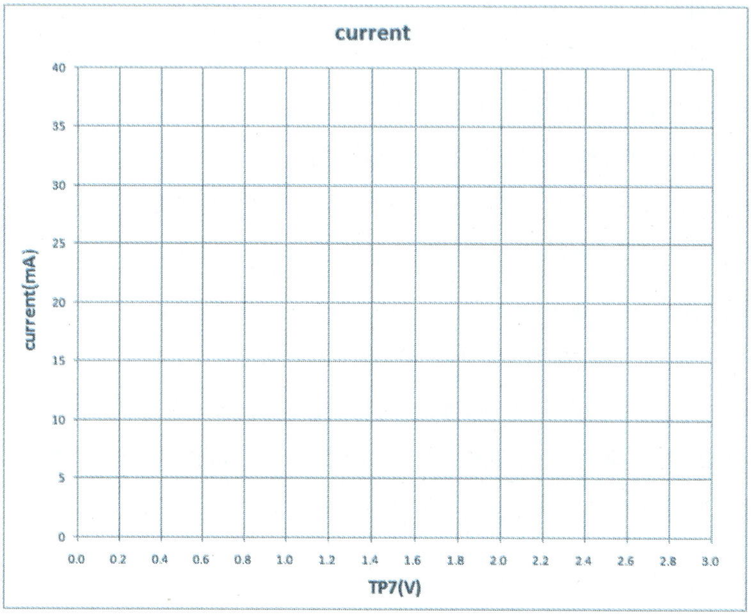

[그림 5-34] TP7의 변화에 대한 전류 그래프

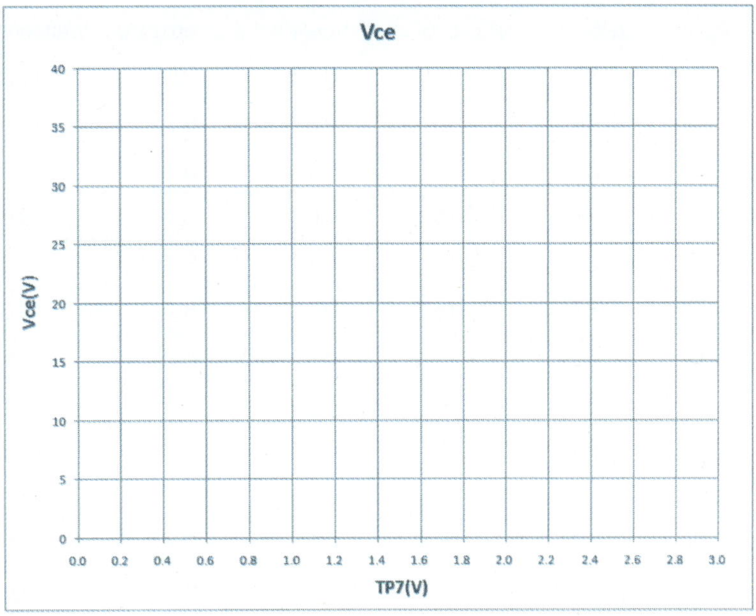

[그림 5-35] TP7의 변화에 대한 Vce의 그래프

33. Color selector를 Green에 맞춘다.

① Current set 다이얼을 맨 좌측으로 돌린다.

② Current set 다이얼을 우측으로 돌려 TP7의 전압을 0.2V 올린다.

③ TP5의 전압을 측정한다.

④ TP6의 전압을 측정한다.

⑤ 전류와 전력 그리고 Vce를 계산한다.

⑥ TP7의 전압이 최대가 될 때까지 위의 네 과정을 반복한다.

⑦ TP7의 변화에 대한 TP5, TP6, 전류, 전력, Vce의 값을 [표 5-18]과 같이 작성한다 (Vce = Transistor의 collector, emitting간의 전압).

[표 5-18] TP7의 변화에 대한 TP5, TP6, 전류, 전력, Vce의 값

TP7(V)	TP5(V)	TP6(V)	TP5−TP6(V)	Vce(V)	Current(mA)	Wattage(mW)	비고
0	3.03	0.6	2.43	0.60	0.0	0.0	
0.2	3.03	0.34	2.69	0.14	2.0	5.4	
0.4	3.03	0.41	2.62	0.01	4.0	10.5	
0.6	3.03	0.61	2.42	0.01	6.0	14.5	

CHAPTER 05

TP7(V)	TP5(V)	TP6(V)	TP5–TP6(V)	Vce(V)	Current(mA)	Wattage(mW)	비고
0.8	3.03	0.83	2.20	0.03	8.0	17.6	
0.867	3.03	0.88	2.15	0.01	8.7	18.6	
0.867	3.03	0.88	2.15	0.01	8.7	18.6	
0.867	3.03	0.88	2.15	0.01	8.7	18.6	
0.867	3.03	0.88	2.15	0.01	8.7	18.6	
0.867	3.03	0.88	2.15	0.01	8.7	18.6	
0.867	3.03	0.88	2.15	0.01	8.7	18.6	
0.867	3.03	0.88	2.15	0.01	8.7	18.6	
0.867	3.03	0.88	2.15	0.01	8.7	18.6	
0.867	3.03	0.88	2.15	0.01	8.7	18.6	
0.867	3.03	0.88	2.15	0.01	8.7	18.6	
0.867	3.03	0.88	2.15	0.01	8.7	18.6	

⑧ [표 5-18]에 대한 그래프를 [그림 5-36]과 [그림 5-37]에 작성한다.

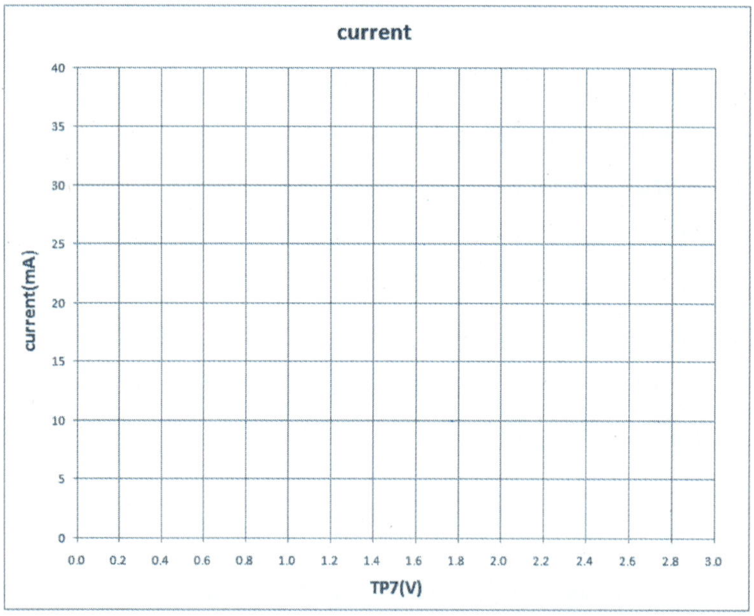

[그림 5-36] TP7의 변화에 대한 전류 그래프

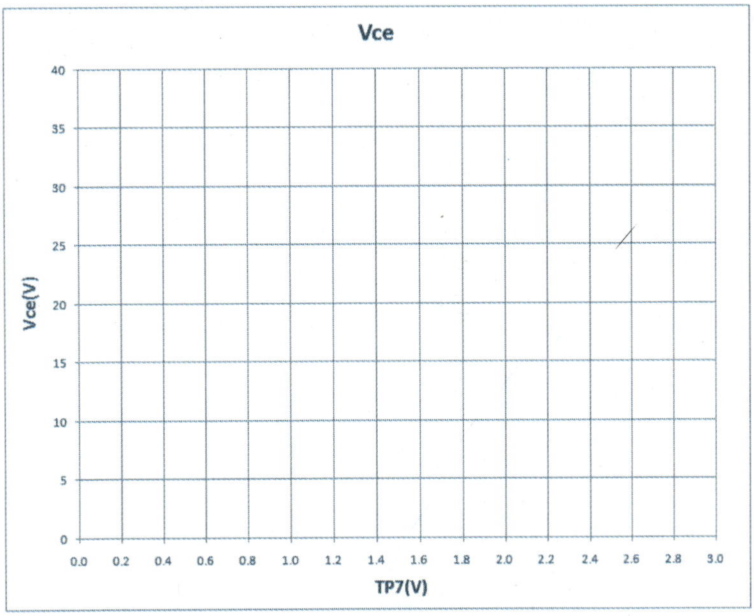

[그림 5-37] TP7의 변화에 대한 Vce의 그래프

34. Color selector를 Blue에 맞춘다.

① Current set 다이얼을 맨 좌측으로 돌린다.

② Current set 다이얼을 우측으로 돌려 TP7의 전압을 0.2V 올린다.

③ TP5의 전압을 측정한다.

④ TP6의 전압을 측정한다.

⑤ 전류와 전력 그리고 Vce를 계산한다.

⑥ TP7의 전압이 최대가 될 때까지 위의 네 과정을 반복한다.

⑦ TP7의 변화에 대한 TP5, TP6, 전류, 전력, Vce의 값을 [표 5-19]와 같이 작성한다 (Vce = Transistor의 collector, emitting간의 전압).

[표 5-19] TP7의 변화에 대한 TP5, TP6, 전류, 전력, Vce의 값

TP7(V)	TP5(V)	TP6(V)	TP5-TP6(V)	Vce(V)	Current(mA)	Wattage(mW)	비고
0	3.03	0.53	2.50	0.53	0.0	0.0	
0.2	3.03	0.26	2.77	0.06	2.0	5.5	
0.4	3.03	0.42	2.61	0.02	4.0	10.4	
0.6	3.03	0.62	2.41	0.02	6.0	14.5	

CHAPTER 05

TP7(V)	TP5(V)	TP6(V)	TP5–TP6(V)	Vce(V)	Current(mA)	Wattage(mW)	비고
0.8	3.03	0.82	2.21	0.02	8.0	17.7	
0.867	3.03	0.87	2.16	0.00	8.7	18.7	
0.867	3.03	0.87	2.16	0.00	8.7	18.7	
0.867	3.03	0.87	2.16	0.00	8.7	18.7	
0.867	3.03	0.87	2.16	0.00	8.7	18.7	
0.867	3.03	0.87	2.16	0.00	8.7	18.7	
0.867	3.03	0.87	2.16	0.00	8.7	18.7	
0.867	3.03	0.87	2.16	0.00	8.7	18.7	
0.867	3.03	0.87	2.16	0.00	8.7	18.7	
0.867	3.03	0.87	2.16	0.00	8.7	18.7	
0.867	3.03	0.87	2.16	0.00	8.7	18.7	
0.867	3.03	0.87	2.16	0.00	8.7	18.7	

⑧ [표 5-19]에 대한 그래프를 [그림 5-38]과 [그림 5-39]에 작성한다.

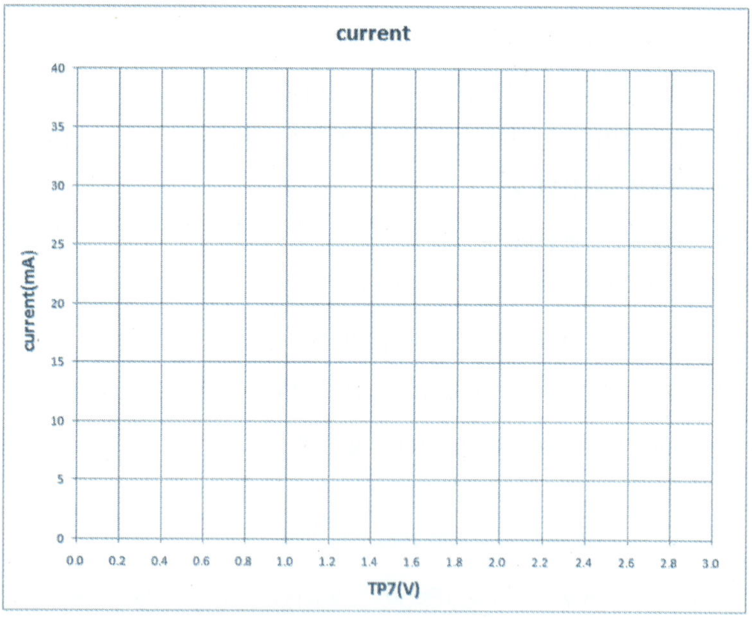

[그림 5-38] TP7의 변화에 대한 전류 그래프

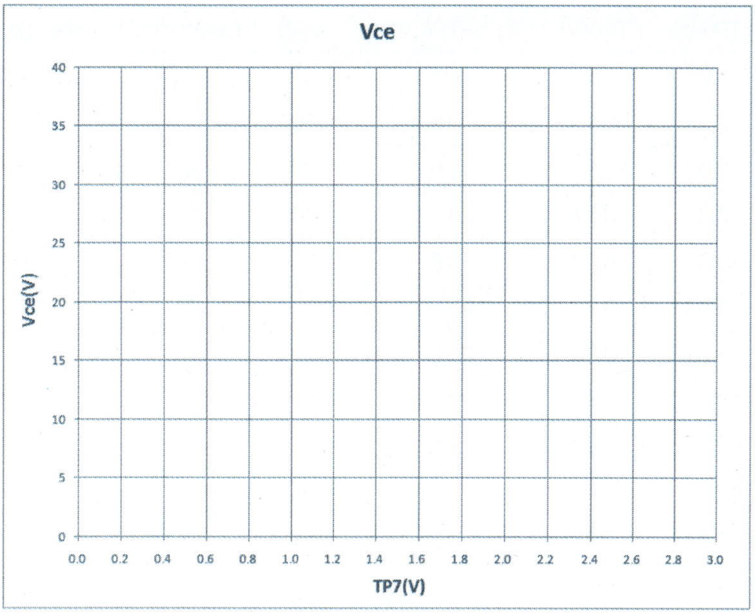

[그림 5-39] TP7의 변화에 대한 Vce의 그래프

35. Color selector를 White에 맞춘다.

① Current set 다이얼을 맨 좌측으로 돌린다.

② Current set 다이얼을 우측으로 돌려 TP7의 전압을 0.2V 올린다.

③ TP5의 전압을 측정한다.

④ TP6의 전압을 측정한다.

⑤ 전류와 전력 그리고 Vce를 계산한다.

⑥ TP7의 전압이 최대가 될 때까지 위의 네 과정을 반복한다.

⑦ TP7의 변화에 대한 TP5, TP6, 전류, 전력, Vce의 값을 [표 5-20]과 같이 작성한다 (Vce = Transistor의 collector, emitting간의 전압).

[표 5-20] TP7의 변화에 대한 TP5, TP6, 전류, 전력, Vce의 값

TP7(V)	TP5(V)	TP6(V)	TP5−TP6(V)	Vce(V)	Current(mA)	Wattage(mW)	비고
0	3.03	0.6	2.43	0.60	0.0	0.0	
0.2	3.03	0.39	2.64	0.19	2.0	5.3	
0.4	3.03	0.42	2.61	0.02	4.0	10.4	
0.6	3.03	0.62	2.41	0.02	6.0	14.5	

TP7(V)	TP5(V)	TP6(V)	TP5–TP6(V)	Vce(V)	Current(mA)	Wattage(mW)	비고
0.8	3.03	0.81	2.22	0.01	8.0	17.8	
0.867	3.03	0.87	2.16	0.00	8.7	18.7	
0.867	3.03	0.87	2.16	0.00	8.7	18.7	
0.867	3.03	0.87	2.16	0.00	8.7	18.7	
0.867	3.03	0.87	2.16	0.00	8.7	18.7	
0.867	3.03	0.87	2.16	0.00	8.7	18.7	
0.867	3.03	0.87	2.16	0.00	8.7	18.7	
0.867	3.03	0.87	2.16	0.00	8.7	18.7	
0.867	3.03	0.87	2.16	0.00	8.7	18.7	
0.867	3.03	0.87	2.16	0.00	8.7	18.7	
0.867	3.03	0.87	2.16	0.00	8.7	18.7	
0.867	3.03	0.87	2.16	0.00	8.7	18.7	

⑧ [표 5-20]에 대한 그래프를 [그림 5-40]과 [그림 5-41]에 작성한다.

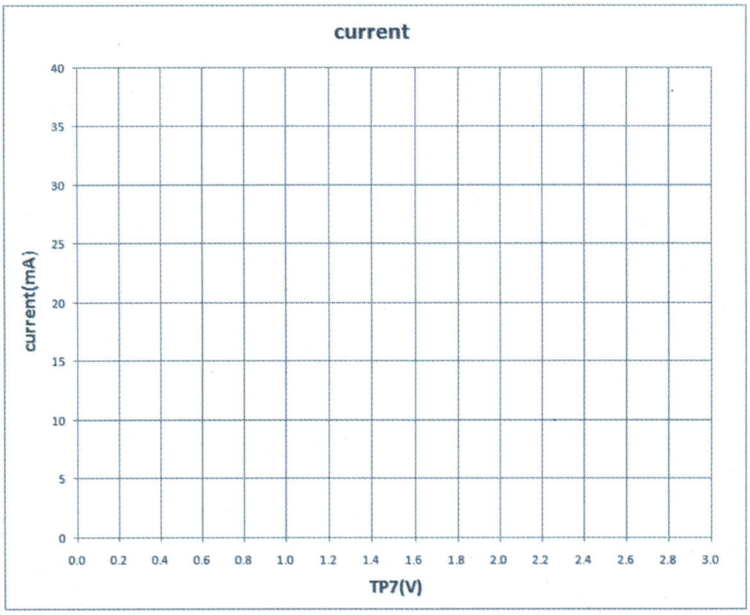

[그림 5-40] TP7의 변화에 대한 전류 그래프

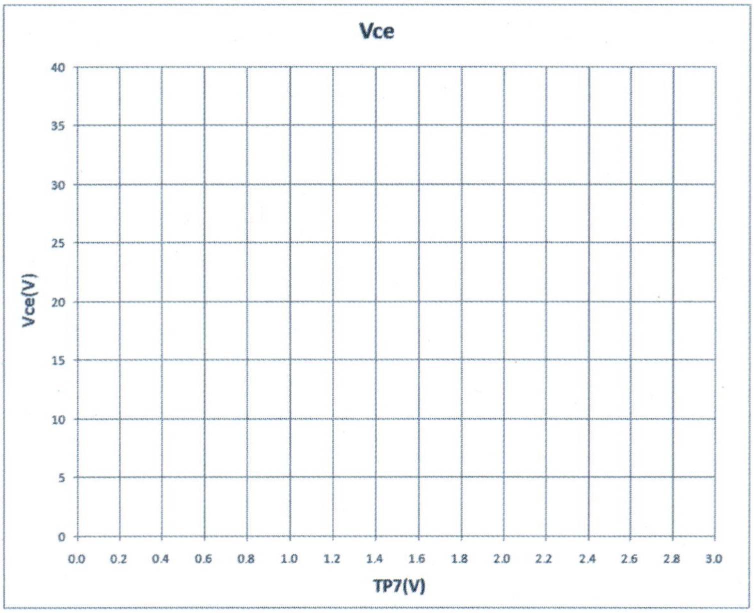

[그림 5-41] TP7의 변화에 대한 Vce의 그래프

36. SW2를 1만 올린 상태에서의 테스트 과정 중 제어가 원활하지 못한 경우가 언제인지 확인하고 원인을 분석한다.

06장

LED 직 · 병렬연결 구동

1 실험 제목 : LED 직 · 병렬연결 실험

2 실험 목적

① LED 직렬연결시의 특성을 이해한다.

② LED 병렬연결시의 특성을 이해한다.

3 실험 준비사항

① 실험용 장비 본체

② 디지털 멀티미터

③ 기본 회로 모듈

4 실험 주의사항

① LED의 빛을 주시하지 않는다.

② 보드를 임의로 분리 조립하지 않는다.

③ 보드의 소자를 분리 조립 튜닝하지 않는다.

④ 보드의 홀사이로 이물질이 들어가지 않도록 한다.

5 실험 관련 이론

1) 관련 용어

① 순방향 전압(Forward Voltage, Vf) : 순방향 전압으로 순방향으로 전류가 흐를 때 강하되는 전압으로 이는 최소한 순방향 강하전압 이상의 전압을 가해야 전류가 흐

를 수 있는 것이다.

② 지속 순방향 전류(Continuous Forward Current : IF) : 지속적으로 LED에 인가할 수 있는 최대 전류(주위온도에 따라 Derating 필요)

③ 소비전력(Power Dissipation : PD) : LED가 소비할 수 있는 최대 전력 [PD = Forward Current(IF) × Forward Voltage(VF)]

④ 최대 순방향 전류(Peak Forward Current, IFP) : Pulse Mode로 LED를 점등시 LED에 인가할 수 있는 최대 전류(조건 : Pulse폭, Duty비)

⑤ 동작온도(Operating Temperature, Topr) : LED를 정상적으로 동작시킬 수 있는 주위온도 범위

⑥ 저장온도(Storage Temperature, Tstg) : LED를 특성에 변화없이 보관가능한 저장온도 범위

⑦ 솔더링 온도(Soldering Temperature, Tsol) : Soldering 조건

2) 보드 회로 용어

① V 전류(Vcurrent) : 키르히호프의 전류법칙을 적용하여 흐르는 전류를 계산하기 위한 전압 측정 값(측정한 저항의 양단의 전압을 저항값으로 나누어서 전류를 계산함)

② Vf : 순방향 전압(Forward Voltage)

③ Vs : 공급전압(Supply Voltage)

3) 보드 회로

(1) 직렬(Serial)

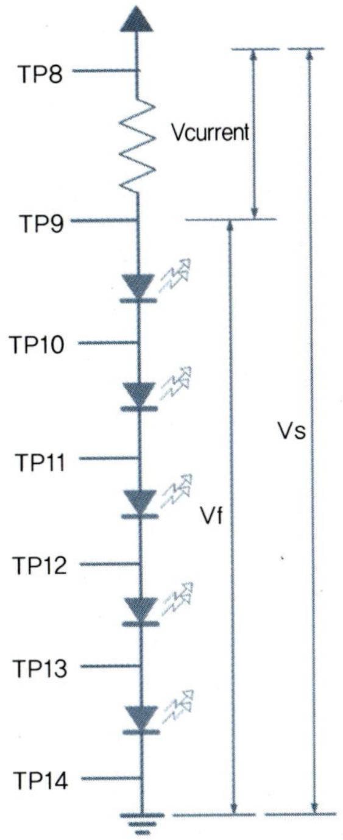

[그림 6-1] 직렬 회로도

(2) 병렬(Parallel)

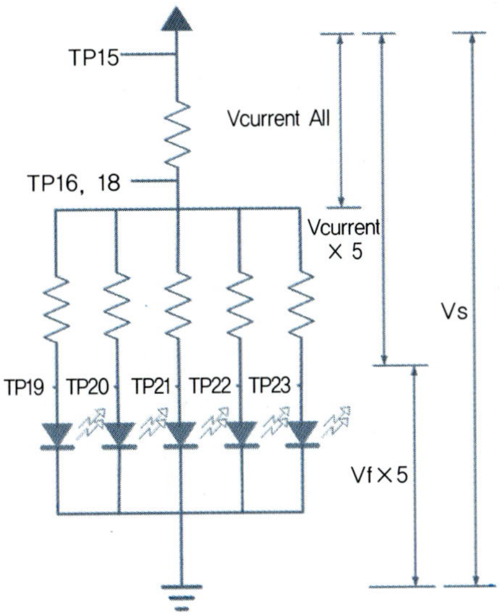

[그림 6-2] 병렬 회로도

6 실험 절차

1. 장비의 Main 전원을 켠다.
2. 모듈의 전원을 켠다.
3. SW3 / SW4를 전부내린다.
4. SW3의 스위치를 5~1방향으로 하나씩 올리면서 TP8, TP9의 전압을 측정하고 이때의 전류, 전력을 계산하고 TP9~TP14의 값을 측정하여 [표 6-1]과 같이 작성한다(보호저항 = 500Ω).

[표 6-1] TP8, TP9의 전압을 측정하고 이때의 전류, 전력을 계산하고 TP9~TP14의 값

	5	4	3	2	1	
TP8(V)	12.06	12.06	12.06	12.06	12.06	
TP9	8.85	7.34	5.65	3.84	1.95	
TP8~TP9(V)	3.21	4.72	6.41	8.22	10.11	
Current(mA)	6.4	9.4	12.8	16.4	20.2	
Wattage(mW)	56.817	69.2896	72.433	63.1296	39.429	
TP10(V)	7.07	5.50	3.82	1.95	0	
TP11(V)	5.29	3.71	1.91	0	0	
TP12(V)	3.57	1.858	0	0	0	
TP13(V)	1.78	0	0	0	0	
TP14(V)	0	0	0	0	0	

① [표 6-1]을 그래프로 작성한다.

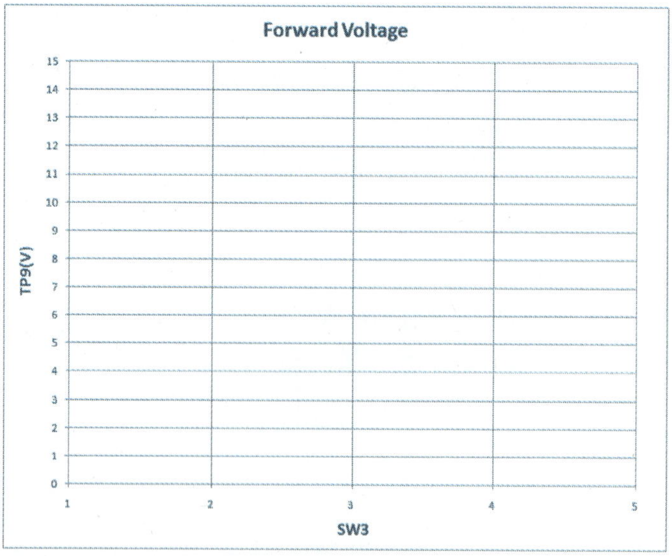

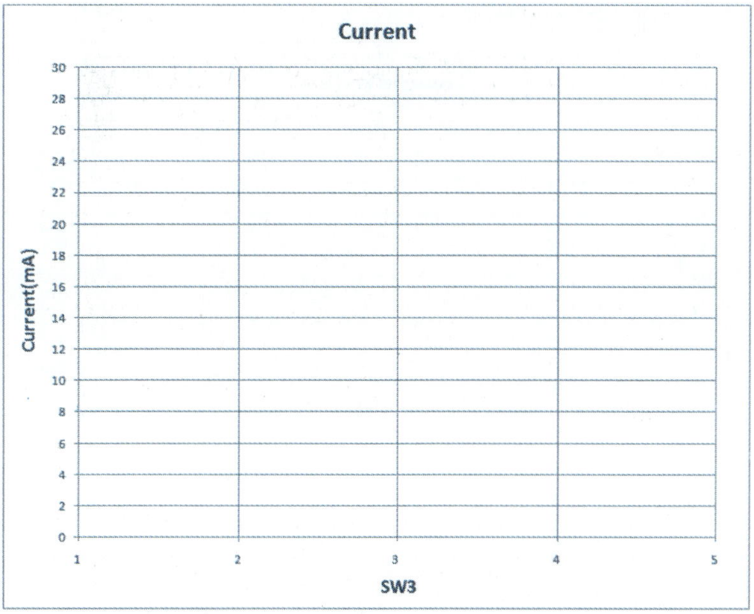

② SW3의 스위치에 따른 LED 점등 상태를 기술한다.

③ SW3의 스위치를 전부내린다.

5. SW4의 스위치를 5~1방향으로 하나씩 추가로 올리면서 TP15, TP16의 전압을 측정하고 전류와 전력을 계산하고 TP18~TP23의 값을 측정하여 표와 같이 작성한다.

	1	2	3	4	5	
TP15(V)	5.03	5.03	5.03	5.03	5.03	
TP16(V)	4.74	4.49	4.28	4.09	3.94	
TP15~P16(V)	0.29	0.54	0.75	0.94	1.09	
Current all(mA)	29.00	54.00	75.00	94.00	109.00	보호저항 10Ω
TP18(V)	4.74	4.49	4.28	4.09	3.94	
TP19(V)	1.991					
TP20(V)		1.991				
TP21(V)			1.989			
TP22(V)				2.006		
TP23(V)					1.993	
Current(mA)	30.5	27.8	25.5	23.2	21.6	보호저항 90Ω
Wattage(mW)	60.72	55.34	50.7	46.53	43.05	

① 앞의 표를 그래프로 작성한다.

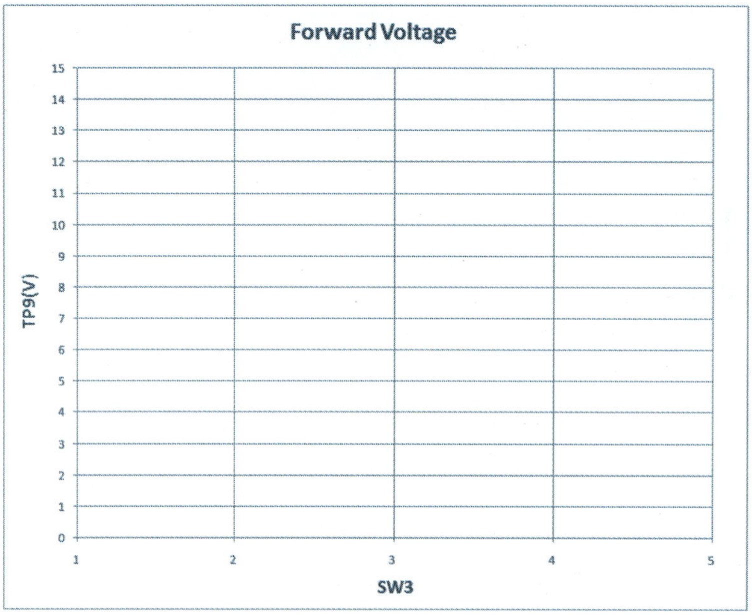

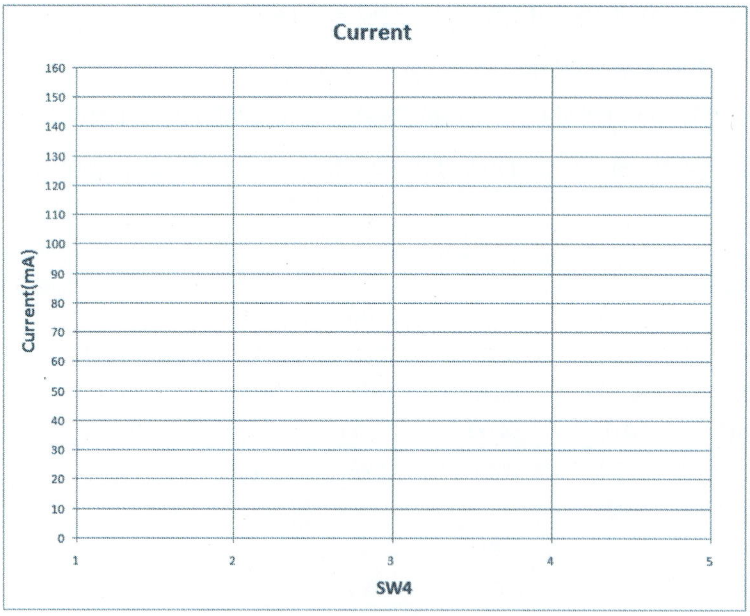

② SW4의 스위치를 전부 내린다.

③ SW4의 스위치에 따른 LED 점등상태를 기술한다.

07장 LED 밝기 조절

1 실험 제목 : LED 밝기 조절 실험

2 실험 목적

① PWM 구동을 이해한다.

② PWM 구동시 전력을 계산할 수 있다.

3 실험 준비사항

① 실험용 장비 본체

② 디지털 멀티미터

③ 오실로스코프

④ Control I 모듈

4 실험 주의사항

① LED의 빛을 주시하지 않는다.

② 보드를 임의로 분리 조립하지 않는다.

③ 보드의 소자를 분리 조립 튜닝하지 않는다.

④ 보드의 홀사이로 이물질이 들어가지 않도록 한다.

⑤ 오실로스코프의 그라운드 단자는 GND에만 연결한다.

5 실험 관련 이론

1) PWM을 통한 밝기 조절

LED 기술에 가장 널리 사용되는 방법으로 고정된 주파수 파형에서의 On time과 Off time의 비를 조절하여 LED의 광량을 조절하는 방법이다.

[그림 7-1]과 같은 PWM signal로 LED를 구동하면 광량은 Source signal의 사인파의 동기에 맞추어서 광량이 변하게 된다.

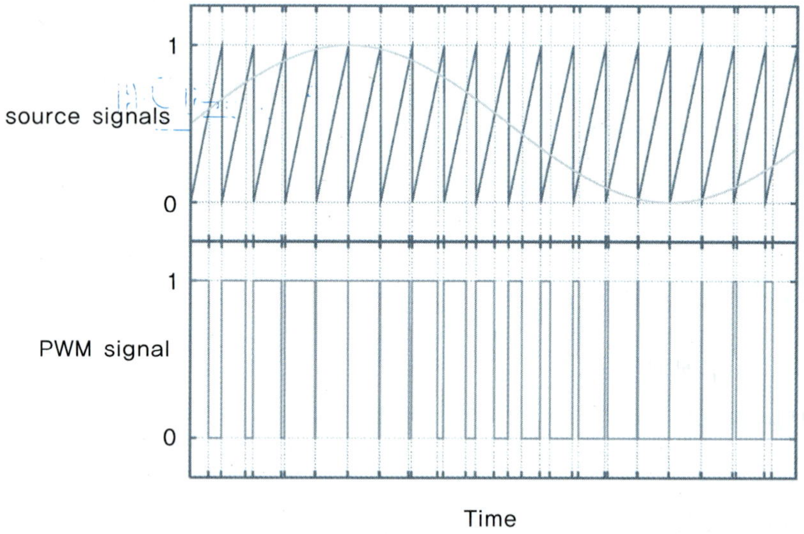

[그림 7-1] PWM을 통한 밝기 조절

2) PWM 디밍의 이점

종종 아날로그 디밍(Dimming)은 간편하게 구현할 수 있다. LED 드라이버의 출력 전류는 제어 전압에 비례하여 달라질 수 있으며, 아날로그 디밍은 잠재적인 EMC / EMI 소스인 새로운 주파수를 생성하지 않는다. 그러나 발생된 빛은 평균 드라이브 전류에 따라 변하는 LED의 기본적인 특성으로 인해 대부분의 설계에서는 PWM 디밍이 사용되고 있다.

단색 LED의 경우 주파장이 변경되고, 백색 LED의 경우 CCT(상관 색온도)가 변화한다. 적색, 녹색 또는 청색 LED에서 미세한 파장의 변화를 감지하는 것은 인간의 눈으로는 어려운 일이며, 광도가 함께 변화할 때 특히 더하다. 하지만 백색 빛에서는 색온도 변화를 쉽게 감지할 수 있다. 대부분의 백색 LED는 청색 스펙트럼의 광자가 방출되는 다이와 이 광자와 충돌하여 가시광선 범위에 해당하는 광자를 차례로 방출하는 형광체 코팅으로 구성되어 있다.

낮은 전류에서는 형광체가 지배적으로 작용하여 빛은 노란색 계열로 나타나는 경향이 있다. 반면, 높은 전류의 경우 LED의 청색 방출이 지배적이 되어 빛은 청색을 띠게 되어 CCT 또한 더 높아지게 된다. 둘 이상의 LED가 사용된 애플리케이션에서 두 개의 인접한 LED 사이의 CCT 차이가 명확하게 나타나는데 이는 애플리케이션에서 달갑지 않은 현상이다. 이 개념은 여러 개의 단색 LED에서 빛을 혼합하는 조명 소스에도 해당된다. 둘 이상의 조명 소스가 존재하는 경우 이들 간의 차이는 신경을 건드리게 된다.

LED 제조업체는 해당 제품의 전기적 특성표에 특정 구동 전류를 명시함으로써 지정된 전류에서 주파장 또는 CCT만을 보장한다. PWM 디밍을 채택하면 광도에 상관없이 LED에서 조명 설계자가 필요로 하는 색상의 방출이 가능해진다. 이러한 정밀 제어는 다른 색상의 빛이 혼합되어 백색 빛을 만들어 내는 RGB 애플리케이션에서도 특히 중요하다.

드라이버 IC 관점에서 아날로그 디밍은 출력 전류의 정확도에서 심각한 문제를 가져온다. 거의 모든 LED 드라이버에는 전류를 감지하기 위해 출력단에 직렬로 저항이 연결된다. 전류감지전압(VSNS)은 높은 SNR(Signal-to-Noise Ratio)을 유지하는 동시에 적은 전력소모량을 유지할 수 있도록 선택된다. 허용 오차, 오프셋 및 드라이버에서의 지연으로 인해 상대적으로 고정된 값의 오류가 발생한다.

폐쇄형 루프 시스템에서 출력 전류를 줄이기 위해서는 제어, 지정 또는 보장이 불가능한 출력 전류에 이르는 VSNS의 절대값이 오류 전압과 같아질 때까지 출력 전류 정확도의 감소를 감수하면서도 VSNS를 낮춰야 한다. 일반적으로 PWM 디밍을 사용하면 아날로그 디밍보다 훨씬 더 낮은 수준의 조명 출력에서 보다 정확한 선형 제어가 가능하다.

3) 조명 출력 제어방법

LED가 벅, 부스트, 벅-부스트 또는 리니어 레귤레이터를 통해 구동되는지 여부에 상관없이 모든 드라이브 회로에서 찾아볼 수 있는 공통된 특징은 조명 출력을 제어할 수 있는 기능이 필요하다는 점이다. 일부 애플리케이션에서는 On/Off처럼 단순한 기능만 있으면 되지만 대부분은 0~100% 사이를 제어하거나 훨씬 더 정밀한 제어가 요구된다.

조명 제어 방식에는 LED 전류를 선형으로 조절하거나(아날로그 디밍) 또는 인간의 눈이 조명 출력을 평균화할 수 있는 충분히 높은 주파수로 0과 목표로 한 구동 전류값을 계속 번갈아 가며 출력하는(디지털 디밍) 두 가지 방법이 존재한다. 디지털 디밍을 구현하는 데 있어 아마도 주기 및 듀티 사이클을 설정하기 위해 PWM을 사용하는 것은 동일한 기법으로 대부분의 스위칭 컨버터를 제어할 경우 보다 가장 쉬운 방법일 것이다.

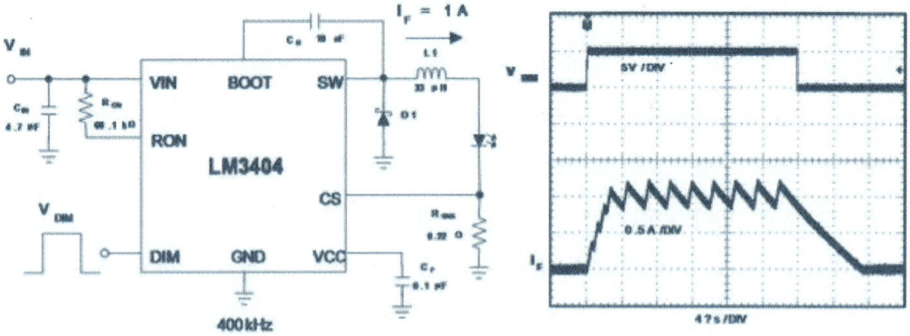

[그림 7-2] 파형으로 표현한 PWM 디밍을 사용한 LED 드라이버

4) 디밍 주파수 vs 콘트라스트비

모든 LED 드라이버는 PWM 디밍 신호에 반응하기 위해 일정한 응답시간을 갖는다. [그림 7-3]에는 세 가지의 지연 유형이 나와 있으며, 응답 지연이 길어질수록 구현 가능한 콘트라스트비도 낮아지게 된다(전체 광도에서 제어 측정).

[그림 7-3]에서 t_D는 신호 VDIM이 높은 상태로 변하는 시간에서부터 LED 드라이버가 출력 전류를 증가시키기 시작하는 시간까지의 지연 시간을 나타낸다.

t_{SU}는 출력 전류가 0에서 목표 전류까지 도달하는 데 필요한 시간을 나타내고, t_{SD}는 출력 전류가 목표 전류에서 0까지 돌아오는 데 필요한 시간을 나타낸다.

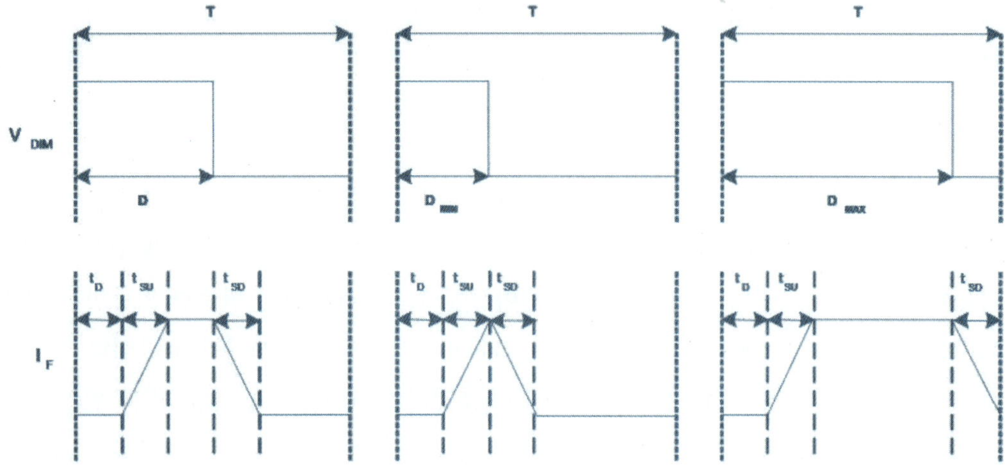

$$T = \frac{1}{f_{DIM}} \qquad D_{MIN} = \frac{t_D + t_{SU}}{T} \qquad D_{MAX} = \frac{T - t_{SD}}{T}$$

[그림 7-3] 디밍 지연

일반적으로 디밍 주파수(f_{DIM})가 낮으면 낮을수록 이러한 고정된 지연값이 디밍 시간(TDIM)에서 차지하는 부분이 상대적으로 작아 콘트라스트비는 높아지게 된다. f_{DIM}의 하한값은 120Hz 정도이며, 그 이하에서는 인간의 눈이 펄스를 연속된 빛으로 인지할 수 있도록 빛을 혼합할 수 없게 된다. 상한값은 요구되는 최소의 콘트라스트비에 의해 결정된다. 일반적으로 콘트라스트비는 최소 온타임의 역수로 표현된다.

$$CR = 1 \ / \ t_{ON} - MIN \ : \ 1, \ t_{ON} - MIN = t_D + t_{SU}$$

머신 비전 및 산업용 검사장치에서 사용되는 애플리케이션의 경우 사용되는 고속 카메라와 센서가 인간의 눈보다 훨씬 더 빠르게 응답해야 하기 때문에 종종 더 높은 PWM 디밍 주파수가 필요하다. 그러한 애플리케이션에서 LED 조명 소스의 빠른 On/Off 기능의 목적은 평균 조명 출력을 줄이는 것이 아닌 조명 출력을 센서 또는 카메라의 포착시간과 동기화하는 데 있다.

6 실험 절차

1. 장비의 Main 전원을 켠다.
2. 모듈의 전원을 켠다.
3. Reset 스위치를 누른다.
4. 캐릭터 LCD에 Bright가 표시됨을 확인한다.
5. up 스위치를 이용하여 100%로 세팅한다.

① Control I TP의 정의

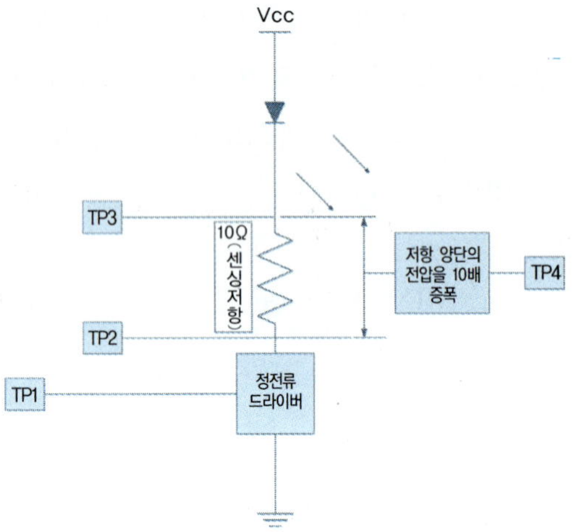

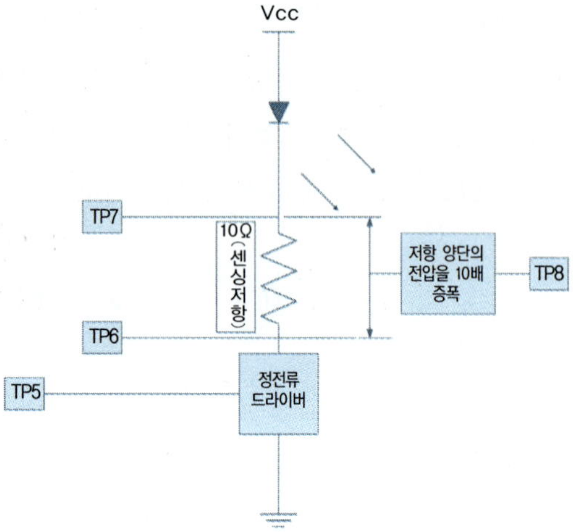

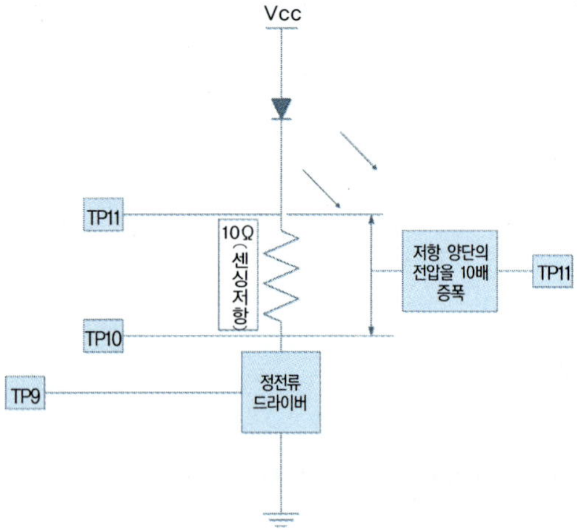

구분	정 의	설 명
TP1	Red PWM 컨트롤 신호 (TTL)	
TP2	Red 센싱 저항 −	전류측정용
TP3	Red 센싱 저항 +	전류측정용
TP4	Red 센싱 저항에 걸리는 전압을 10배 증폭	센싱 저항에 걸리는 전압이 관측하기 어렵기 때문
TP5	Green PWM 컨트롤 신호 (TTL)	
TP6	Green 센싱 저항 −	전류측정용
TP7	Green 센싱 저항 +	전류측정용
TP8	Green 센싱 저항에 걸리는 전압을 10배 증폭	센싱 저항에 걸리는 전압이 관측하기 어렵기 때문
TP9	Blue PWM 컨트롤 신호 (TTL)	
TP10	Blue 센싱 저항 −	전류측정용
TP11	Blue 센싱 저항 +	전류측정용

구분	정 의	설 명
TP12	Blue 센싱 저항에 걸리는 전압을 10배 증폭	센싱 저항에 걸리는 전압이 관측하기 어렵기 때문
TP13~14	주파수 테스트 파형 확인	

6. TP2 / TP3 / TP4의 전압을 측정하여 Red의 전류와 전력을 구한다(센싱 저항 = 10Ω).

구분	Red	비 고
TP2	2.08 V	
TP3	2.23 V	
4.3V − TP3	1.92 V	
TP3 − TP2	0.15 V	
TP4 / 100	15mA	
Current	15mA	
Wattage	31mW	

7. TP6 / TP7 / TP8의 전압을 측정하여 Green의 전류와 전력을 구한다(센싱 저항 = 10Ω).

구분	Red	비 고
TP6	1.22V	
TP7	1.27V	
4.3V − TP7	2.98V	
TP6 − TP7	0.05V	
TP8 / 100	5mA	
Current	5mA	
Wattage	14.9mW	

8. TP10 / TP11 / TP12의 전압을 측정하여 Red의 전류와 전력을 구한다(센싱 저항 = 10Ω).

구분	Red	비 고
TP10	1.2V	
TP11	1.3V	
4.3V − TP11	3.0V	
TP10 − TP11	100V	
TP12 / 100	10mA	
Current	10mA	
Wattage	30mW	

9. Reset 스위치를 누른다.

10. up 스위치를 이용하여 10%로 설정 후 TP4(R) / TP8(G) / TP12(B)를 오실로스코프로 파형을 관찰하여 Red / Green / Blue의 전류와 전력을 구한다.

① Red

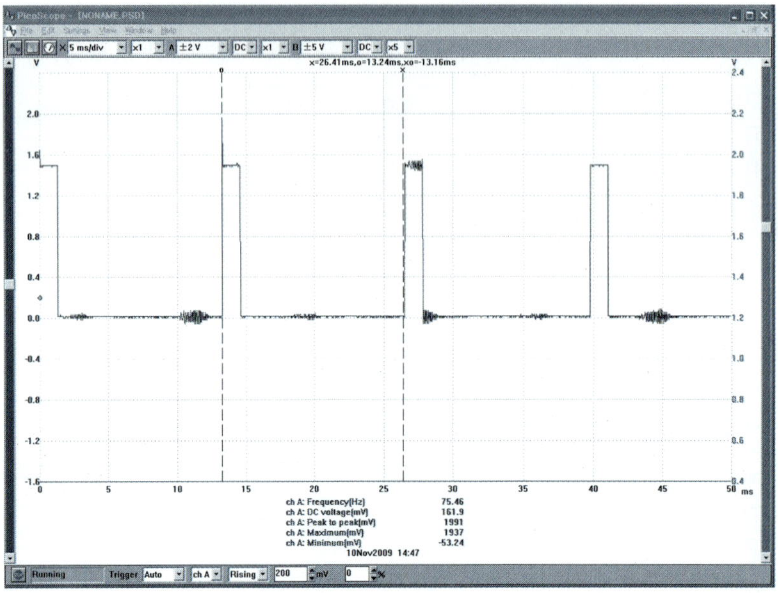

Current = (   )mA·   Wattage = (   )mW

② Green

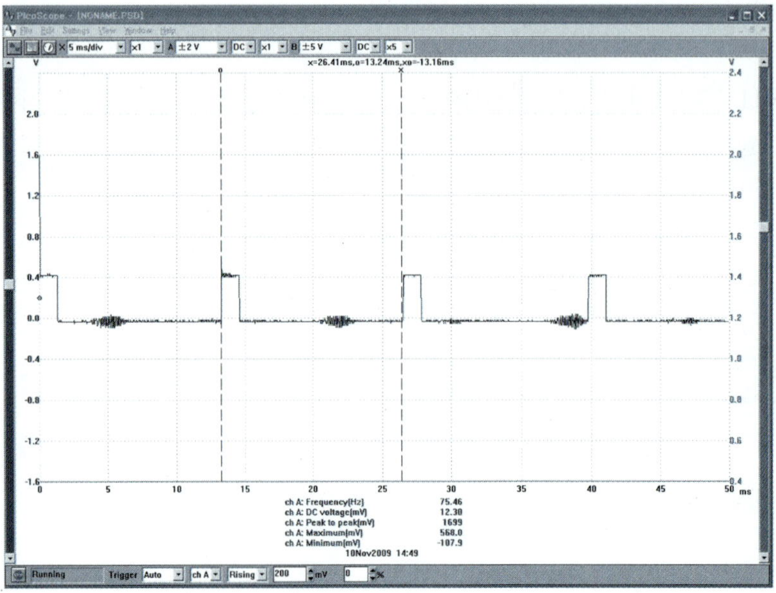

Current = (   )mA   Wattage = (   )mW

③ Blue

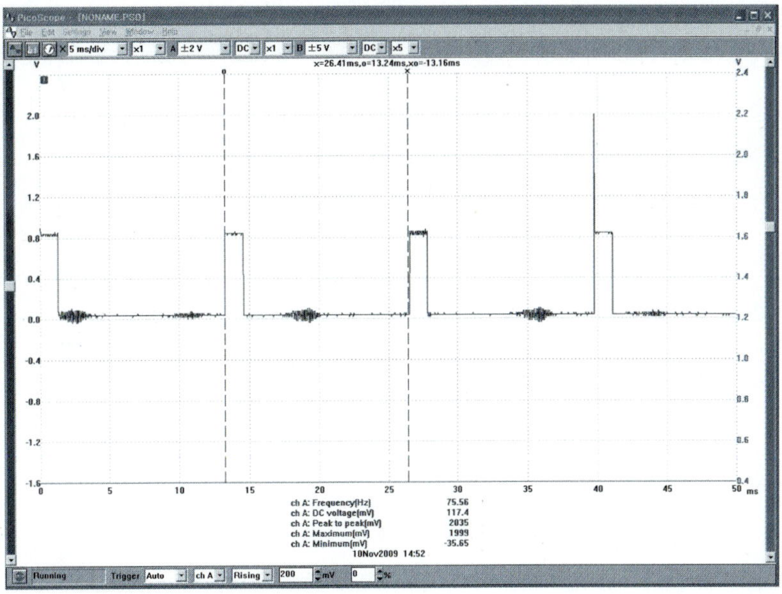

Current = (   )mA   Wattage = (   )mW

11. up 스위치를 이용하여 20%로 설정 후 TP4(Red) / TP8(Green) / TP12(Blue)를 오실로스코프로 파형을 관찰하여 Red / Green / Blue의 전류와 전력을 구한다.

밝기 조절에서 파형의 폭이 변경되는 것은 각 실습마다 %를 다르게 설정하기 때문이다. 이는 밝기에 따른 LED[Red / Green / Blue 각각] 구동 파형을 확인하도록 하는 것이다. 밝기에 따라 파형이 변화하는 것이 아니라 파형의 변화에 따른 밝기를 확인하는 것이다. 파형의 결과 산출은 실습의 전반부에 측정하는 Red / Green / Blue 각각의 전류를 측정하였고 이의 몇 %가 실제로 구동되었기 때문에 결과적으로 소모된 전력을 산출할 수 있는 것이다.

CHAPTER 07

① Red

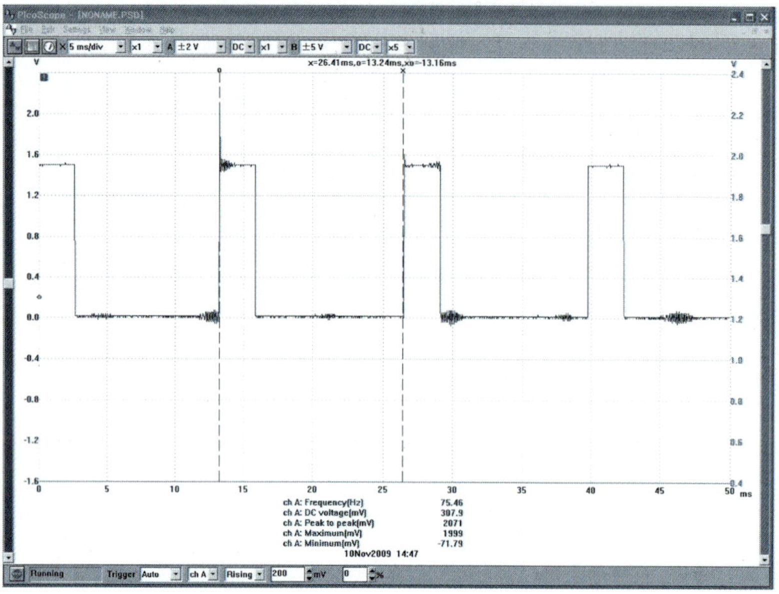

Current = ( )mA Wattage = ( )mW

② Green

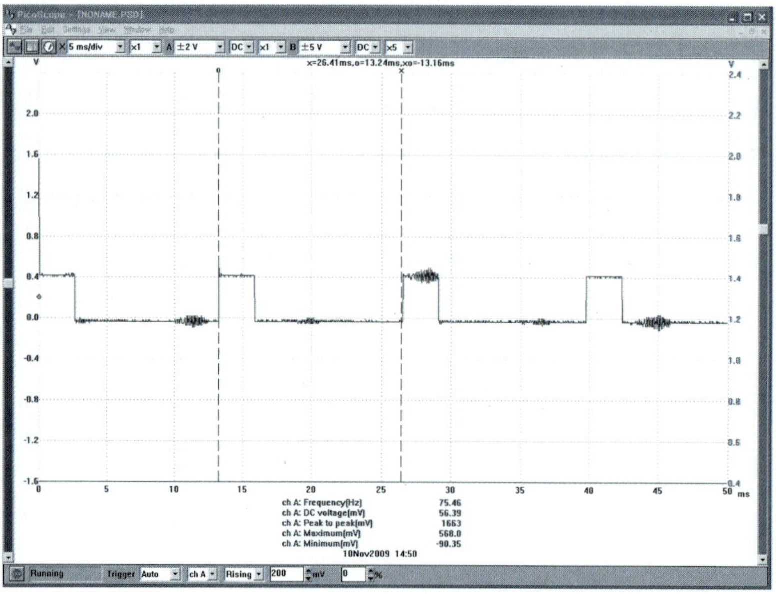

Current = ( )mA Wattage = ( )mW

③ Blue

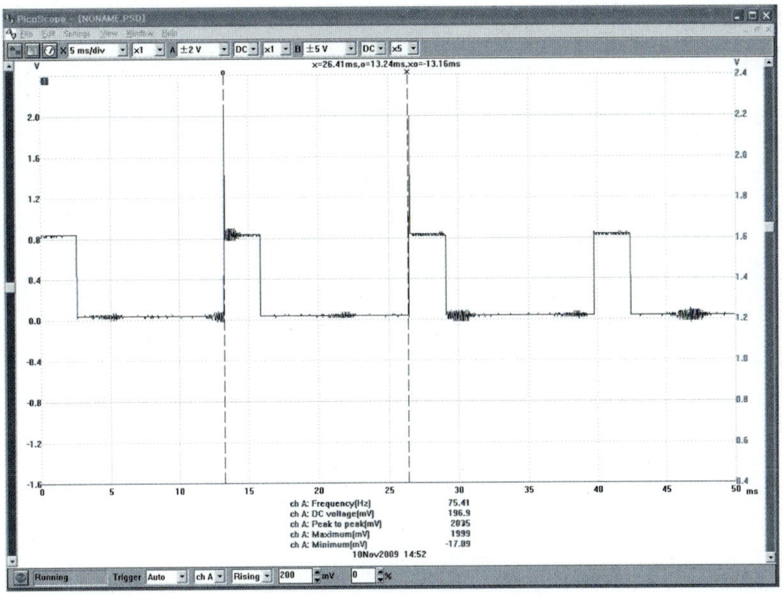

Current = (   )mA   Wattage = (   )mW

12. up 스위치를 이용하여 30%로 설정 후 TP4(R) / TP8(G) / TP12(B)를 오실로스코프로 파형을 관찰하여 Red / Green / Blue의 전류와 전력을 구한다.

① Red

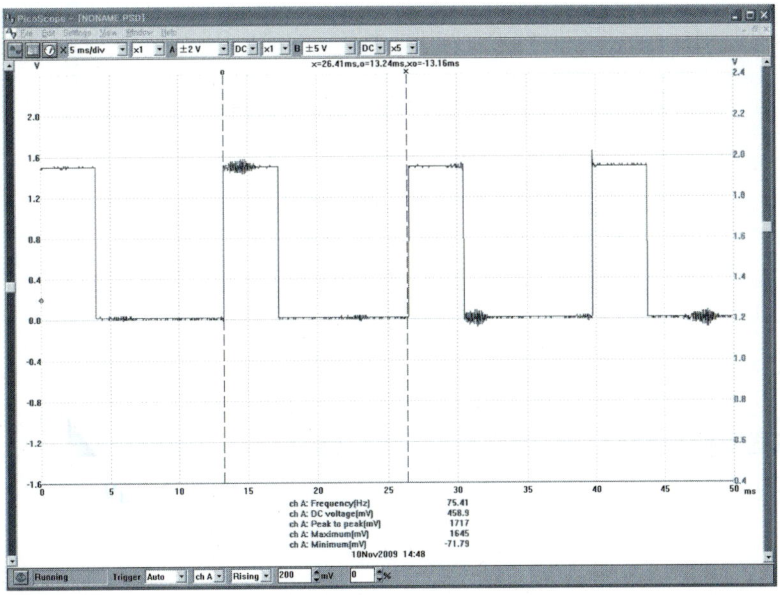

Current = (   )mA   Wattage = (   )mW

② Green

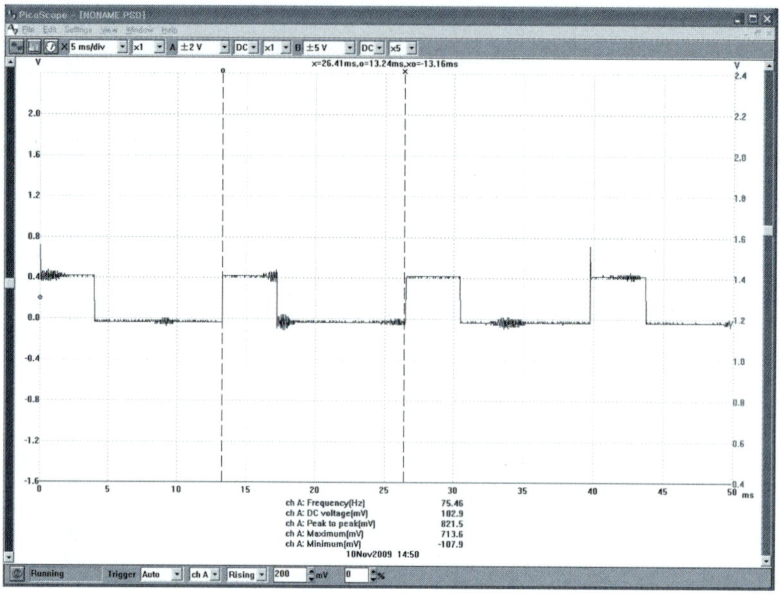

Current = (   )mA   Wattage = (   )mW

③ Blue

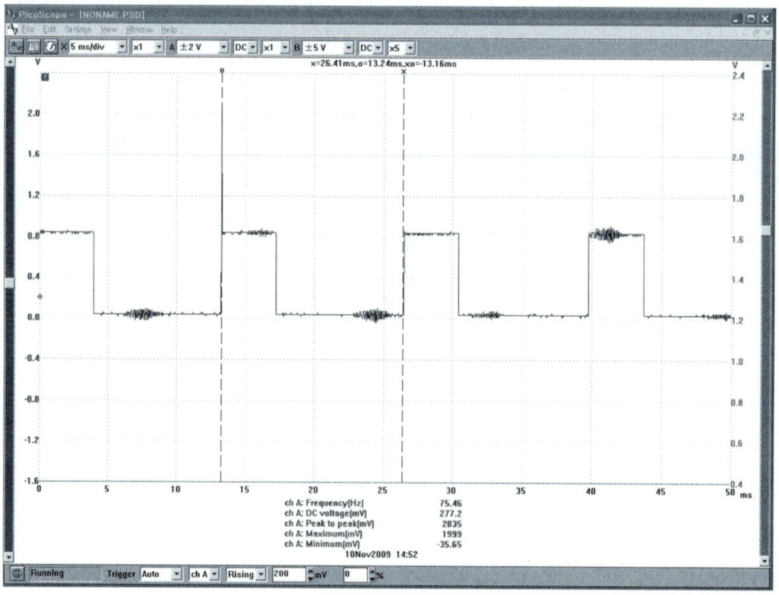

Current = (   )mA   Wattage = (   )mW

13. up 스위치를 이용하여 40%로 설정 후 TP4(R) / TP8(G) / TP12(B)를 오실로스코프로 파형을 관찰하여 Red / Green / Blue의 전류와 전력을 구한다.

① Red

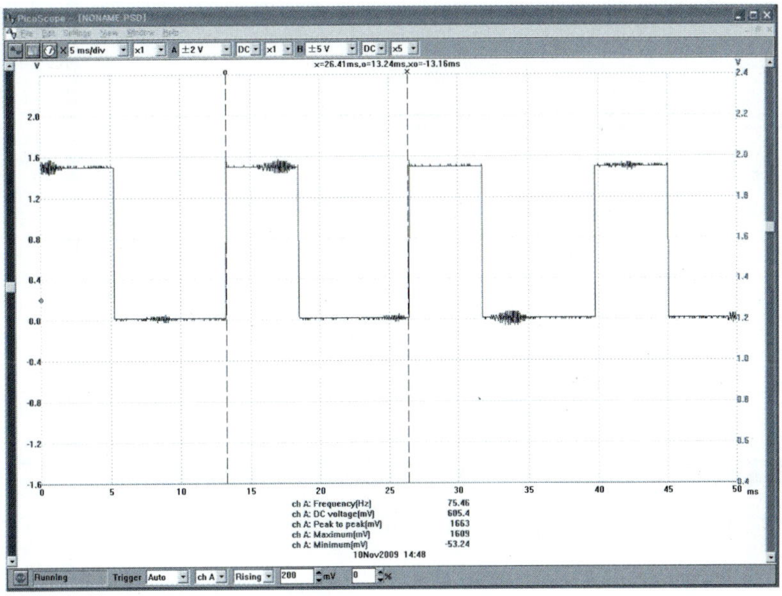

Current = (   )mA   Wattage = (   )mW

② Green

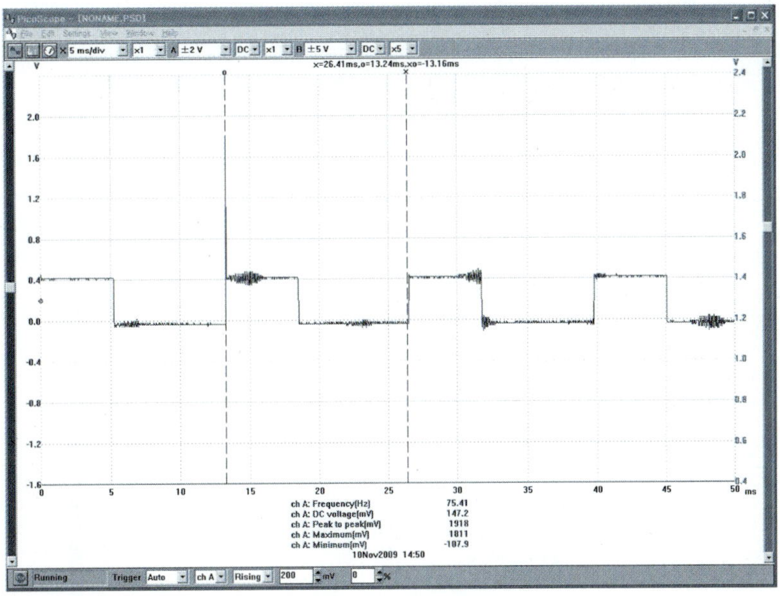

Current = (   )mA   Wattage = (   )mW

CHAPTER 07

③ Blue

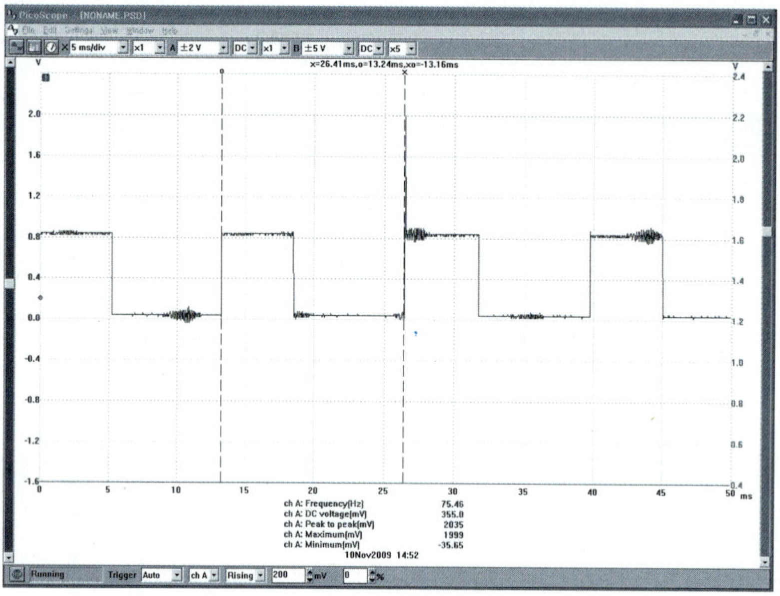

Current = (　　　　　　　　)mA　　　　Wattage = (　　　　　　　　)mW

14. up 스위치를 이용하여 50%로 설정 후 TP4(R) / TP8(G) / TP12(B)를 오실로스코프로 파형을 관찰하여 Red / Green / Blue의 전류와 전력을 구한다.

① Red

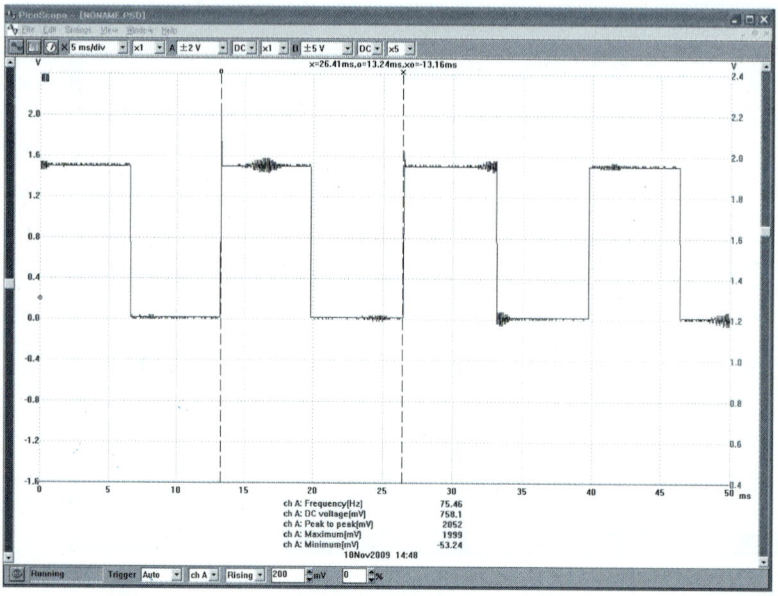

Current = (　　　　　　　　)mA　　　　Wattage = (　　　　　　　　)mW

② Green

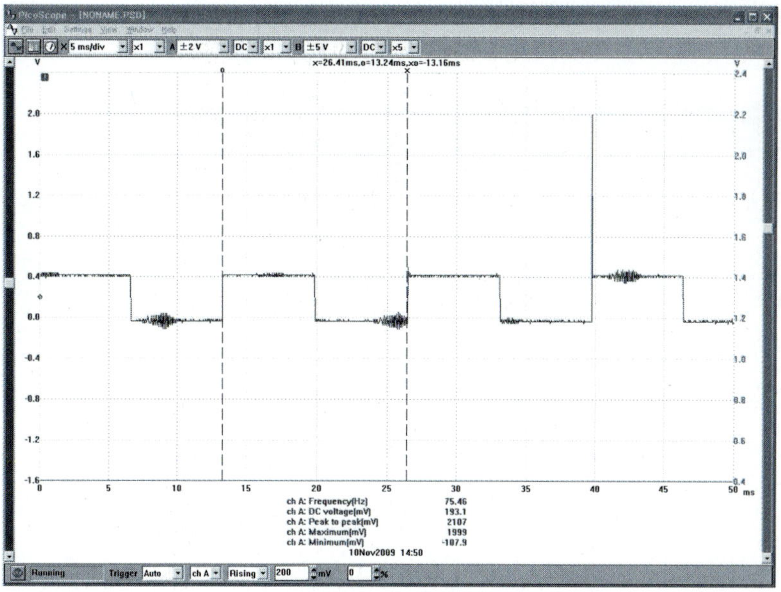

Current = (   )mA   Wattage = (   )mW

③ Blue

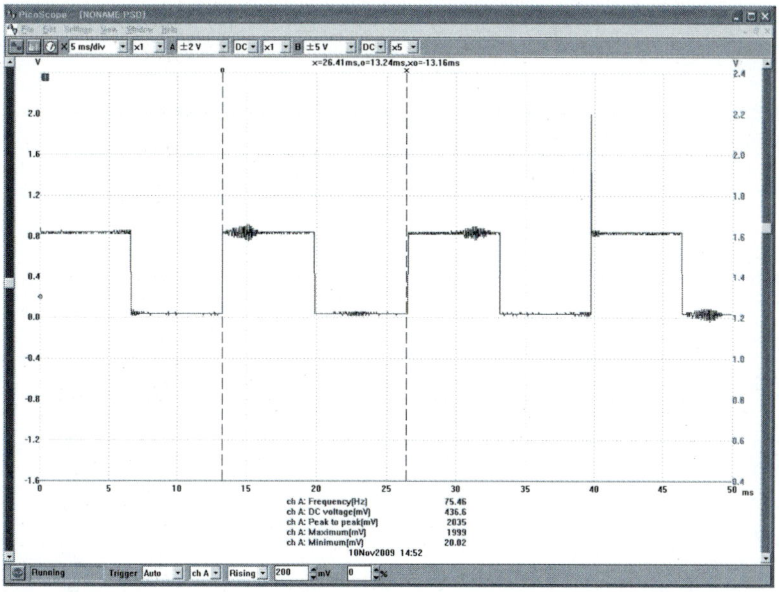

Current = (   )mA   Wattage = (   )mW

CHAPTER 07

15. up 스위치를 이용하여 60%로 설정 후 TP4(R) / TP8(G) / TP12(B)를 오실로스코프로 파형을 관찰하여 Red / Green / Blue의 전류와 전력을 구한다.

① Red

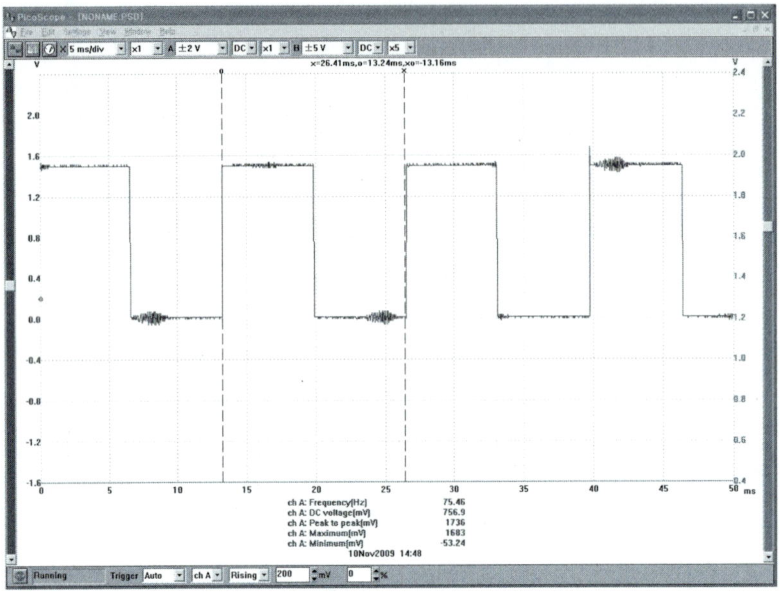

Current = (　　　　　　　　)mA　　　　Wattage = (　　　　　　　　)mW

② Green

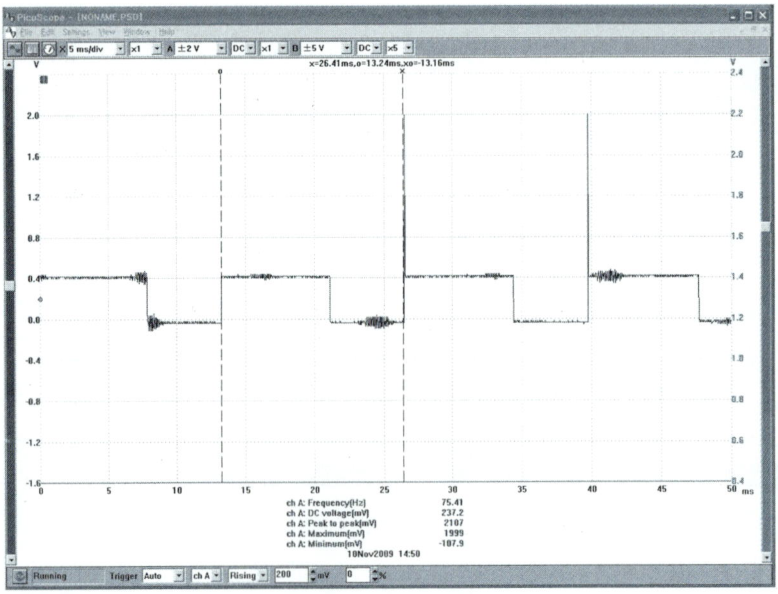

Current = (　　　　　　　　)mA　　　　Wattage = (　　　　　　　　)mW

③ Blue

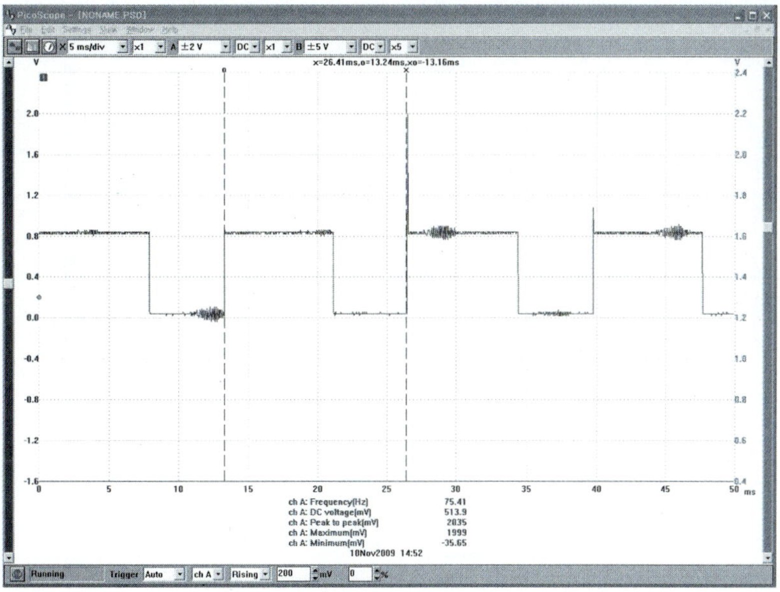

Current = (   )mA   Wattage = (   )mW

16. up 스위치를 이용하여 70%로 설정 후 TP4(R) / TP8(G) / TP12(B)를 오실로스코프로 파형을 관찰하여 Red / Green / Blue의 전류와 전력을 구한다.

① Red

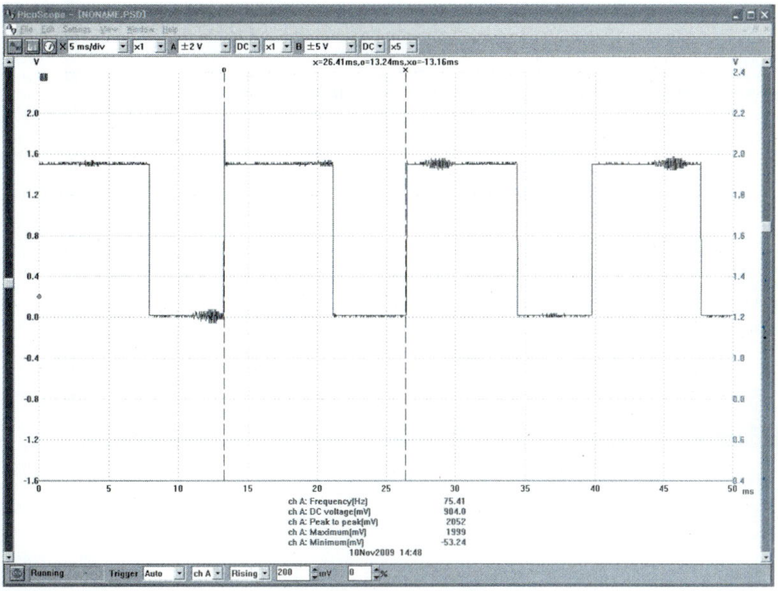

Current = (   )mA   Wattage = (   )mW

CHAPTER 07

② Green

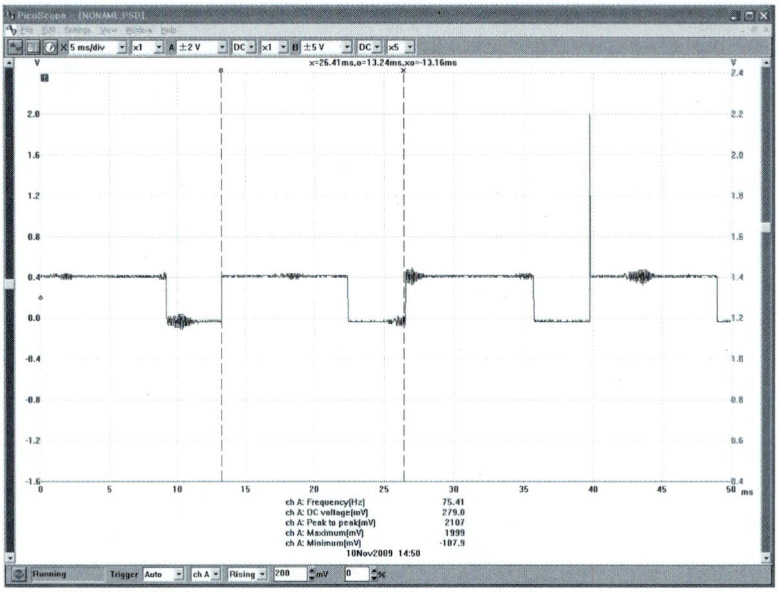

Current = (   )mA   Wattage = (   )mW

③ Blue

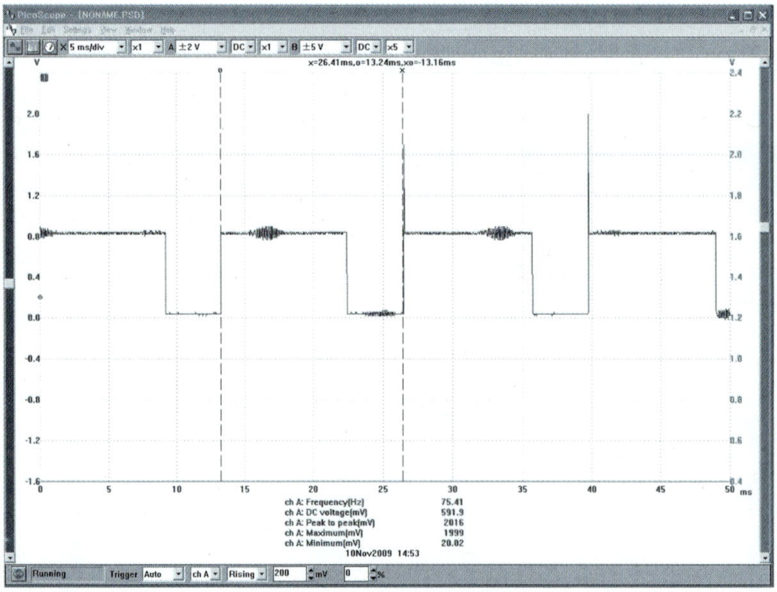

Current = (   )mA   Wattage = (   )mW

17. up 스위치를 이용하여 80%로 설정 후 TP4(R) / TP8(G) / TP12(B)를 오실로스코프로 파형을 관찰하여 Red / Green / Blue의 전류와 전력을 구한다.

① Red

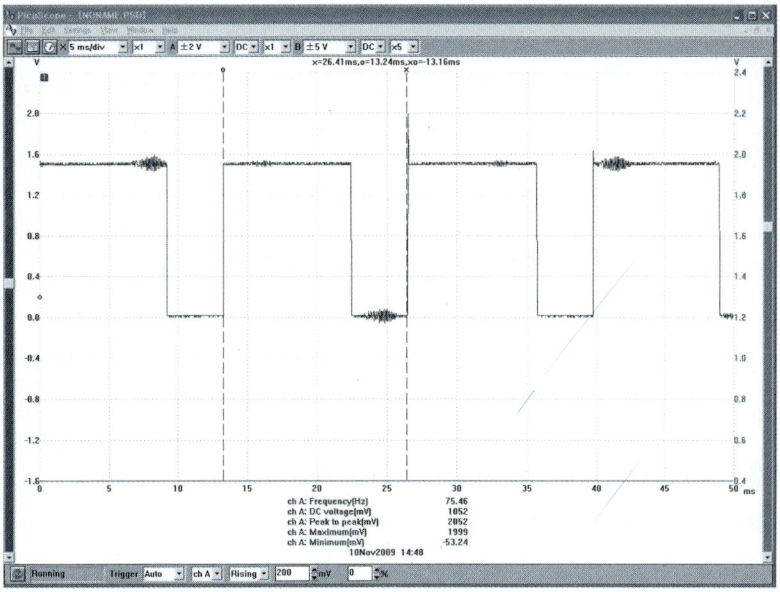

Current = (   )mA   Wattage = (   )mW

② Green

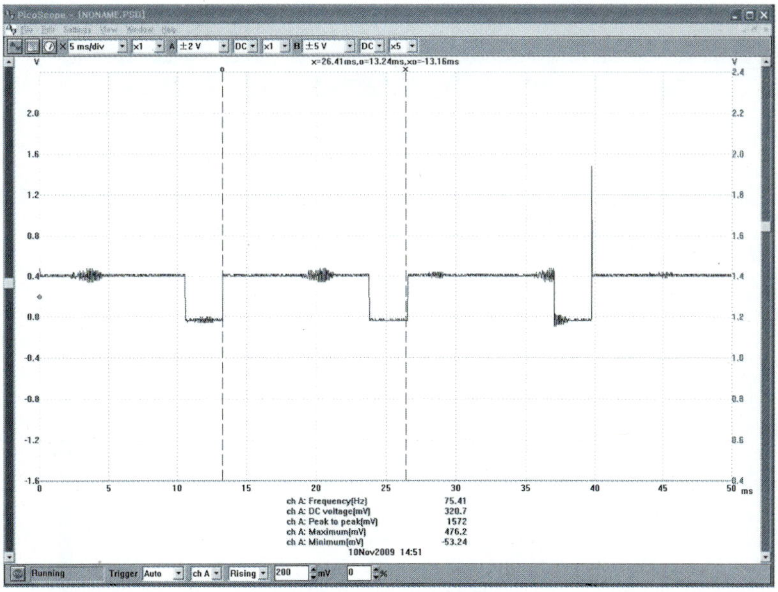

Current = (   )mA   Wattage = (   )mW

CHAPTER 07

③ Blue

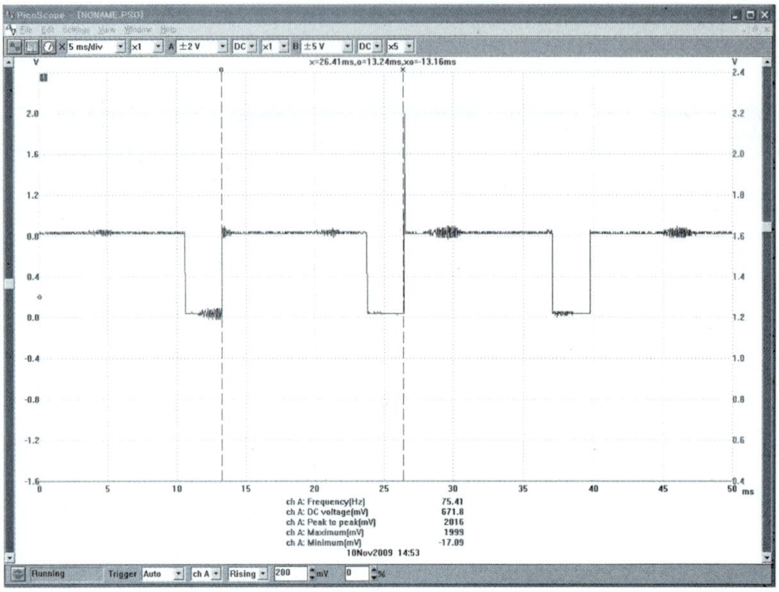

Current = (   )mA   Wattage = (   )mW

18. up 스위치를 이용하여 90%로 설정 후 TP4(R) / TP8(G) / TP12(B)를 오실로스코프로 파형을 관찰하여 Red / Green / Blue의 전류와 전력을 구한다.

① Red

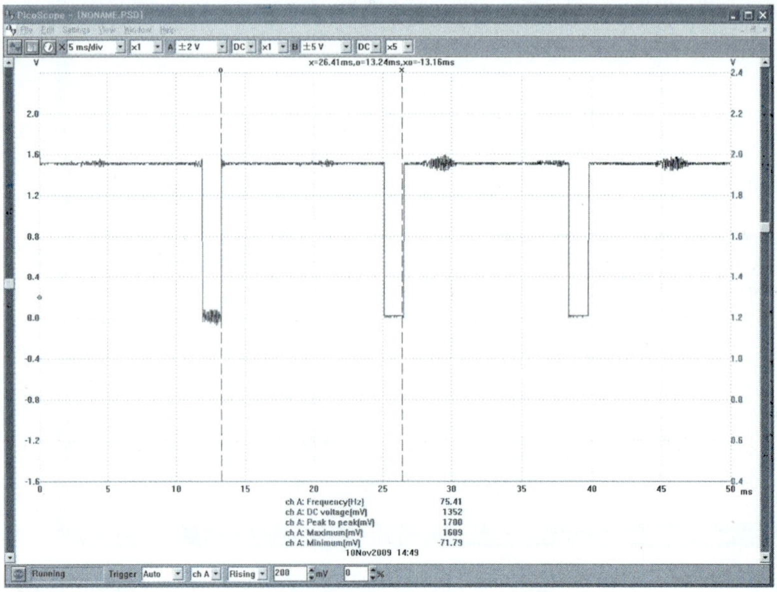

Current = (   )mA   Wattage = (   )mW

② Green

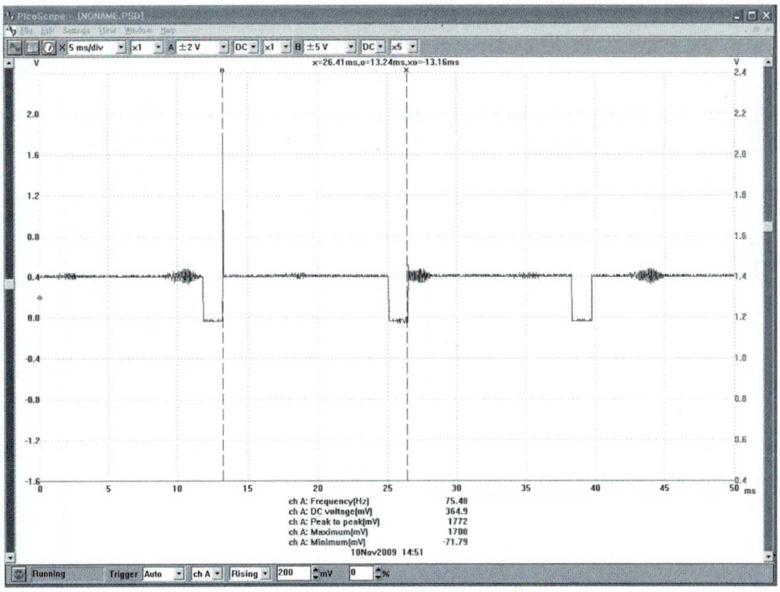

Current = (   )mA   Wattage = (   )mW

③ Blue

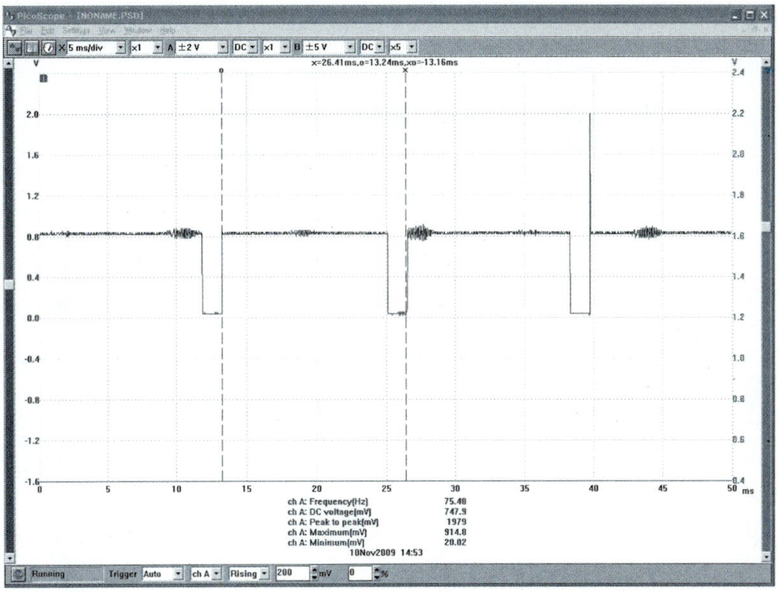

Current = (   )mA   Wattage = (   )mW

CHAPTER 07

19. up 스위치를 이용하여 100%로 설정 후 TP4(R) / TP8(G) / TP12(B)오실로스코프로 파형을 관찰하여 Red / Green / Blue의 전류와 전력을 구한다.

① Red

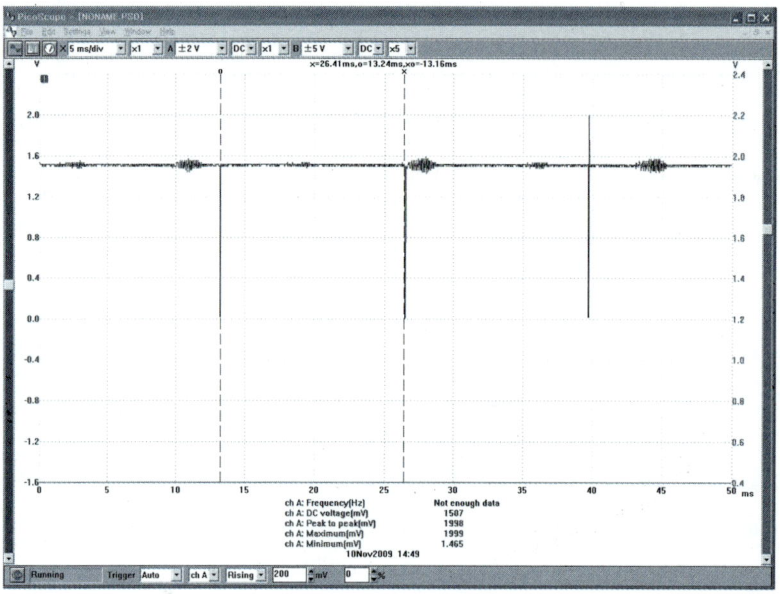

Current = (   )mA   Wattage = (   )mW

② Green

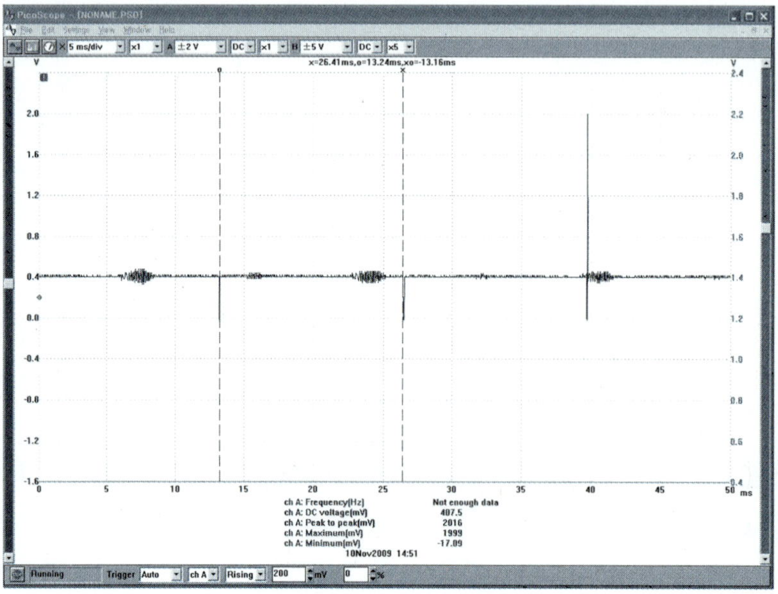

Current = (   )mA   Wattage = (   )mW

③ Blue

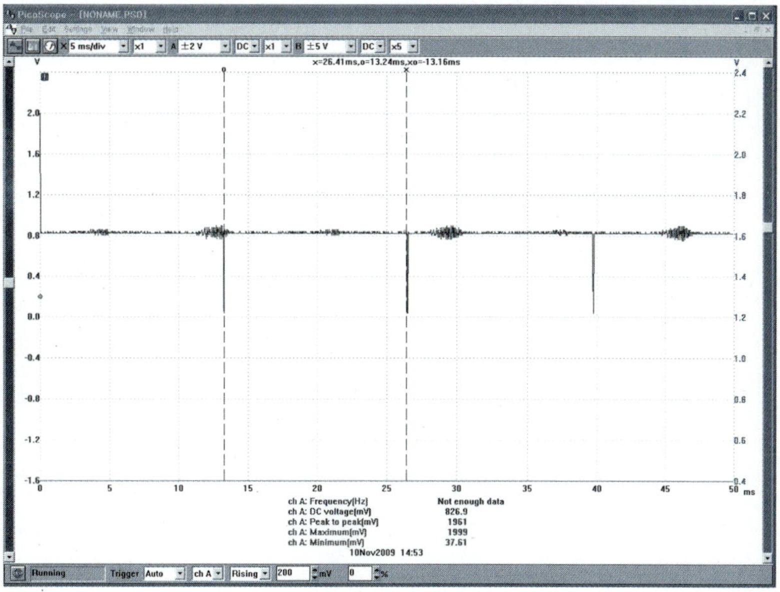

Current = ( )mA Wattage = ( )mW

08장 LED 색상 조절

1 실험 제목 : LED 색상 조절

2 실험 목적

① 빛의 가산혼합을 이해한다.

② 색상표의 값을 이해한다.

3 실험 준비사항

① 실험용 장비 본체

② 디지털 멀티미터

③ 오실로스코프

④ Control I 모듈

4 실험 주의사항

① LED의 빛을 주시하지 않는다.

② 보드를 임의로 분리 조립하지 않는다.

③ 보드의 소자를 분리 조립 튜닝하지 않는다.

④ 보드의 홀사이로 이물질이 들어가지 않도록 한다.

⑤ 오실로스코프의 그라운드 단자는 GND에만 연결한다.

5 실험 관련 이론

1) 색 공간

색의 3속성인 색상(Hue), 명도(Lightness), 채도(Chroma)를 3차원 공간의 각각의 축으로 형성된 색 공간(Color space)은 컬러 디자인이나 컬러 공학 등의 학문 또는 산업분야에서 컬러를 다루는 데 있어서 기본적으로 이해되어야 할 개념이다.

빨강, 노랑, 초록, 파랑, 보라 등으로 구분되는 색을 나타내는 색상은 색 공간을 지구로 비유할 경우 적도상에서 경도 즉, 색상각(Hue angle)으로 표현, 0도~360도의 범위를 가지며 시계방향으로 변화된다. 또한 이 색 공간은 대응색(Opponent color) 관계를 쉽게 나타낸다. 대응색 관계란 명도축을 기준으로 대칭의 위치에 있는 두 색의 관계이며 서로 보색 관계에 있음을 나타낸다. 모든 색들의 밝고 어둠을 나타내는 명도는 색 공간을 지구로 비유할 경우 남극과 북극을 연결하는 축으로서 남극을 흑색, 북극을 백색으로 하며 그 사이에는 회색들로 배열된다.

모든 색들의 깨끗한 정도를 나타내는 채도(Chroma, saturation)는 색 공간의 명도축을 0으로 하고 적도에 근접할수록 커진다. 색 공간의 중요한 용도 중의 하나는 색차 계산(Color difference)이다. 이는 색 공간에 존재하는 두 점 즉, 두 컬러들 사이의 거리를 계산하여 공학적으로 활용한다. 예를 들면 컬러 영상 분할(Color image segmentation)은 CIELAB 색 공간에서 색차 계산한 결과를 이용하여 CIELAB 색 공간에서 영상이 분할이 이루어져야 한다.

그러나 간혹 컬러 영상 분할에 관한 연구 논문들 중에는 RGB(Red, Green, Blue) 데이터를 가지고 색차 계산한 결과를 가지고 RGB 데이터로 영상분할을 한 논문들이 발견되곤 하는데 이는 치명적인 오류에 해당된다. 왜냐하면 컬러 영상 장비에서 다루는 RGB는 시각의 RGB가 아니고 단지 코드에 불과할 뿐 아니라 균등색공간(Uniform color space)도 아니기 때문에 공학적인 계산은 의미가 없을 뿐만 아니라 부정확하기 때문이다.

또 다른 색 공간의 응용에는 색감에 따른 색의 배열이나 그룹핑이 있다. 각종 산업디자인에서 흔히 사용되고 있는 색감 즉, 따뜻한 색, 차가운 색 등의 배열이나 그룹핑은 CIELAB 색 공간에서 좌표로 다룰 경우 개념이 분명해질 뿐만 아니라 정확성이 보장된다. 다만, CIELAB 색 공간은 CIEXYZ 색 공간으로 변환한 다음 다시 RGB나 CMY 데이터로 변환해야 하는 필수적인 과정이 있다. 문제는 이러한 과정이 쉽거나 단순하지 않다는 데 있다. 이는 컬러 과학의 이론들을 적용함으로써 해결할 수 있다.

2) RGB(빛의 삼원색) 컬러

반사의 과정을 거치지 않은 빛의 색을 직접 보는 것은 텔레비전 화면이나 모니터에서 색채를 보거나 혼합하는 경우이다. 화면에 빨강, 초록, 파랑의 모든 색파장을 고르게 비치면 흰색으로 보인다. 빨강, 초록, 파랑의 색파장뿐 아니라 주황, 보라, 노랑의 색파장도 다른 색파장을 조합해서 만들 수 없는 빛이기는 하지만 시각기관에 있는 감각 수용기는 빨강, 초록, 파랑파장에 가장 민감하게 반응한다. 그것은 이들의 조합으로 다른 색을 느끼게 되는 색파장이기 때문이며 이를 빛의 삼원색이라고 한다.

RGB는 빛의 삼원색으로 컴퓨터나 TV에 일반적으로 사용되는 CRT 모니터에서 사용될 색상을 가리킬 때에도 언급된다. Red, Green, Blue의 삼원색은 스크린 안쪽에 발광된 코팅 물질이 전자총에서 주사되는 전자와의 충돌에서 만들어지는데 이때 빛의 세기가 클수록 밝아지고 약할수록 어두워진다.

레벨은 각각 0~100%까지 변화할 수 있는데 각 레벨은 10진수 0~255의 총 256가지 레벨 범위로 나타내어지는데, 이는 2진수로는 00000000~11111111까지, 그리고 16진수로는 000000~FFFFFF까지와 같은 의미를 갖는다. 따라서, 나타낼 수 있는 색상의 가짓수는 256×256×256의 계산 결과인 1,600만 컬러(정확히 16,777,216 컬러)가 된다. 이 정도의 색상은 사람이 자연계를 통해 인지할 수 있는 모든 색상을 표현한 것이 된다.

Red와 Green의 빛이 섞이면 Yellow가 되고 Red와 Blue가 섞이면 Magenta(자홍색)가 되고 Green과 Blue가 섞이면 Cyan(청록색)의 색상이 된다.

3) RGB 큐브 모델과 표현 원리

[그림 8-1] 'RGB의 큐브 모델'과 같이 하나의 색은 삼원색을 기준선으로 하는 삼차원 직교좌표계의 한 점(X, Y, Z)으로 나타낼 수 있다.

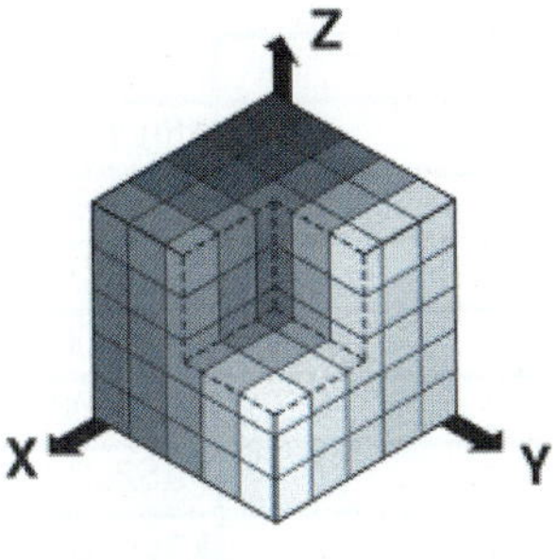

[그림 8-1] RGB의 큐브 모델

CHAPTER 08

예를 들어 검정은 세 광원 모두 빛이 없는 상태이며 좌표(0, 0, 0)로 표현할 수 있다. 각 광원의 최대값을 255라고 한다면 빨강은 좌표(255, 0, 0)와 같이 표현되며 Red 광원만이 최대값을 갖고 Green 광원과 Blue 광원은 빛이 없는 상태를 의미한다.

좌표(80, 0, 0)과 같이 Green 광원과 Blue 광원이 여전히 빛이 없는 상태에서 Red 광원이 약하게 비춰진다면 고동색이 될 것이다.

주황색은 좌표(255, 127, 0)로 나타낼 수 있으며 Red 광원이 최대값을 갖는 상태에서 Green 광원이 중간 정도로 섞인 상태라고 할 수 있다. 세 광원이 모두 같은 값을 갖으면 무채색이 된다.

4) 16진수 코드와 RGB 색상의 관계

웹 페이지 작성 프로그램으로 만든 HTML 코드를 보면 배경색이 [그림 8-2]와 같이 6자리로 된 16진수 형식인 RGB 값의 코드로 표기되어 있다. “#FFFFFF”는 흰색에 해당하는 16진수 코드로 HTML 언어에서 사용한다. 웹상에서 사용되는 16진수 색상의 구성값은 [그림 8-2]와 같이 첫 번째와 두 번째 자리는 빨강색 계열을, 세 번째와 네 번째 자리는 녹색 계열을, 다섯 번째와 여섯 번째 자리는 파랑색 계열을 각각 나타낸다.

[그림 8-2] 웹상에서 사용되는 16진수 색상의 구성값

5) 색상표

[표 8-1] 16진수 코드와 Red / Green / Blue 관계값

	이름	16진수	RGB
	red	#ff0000	(255,000,000)
	crimson	#dc143c	(220,020,060)
	firebrick	#b22222	(178,034,034)
	maroon	#800000	(128,000,000)
	darkred	#8b0000	(139,000,000)
	brown	#a52a2a	(165,042,042)
	sienna	#a0522d	(160,082,045)
	saddlebrown	#8b4513	(139,069,019)
	indianred	#cd5c5c	(205,092,092)

		rosybrown	#bc8f8f	(188, 143, 143)
		lightcoral	#f08080	(240, 128, 128)
		salmon	#fa8072	(250, 128, 114)
		darksalmon	#e9967a	(233, 150, 122)
		coral	#ff7f50	(255, 127, 080)
		tomato	#ff6347	(255, 099, 071)
		sandybrown	#f4a460	(244, 164, 096)
		lightsalmon	#ffa07a	(255, 160, 122)
		peru	#cd853f	(205, 133, 063)
		chocolate	#d2691e	(210, 105, 030)
		orangered	#ff4500	(255, 069, 000)
		orange	#ffa500	(255, 165, 000)
		darkorange	#ff8c00	(255, 140, 000)
		tan	#d2b48c	(210, 180, 140)
		peachpuff	#ffdab9	(255, 218, 185)
		bisque	#ffe4c4	(255, 228, 196)
		moccasin	#ffe4b5	(255, 228, 181)
		navajowhite	#ffdead	(255, 222, 173)
		wheat	#f5deb3	(245, 222, 179)
		burlywood	#deb887	(222, 184, 135)
		darkgoldenrod	#b8860b	(184, 134, 011)
		goldenrod	#daa520	(218, 165, 032)
		gold	#ffd700	(255, 215, 000)
		yellow	#ffff00	(255, 255, 000)
		lightgoldenrodyellow	#fafad2	(250, 250, 210)
		palegoldenrod	#eee8aa	(238, 232, 170)
		khaki	#f0e68c	(240, 230, 140)
		darkkhaki	#bdb76b	(189, 183, 107)
		lawngreen	#7cfc00	(124, 252, 000)
		greenyellow	#adff2f	(173, 255, 047)
		chartreuse	#7fff00	(127, 255, 000)
		lime	#00ff00	(000, 255, 000)
		limegreen	#32cd32	(050, 205, 050)
		yellowgreen	#9acd32	(154, 205, 050)
		olive	#808000	(128, 128, 000)
		olivedrab	#6b8e23	(107, 142, 035)
		darkolivegreen	#556b2f	(085, 107, 047)
		forestgreen	#228b22	(034, 139, 034)
		darkgreen	#006400	(100, 000, 000)
		green	#008000	(128, 000, 000)
		seagreen	#2e8b57	(046, 139, 087)
		mediumseagreen	#3cb371	(060, 179, 113)

darkseagreen	#8fbc8f	(143,188,143)
lightgreen	#90ee90	(144,238,144)
palegreen	#98fb98	(152,251,152)
springgreen	#00ff7f	(000,255,127)
mediumspringgreen	#00fa9a	(000,250,154)
teal	#008080	(128,128,000)
darkcyan	#008b8b	(000,139,139)
lightseagreen	#20b2aa	(032,178,170)
mediumaquamarine	#66cdaa	(102,205,170)
cadetblue	#5f9ea0	(095,158,160)
steelblue	#4682b4	(070,130,180)
aquamarine	#7fffd4	(127,255,212)
powderblue	#b0e0e6	(176,224,230)
paleturquoise	#afeeee	(175,238,238)
lightblue	#add8e6	(173,216,230)
lightsteelblue	#b0c4de	(176,196,222)
skyblue	#87ceeb	(135,206,235)
lightskyblue	#87cefa	(135,206,250)
mediumturquoise	#48d1cc	(072,209,204)
turquoise	#40e0d0	(064,224,208)
darkturquoise	#00ced1	(000,206,209)
aqua	#00ffff	(000,255,255)
cyan	#00ffff	(000,255,255)
deepskyblue	#00bfff	(000,191,255)
dodgerblue	#1e90ff	(030,144,255)
cornflowerblue	#6495ed	(100,149,237)
royalblue	#4169e1	(065,105,000)
blue	#0000ff	(000,000,255)
mediumblue	#0000cd	(000,000,205)
navy	#000080	(128,000,000)
darkblue	#00008b	(000,000,139)
midnightblue	#191970	(025,025,112)
darkslateblue	#483d8b	(072,061,139)
slateblue	#6a5acd	(106,090,205)
mediumslateblue	#7b68ee	(123,104,238)
mediumpurple	#9370db	(147,112,219)
darkorchid	#9932cc	(153,050,204)
darkviolet	#9400d3	(148,000,211)
blueviolet	#8a2be2	(138,043,226)
mediumorchid	#ba55d3	(186,085,211)
plum	#dda0dd	(221,160,221)
lavender	#e6e6fa	(230,230,250)

		thistle	#d8bfd8	(216, 191, 216)
		orchid	#da70d6	(218, 112, 214)
		violet	#ee82ee	(238, 130, 238)
		indigo	#4b0082	(075, 000, 130)
		darkmagenta	#8b008b	(139, 000, 139)
		purple	#800080	(128, 000, 128)
		mediumvioletred	#c71585	(199, 021, 133)
		deeppink	#ff1493	(255, 020, 147)
		fuchsia	#ff00ff	(255, 000, 255)
		magenta	#ff00ff	(255, 000, 255)
		hotpink	#ff69b4	(255, 105, 180)
		palevioletred	#db7093	(219, 112, 147)
		lightpink	#ffb6c1	(255, 182, 193)
		pink	#ffc0cb	(255, 192, 203)
		mistyrose	#ffe4e1	(255, 228, 225)
		blanchedalmond	#ffebcd	(255, 235, 205)
		lightyellow	#ffffe0	(255, 255, 224)
		cornsilk	#fff8dc	(255, 248, 220)
		antiquewhite	#faebd7	(250, 235, 215)
		papayawhip	#ffefd5	(255, 239, 213)
		lemonchiffon	#fffacd	(255, 250, 205)
		beige	#f5f5dc	(245, 245, 220)
		linen	#faf0e6	(250, 240, 230)
		oldlace	#fdf5e6	(253, 245, 230)
		lightcyan	#e0ffff	(224, 255, 255)
		aliceblue	#f0f8ff	(240, 248, 255)
		whitesmoke	#f5f5f5	(245, 245, 245)
		lavenderblush	#fff0f5	(255, 240, 245)
		floralwhite	#fffaf0	(255, 250, 240)
		mintcream	#f5fffa	(245, 255, 250)
		ghostwhite	#f8f8ff	(248, 248, 255)
		honeydew	#f0fff0	(240, 255, 240)
		seashell	#fff5ee	(255, 245, 238)
		ivory	#fffff0	(255, 255, 240)
		azure	#f0ffff	(240, 255, 255)
		snow	#fffafa	(255, 250, 250)
		white	#ffffff	(255, 255, 255)
		gainsboro	#dcdcdc	(220, 220, 220)
		lightgrey	#d3d3d3	(211, 211, 211)
		silver	#c0c0c0	(192, 192, 192)
		darkgray	#a9a9a9	(169, 169, 169)

		lightslategray	#778899	(119, 136, 153)
		slategray	#708090	(112, 128, 144)
		gray	#808080	(128, 128, 128)
		dimgray	#696969	(105, 105, 105)
		darkslategray	#2f4f4f	(047, 079, 079)
		black	#000000	(000, 000, 000)

6 실험 절차

1. 장비의 Main 전원을 켠다.
2. 모듈의 전원을 켠다.
3. Reset 스위치를 누른다.
4. select I 스위치를 눌러서 CLCD에 Color가 표시됨을 확인한다.
5. select II 스위치를 이용하여 Red / Green / Blue를 선택하고 up / down 스위치를 이용하여 주어진 색상표의 값을 세팅하고 TP1, TP5, TP9의 파형을 캡처하여 Duty비를 확인한다. TP1/5/9는 MCU에서의 PWM 컨트롤 신호이다. 하지만 실습에서는 학생들의 이해를 쉽게 하기 위해서 가장 기본적인 색을 구현하기 위해서 100% On / 100% Off 이 두 가지만 실습하였다.

FFFFFF	FFCCFF	FF99FF	FF66FF	FF33FF	FF00FF	66FFFF	66CCFF	6699FF	6666FF	6633FF	6600FF	EEEEEE
FFFFCC	FFCCCC	FF99CC	FF66CC	FF33CC	FF00CC	66FFCC	66CCCC	6699CC	6666CC	6633CC	6600CC	DDDDDD
FFFF99	FFCC99	FF9999	FF6699	FF3399	FF0099	66FF99	66CC99	669999	666699	663399	660099	CCCCCC
FFFF66	FFCC66	FF9966	FF6666	FF3366	FF0066	66FF66	66CC66	669966	666666	663366	660066	BBBBBB
FFFF33	FFCC33	FF9933	FF6633	FF3333	FF0033	66FF33	66CC33	669933	666633	663333	660033	AAAAAA
FFFF00	FFCC00	FF9900	FF6600	FF3300	FF0000	66FF00	66CC00	669900	666600	663300	660000	999999
CCFFFF	CCCCFF	CC99FF	CC66FF	CC33FF	CC00FF	33FFFF	33CCFF	3399FF	3366FF	3333FF	3300FF	888888
CCFFCC	CCCCCC	CC99CC	CC66CC	CC33CC	CC00CC	33FFCC	33CCCC	3399CC	3366CC	333CCC	3300CC	777777
CCFF99	CCC99	CC9999	CC6699	CC3399	CC0099	33FF99	33CC99	339999	336699	333399	330099	666666
CCFF66	CCCC66	CC9966	CC6666	CC3366	CC0066	33FF66	33CC66	339966	336666	333366	330066	555555
CCFF33	CCCC33	CC9933	CC6633	CC3333	CC0033	33FF33	33CC33	339933	336633	333333	330033	444444
CCFF00	CCCC00	CC9900	CC6600	CC3300	CC0303	33FF00	33CC00	339900	336600	333300	330000	333333
99FFFF	99CCFF	9999FF	9966FF	9933FF	9900FF	00FFFF	00CCFF	0099FF	0066FF	0033FF	0000FF	222222
99FFCC	99CCCC	9999CC	9966CC	9933CC	9900CC	00FFCC	00CCCC	0099CC	0066CC	0033CC	0000CC	111111
99FF99	99CC99	999999	996699	993399	990099	00FF99	00CC99	009999	006699	003399	000099	000000
99FF66	99CC66	999966	996666	993366	990066	00FF66	00CC66	009966	006666	003366	000066	FF0000
99FF33	99CC33	999933	996633	993333	990033	00FF33	00CC33	009933	006633	003333	000033	EE0000
99FF00	99CC00	999900	996600	993300	990000	00FF00	00CC00	009900	006600	003300	000002	DD0000

6. 자신이 원하는 색을 선택하여 색상표를 만든다.

구분	Red	Green	Blue
1(yellow)	255	255	0
2(magenta)	255	0	255
3(cyan)	0	255	255

7. 제작된 색상 1을 세팅 후 TP4 / TP8 / TP12를 오실로스코프로 파형을 캡처하여 Red / Green / Blue의 전류와 전력을 구하고 전체 전류와 전력을 구한다. TP4 / TP8 / TP12 선정 이유는 센싱 저항을 학생들이 바로 측정하게 되면 회로의 데미지가 올 수도 있고 신호의 크기가 작아서 측정하기 어렵다. TP4 / TP8 / TP12는 OP-AMP의 출력으로 10배 증폭과 회로보호 차원이다.

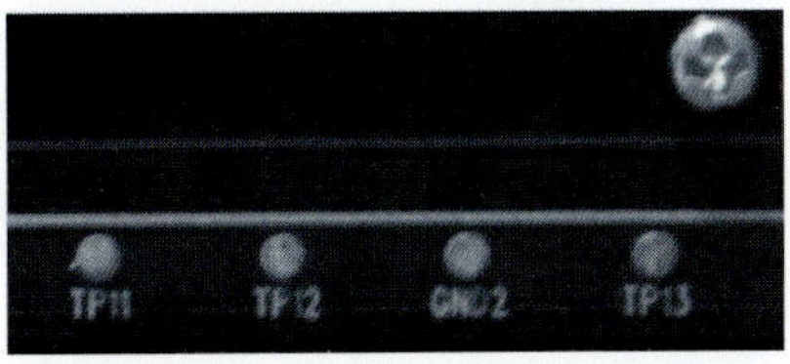

① Red

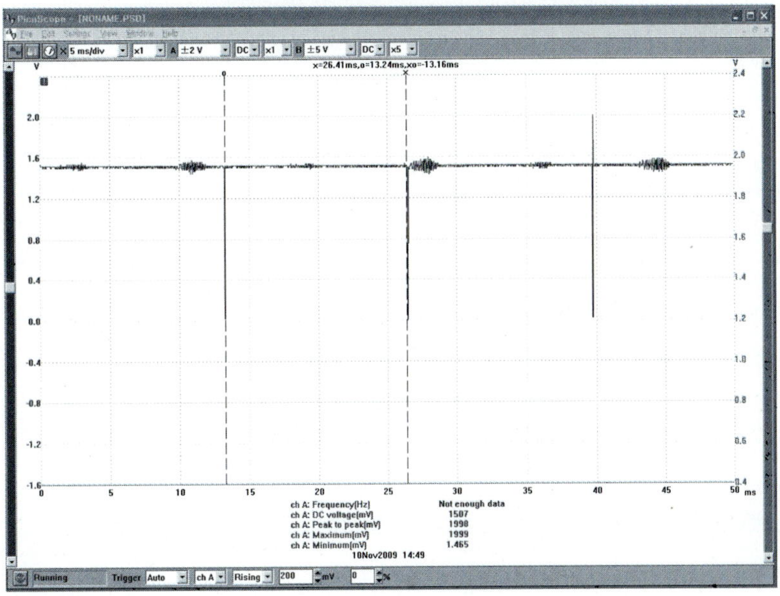

Current = (   )mA   Wattage = (   )mW

② Green

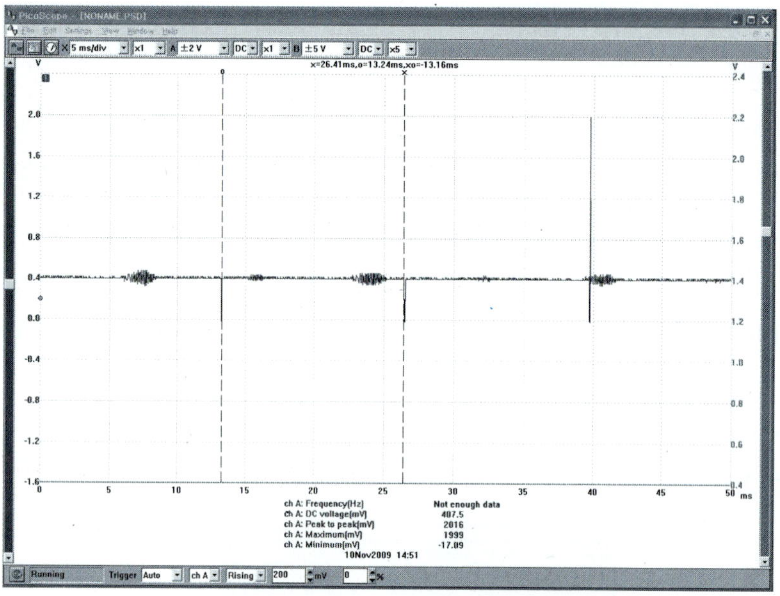

Current = (   )mA   Wattage = (   )mW

③ Blue

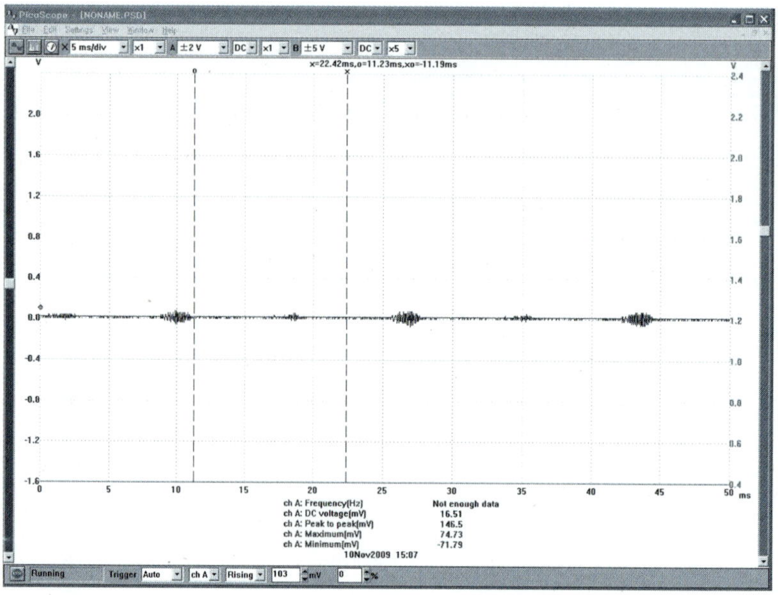

Current = (   )mA   Wattage = (   )mW

8. 제작된 색상 2를 세팅 후 TP4 / TP8 / TP12를 오실로스코프로 파형을 캡처하여 Red / Green / Blue의 전류와 전력을 구하고 전체 전류와 전력을 구한다.

① Red

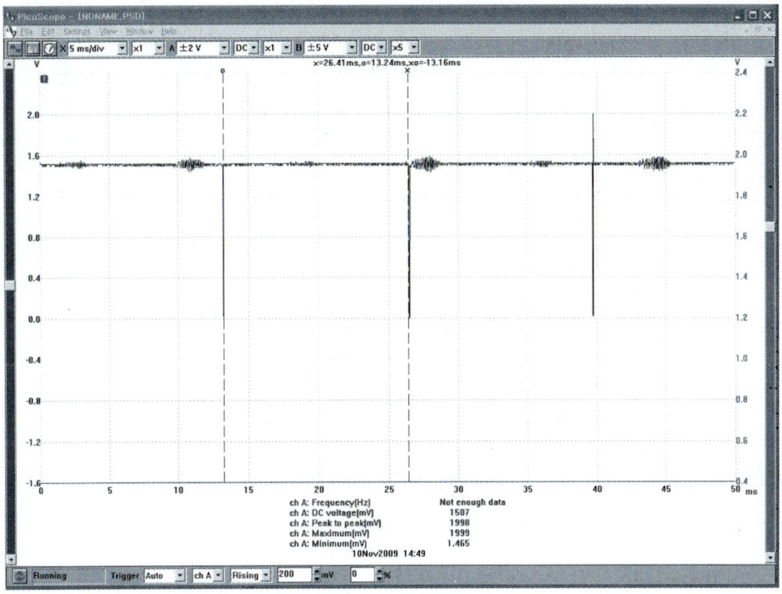

Current = (   )mA   Wattage = (   )mW

② Green

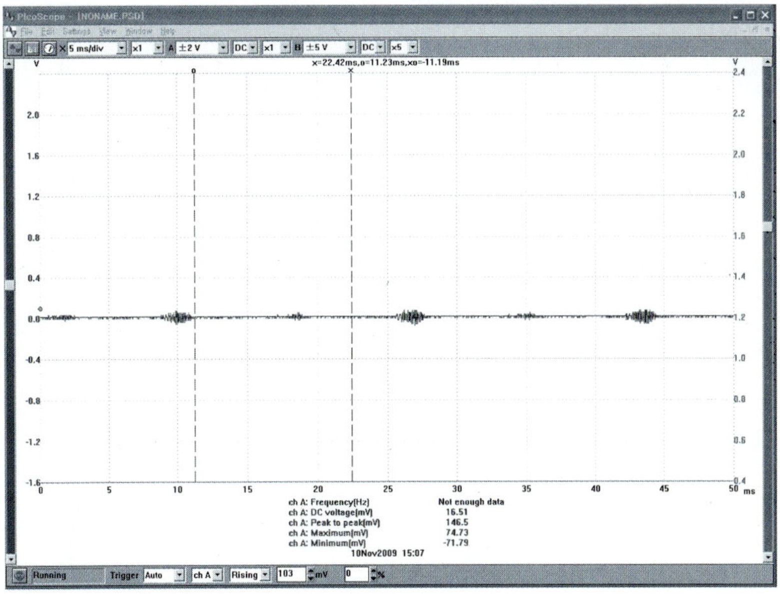

Current = (   )mA   Wattage = (   )mW

CHAPTER 08

③ Blue

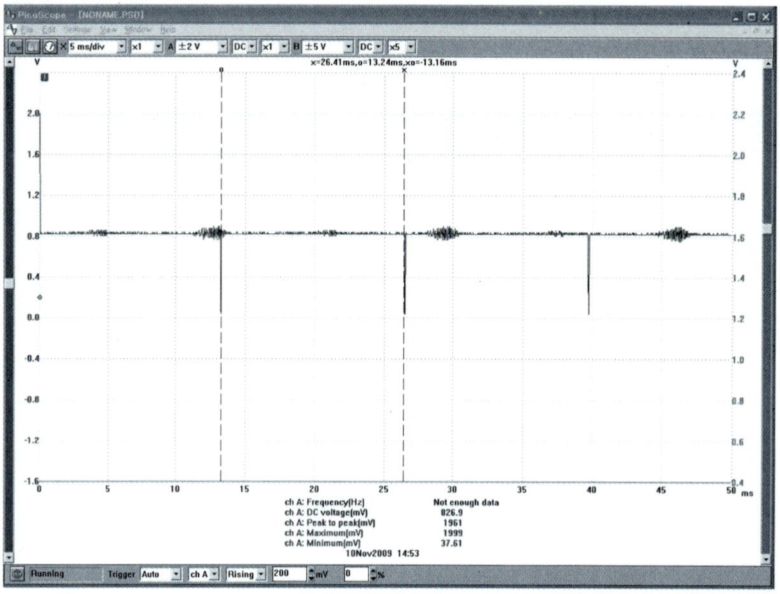

Current = (   )mA   Wattage = (   )mW

9. 제작된 색상3를 세팅 후 TP4 / TP8 / TP12를 오실로스코프로 파형을 캡처하여 Red / Green / Blue의 전류와 전력을 구하고 전체 전류와 전력을 구한다.

① Red

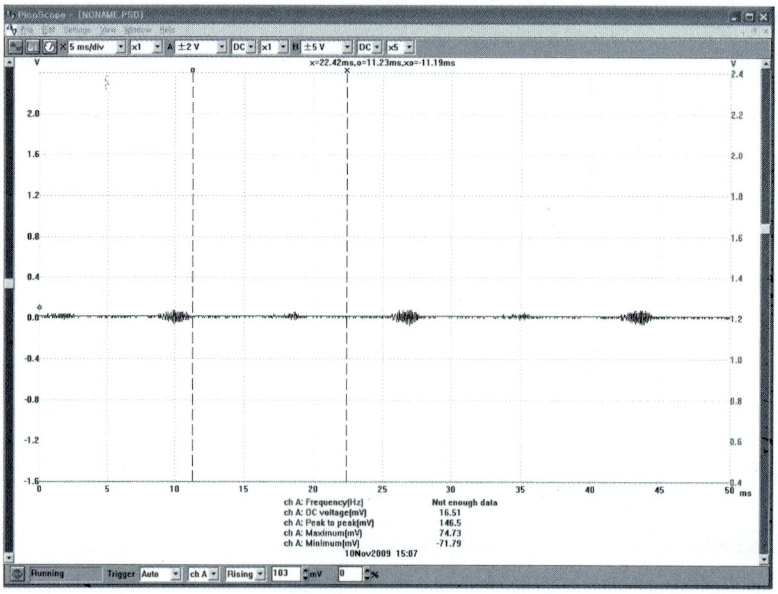

Current = (   )mA   Wattage = (   )mW

② Green

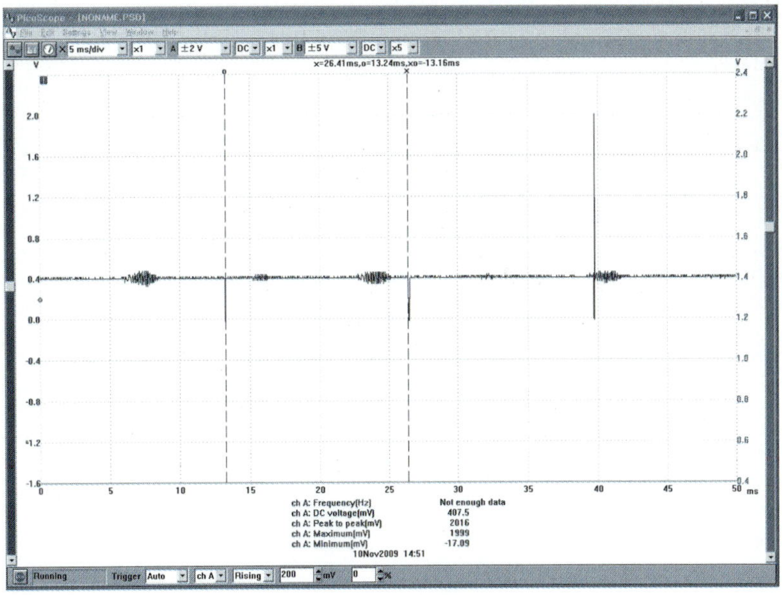

Current = (　　　　　　　)mA　　　　Wattage = (　　　　　　　)mW

③ Blue

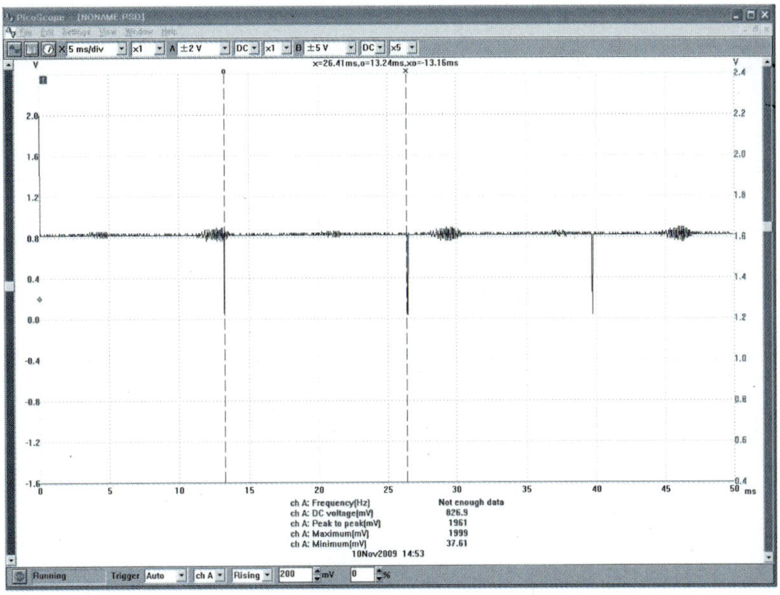

Current = (　　　　　　　)mA　　　　Wattage = (　　　　　　　)mW

09장 LED 점등방법

1 실험 제목 : LED 점등방법 실험

2 실험 목적

① Pulse 구동을 이해한다.

② Dynamic과 Static의 장·단점을 이해한다.

3 실험 준비사항

① 실험용 장비 본체

② 디지털 멀티미터

③ 오실로스코프

④ Control I 모듈

4 실험 주의사항

① LED의 빛을 주시하지 않는다.

② 보드를 임의로 분리 조립하지 않는다.

③ 보드의 소자를 분리 조립 튜닝하지 않는다.

④ 보드의 홀사이로 이물질이 들어가지 않도록 한다.

⑤ 오실로스코프의 그라운드 단자는 GND에만 연결한다.

5 실험 관련 이론

1) 펄스 구동

LED 점등방식에는 시간적으로 연속해서 일정전류를 흘리는 Static 점등과 시간적으로 점멸을 반복하는 Dynamic 점등이 있다. 점멸시간이 짧으면 눈으로 보았을 경우 Static 점등하고 있는 것처럼 보인다.

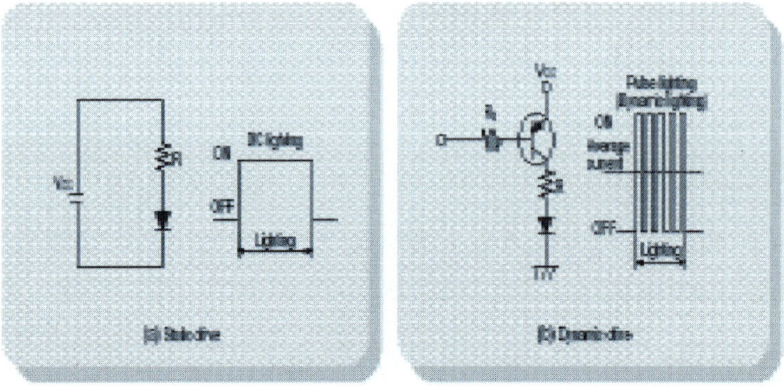

[그림 9-1] 펄스 구동

Dynamic 점등이면서 연속점등처럼 보이고 싶은 경우에는(관측자가 정지한 경우) 높은 주파수로 점멸할 경우에는 문제가 없다. 그러나, 점멸 주파수가 어느 정도 이하치가 되면 눈으로 Flickering이 확인된다.

통상, 주로 사용되는 정현파점멸 또는 방형파점멸의 경우 50Hz보다 낮으면 Flickering이 인식되고, 40Hz정도에서는 확실하게 Flickering이 확인된다. 관측자가 움직이는 경우이거나 카메라로 촬영하는 경우에는 한층 높은 주파수에서도 Flickering이 확인된다. 용도에 맞춰서 점등주파수를 선택할 필요가 있다.

2) Static과 Dynamic의 차이

LED Array의 구동방식은 LED Lamp를 개별(1:1) 제어하는 스태틱(static) 구동방식과 일정군의 LED Lamp 배열을 제어하는 다이나믹(Dynamic)방식(분주방식)으로 나뉜다.

① 스태틱(Static) 구동방식은 LED Lamp를 개별(1:1) 구동하기 때문에 광휘도(밝기)가 높고, 구동속도가 빠르기 때문에 총천연색의 자연스럽고 부드러운 영상을 구현하며, 고휘도로 Reflection, Graphic, Text 등 모두 구현가능하며 특히 동영상 구현에 적합하다.

② 다이나믹(Dynamic) 구동방식은 LED Lamp를 일정군의 배열로 (1/2, 1/4, 1/8, 1/16 … Duty)분주 제어하기 때문에 스태틱(Static)방식에 비해서 속도가 느리며, 광휘도가 떨어져 Graphic이나 Text display에 적합하다.

6 실험 절차

1. 장비의 Main 전원을 켠다.
2. 모듈의 전원을 켠다.
3. reset 스위치를 누른다.
4. select I 스위치를 2번 눌러서 CLCD에 Frequency가 표시됨을 확인한다.
5. TP4 / TP8 / TP12를 오실로스코프로 파형을 캡처하여 Red / Green / Blue의 전류와 전력을 구하고 전체 전류와 전력을 구한다.

① Red

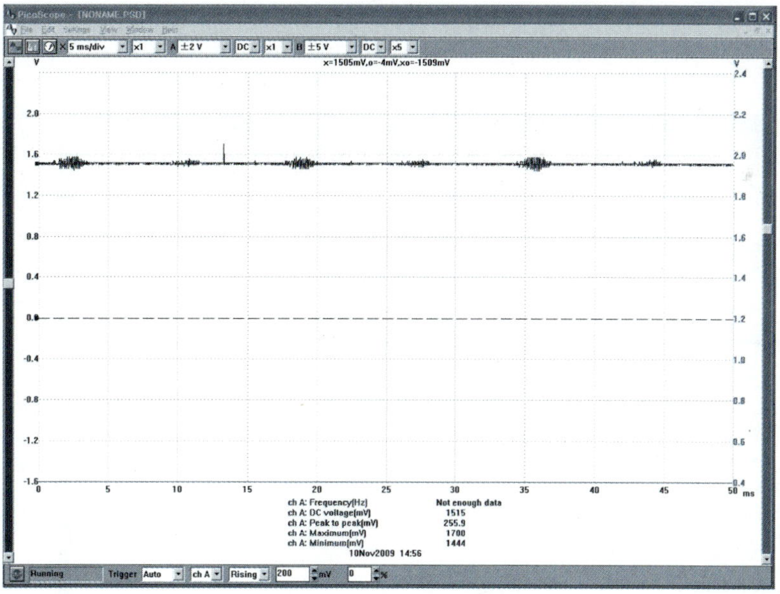

Current = (   )mA   Wattage = (   )mW

② Green

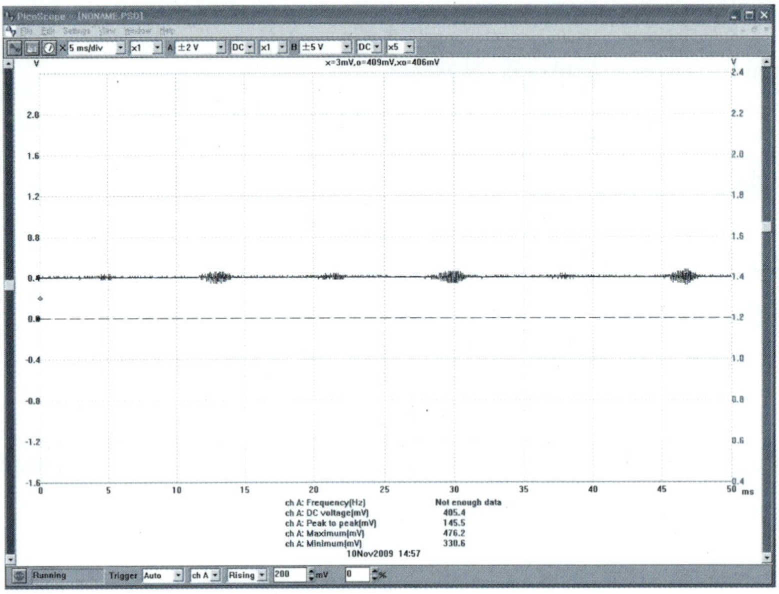

Current = (   )mA   Wattage = (   )mW

③ Blue

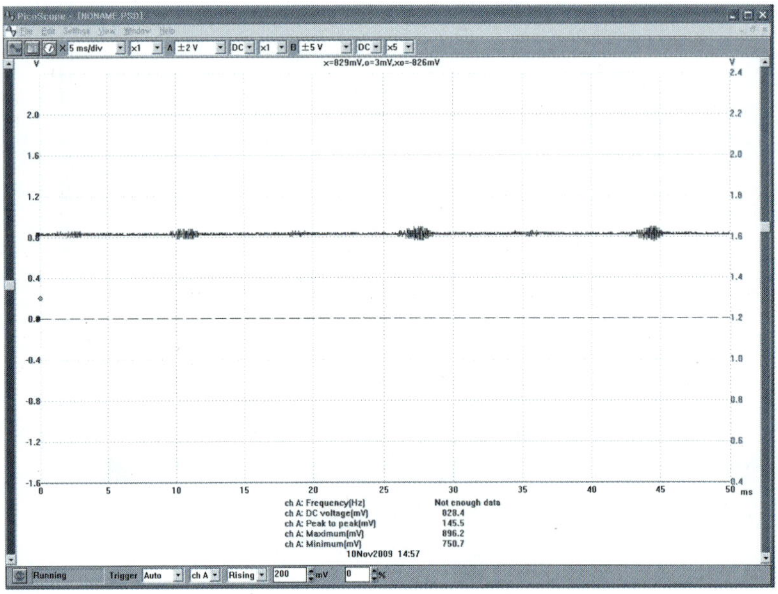

Current = (   )mA   Wattage = (   )mW

6. 깜박임을 느끼지 못할 때까지 up 스위치를 이용하여 주파수(Hz)를 올려서 이때의 Hz를 기록한다(깜박임을 느끼지 못하는 주파수 60Hz).

07 깜박임을 느끼지 못할 때 TP4 / TP8 / TP12를 오실로스코프로 파형을 캡처하여 Red / Green / Blue의 전류와 전력을 구하고 전체 전류와 전력을 구한다.

① Red

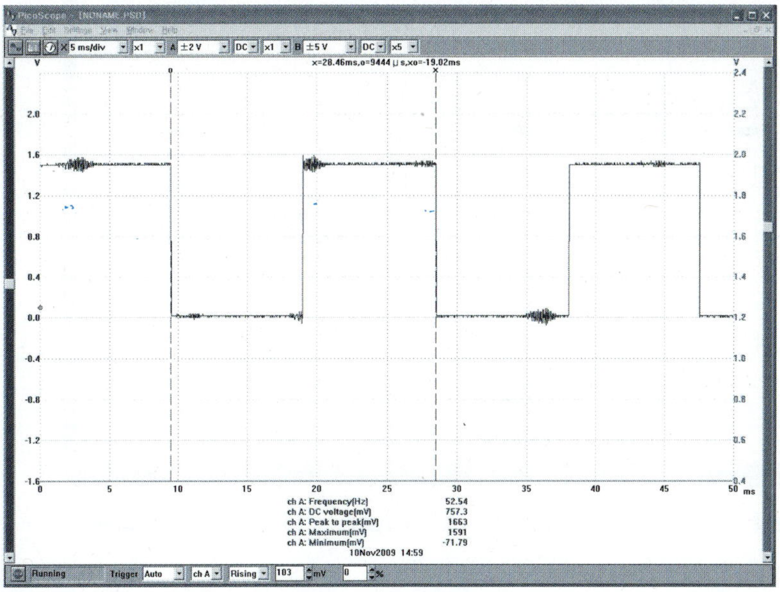

Current = (　　　　　　　　)mA　　　　Wattage = (　　　　　　　　)mW

② Green

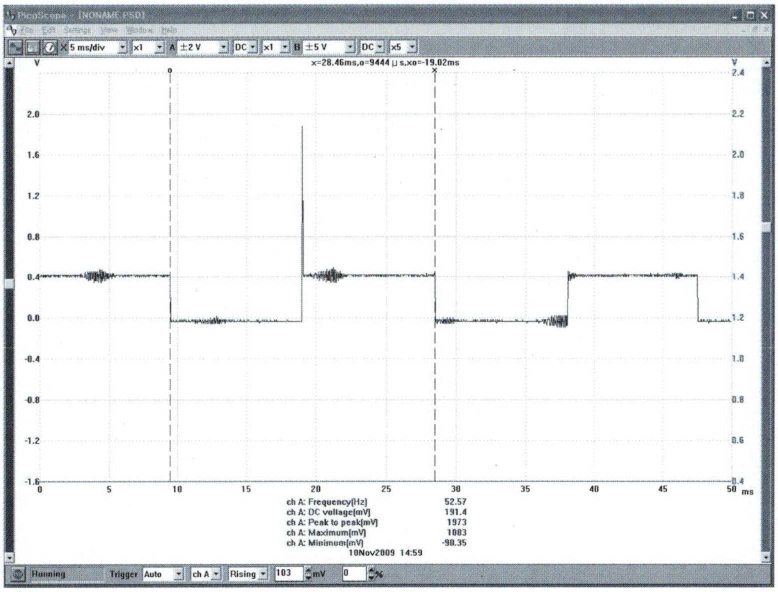

Current = (　　　　　　　　)mA　　　　Wattage = (　　　　　　　　)mW

③ Blue

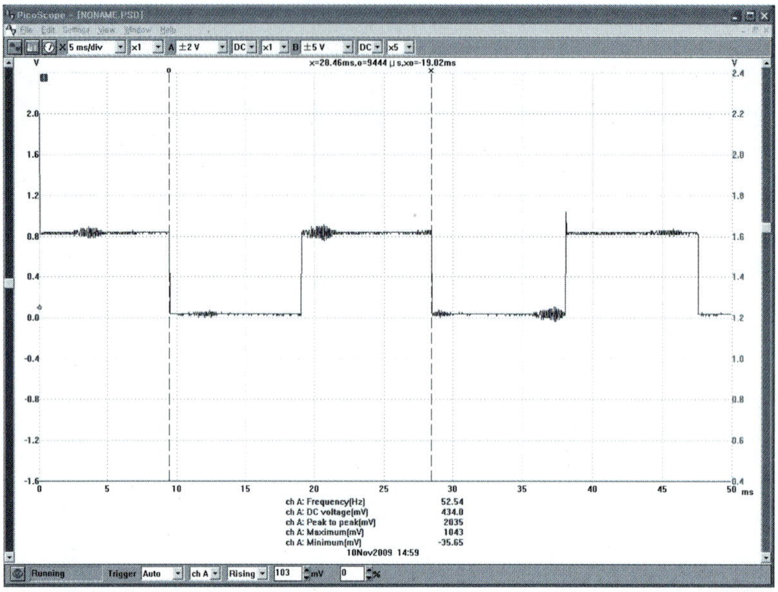

Current = (   )mA   Wattage = (   )mW

8. Dynamic과 Static 구동이 각각 어떤 분야에 사용되는지 그리고 그 이유는 무엇인지 확인하여 기술한다.

10장 프로그램을 이용한 LED 제어

1 실험 제목 : 프로그램을 이용한 LED 제어

2 실험 목적

① 코드비전(Code Vision)의 사용법을 이해한다.

② 주어진 함수를 이용하여 LED 제어 프로그램을 작성한다.

3 실험 준비사항

① 실험용 장비 본체

② 디지털 멀티미터

③ 오실로스코프

④ Control II 모듈

4 실험 주의사항

① LED의 빛을 주시하지 않는다.

② 보드를 임의로 분리 조립하지 않는다.

③ 보드의 소자를 분리 조립 튜닝하지 않는다.

④ 보드의 홀사이로 이물질이 들어가지 않도록 한다.

⑤ 오실로스코프의 그라운드 단자는 GND에만 연결한다.

5 실험 관련 이론

1) 컴파일러 이해하기

① 고급언어로 쓰여진 프로그램이 컴퓨터에서 수행되기 위해서는 컴퓨터가 직접 이해할 수 있는 언어로 바꾸어 주어야 한다. 이러한 일을 하는 프로그램을 컴파일러라고 한다. 예를 들어 원시언어가 파스칼(Pascal)이나 코볼(Cobol)과 같은 고급언어이고 목적언어가 어셈블리 언어나 기계어일 경우 고급언어를 목적언어로 변환해야 하는데 이를 번역해 주는 프로그램을 컴파일러라 한다.

② 컴파일을 하기 위하여 입력되는 프로그램을 원시 프로그램이라 하고 이 프로그램을 기술한 언어를 원시언어(Source language)라 한다. 또 번역되어 출력되는 프로그램을 목적 프로그램이라 하고 이 프로그램을 기술한 언어를 목적언어(Object language 또는 Target language)라 한다. 한 프로그램을 컴파일하여 목적 프로그램으로 바꾸어 놓으면 원시 프로그램을 수정하지 않는 한 계속 반복해서 수행할 수 있다.

③ 크로스 컴파일러(Cross-compiler)라는 것은 원시 프로그램을 컴파일러가 수행되고 있는 컴퓨터의 기계어로 번역하는 것이 아니라, 다른 기종에 맞는 기계어로 번역하는 컴파일러를 말한다. 이 밖에 다른 번역기를 살펴보면 어셈블러(Assembler), 인터프리터(Interpreter) 그리고 프리프로세서(Preprocessor) 등을 들 수 있다.

④ 어셈블러는 어셈블리 언어로 쓰여진 프로그램을 입력으로 받아 기계어 프로그램으로 바꾸어 주는 번역기이며, 어떤 번역기는 원시언어를 특수한 형태의 중간언어로 변환하는데 인터프리터는 이러한 중간언어를 입력으로 받아 목적언어로 변환하지 않고 직접 수행하는 프로그램이다.

⑤ 고급언어로 쓰여진 프로그램의 의미를 수행하는데 있어서 컴파일러는 그와 동등한 의미를 갖는 목적 프로그램으로 바꾸어 목적 프로그램을 수행함으로써 결과를 얻고, 인터프리터는 원시 프로그램의 의미를 직접 수행하여 결과를 얻는다. 원시 프로그램의 수정 없이 계속 반복 수행하는 응용 시스템에서는 컴파일러가 효율적이며, 개발 시스템이나 교육용 시스템에서는 인터프리터가 더 능률적이다.

즉, 컴파일러란 고급언어로 쓰여진 프로그램을 그와 의미적으로 동등하며 컴퓨터에서 즉시 실행될 수 있는 형태의 목적 프로그램으로 바꾸어 주는 번역 프로그램이라고 요약할 수 있다.

2) CodeVision 설치 및 사용

(1) CodeVision 다운로드

① CodeVision 개발사 홈페이지인 http://www.hpinfotech.ro/html/download.htm에 접속하여 다운로드한다.

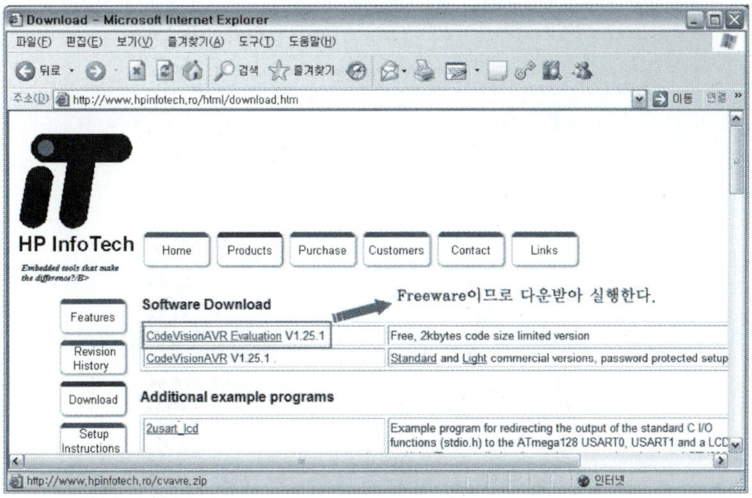

[그림 10-1] CodeVision 다운로드

② CodeVisionAVR Evaluation V1.25.1은 프리웨어로서 누구나 사용이 가능하므로 임의의 폴더에 다운로드한다. 다운로드한 파일의 압축을 임의의 폴더에 풀고 Setup.exe를 실행시킨다.

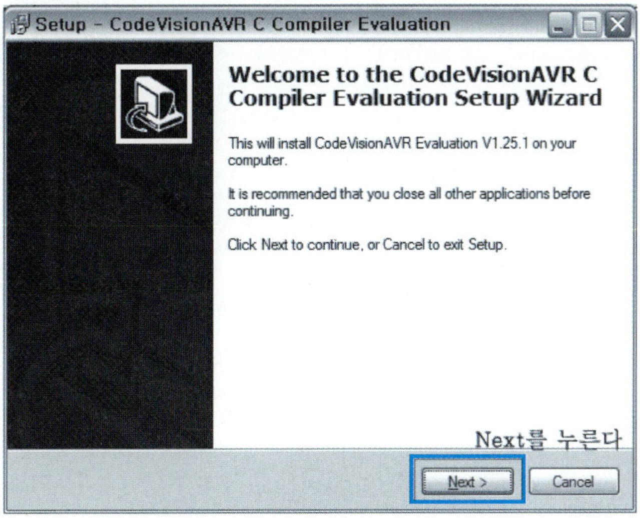

[그림 10-2] 폴더에 풀고 Setup.exe를 실행

③ Next를 누르고 I accept the agreement에 체크한다.

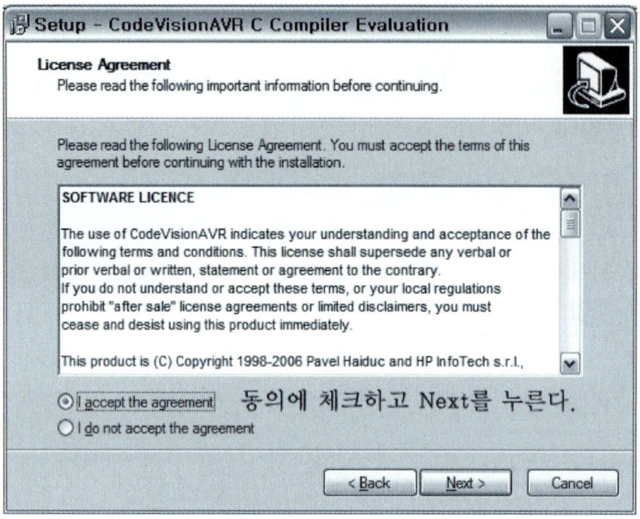

[그림 10-3] I accept the agreement에 체크

④ Next를 누르고 설치할 폴더를 설정한다.

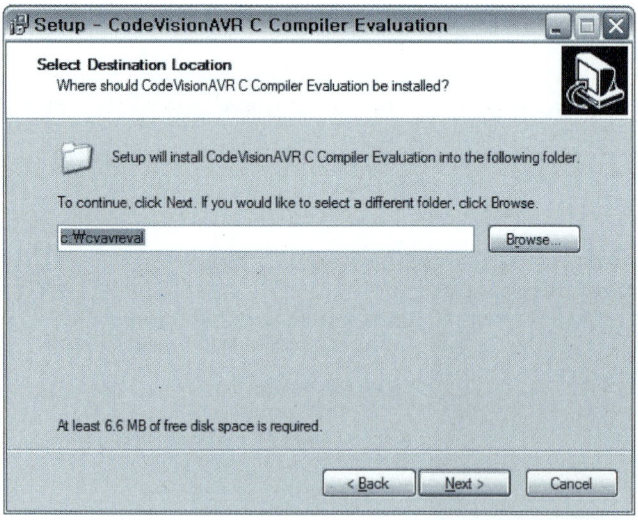

[그림 10-4] 설치할 폴더를 설정

⑤ Next를 누르고 Start Menu에 나올 폴더명을 설정한다.

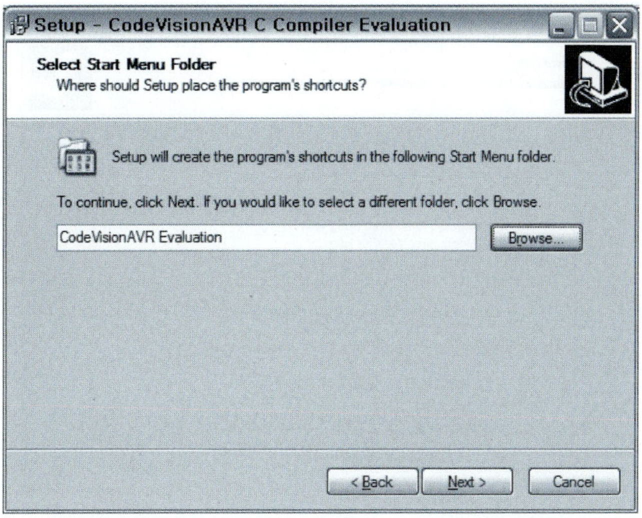

[그림 10-5] Start Menu에 나올 폴더명을 설정

⑥ 모든 설정을 확인 후에 맞으면 Install을 눌러 설치를 시작한다.

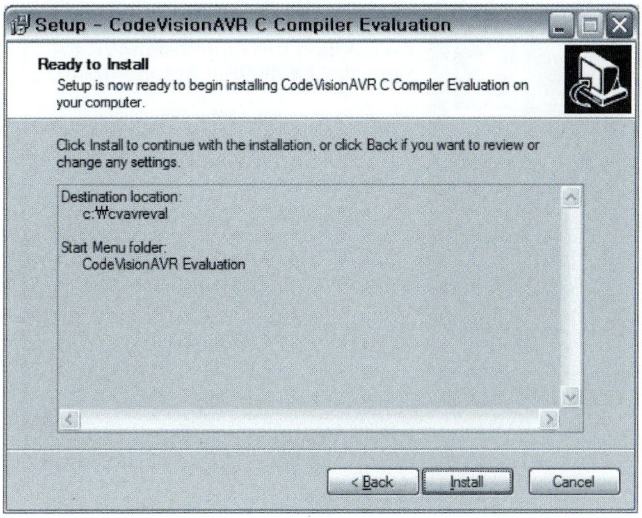

[그림 10-6] 확인 후에 맞으면 Install을 눌러 설치

⑦ Install이 완료되면 Information을 확인하고 Next를 누른다.

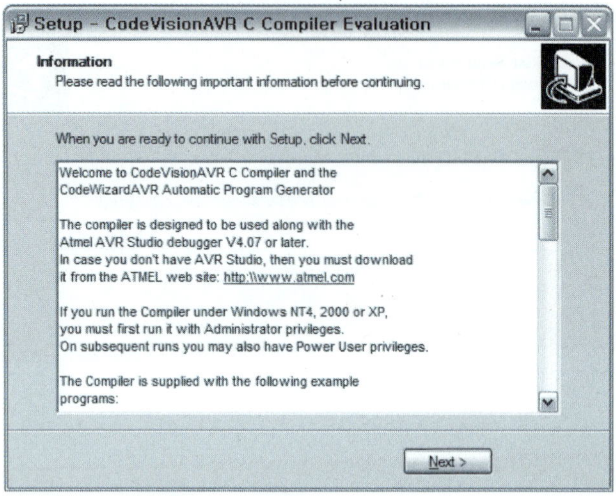

[그림 10-7] Information을 확인하고 Next를 누름

⑧ Setup이 완료된 것을 확인하고 Finish를 눌러 CodeVision을 실행한다.

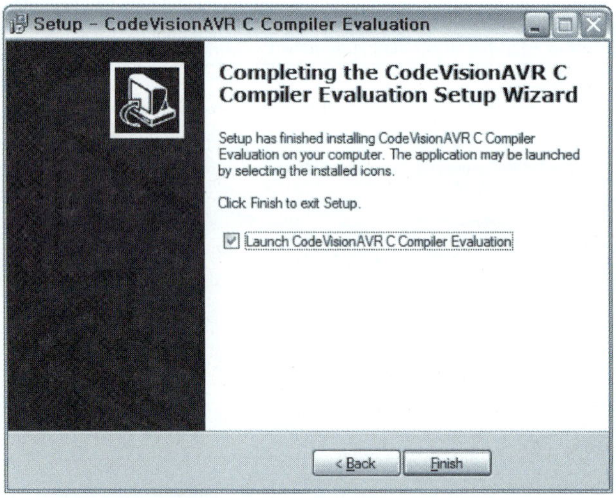

[그림 10-8] Finish를 눌러 CodeVision을 실행

(2) CodeVision 사용하기

① Install이 완료되면 [그림 10-9]와 같은 아이콘이 생긴다.

[그림 10-9] 아이콘이 생성

② 아이콘을 더블클릭하여 실행하면 [그림 10-10]과 같은 Program이 시작된다.

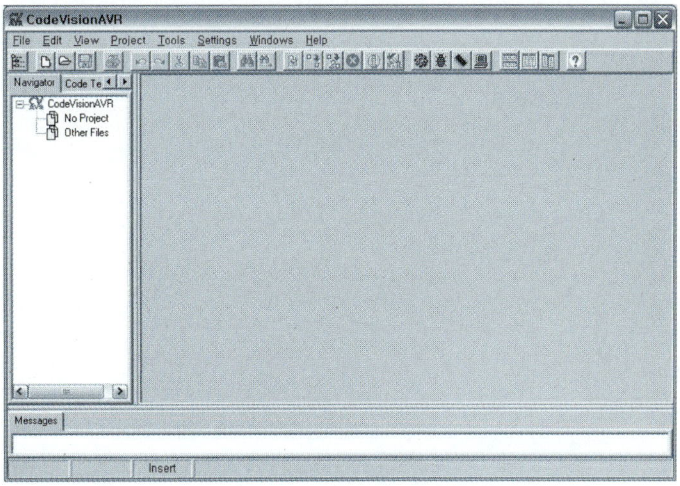

[그림 10-10] Program 시작

③ File 메뉴의 New를 클릭하면 [그림 10-11]과 같은 팝업창이 뜨게 되는데, File Type을 Project로 놓고 확인을 눌러 프로젝트를 수행한다.

[그림 10-11] Project로 놓고 확인을 눌러 프로젝트를 수행

④ 다음으로 Confirm창이 뜨면 No를 눌러 Project를 시작한다.

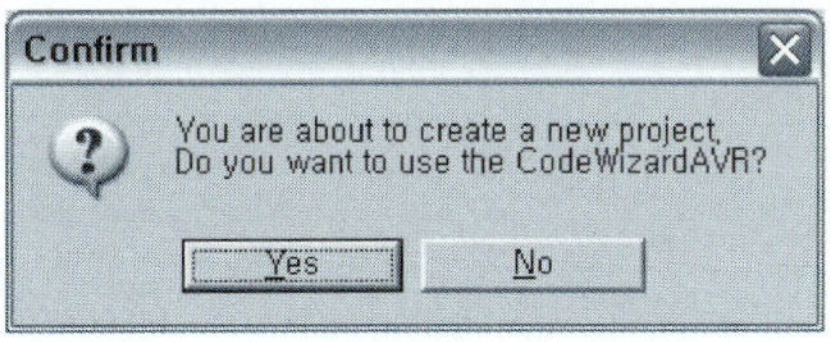

[그림 10-12] No를 눌러 Project를 시작

CHAPTER 10

⑤ Create New Project창이 뜨면 프로젝트명을 정해서 저장한다.

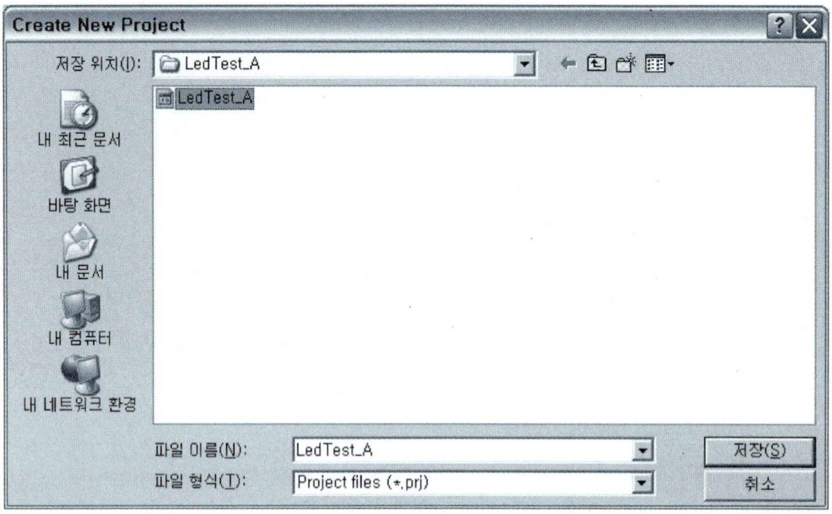

[그림 10-13] 프로젝트명을 정해서 저장

⑥ Configure창이 뜨면 C Compiler의 설정을 주어진 환경에 맞게 Setting한다.

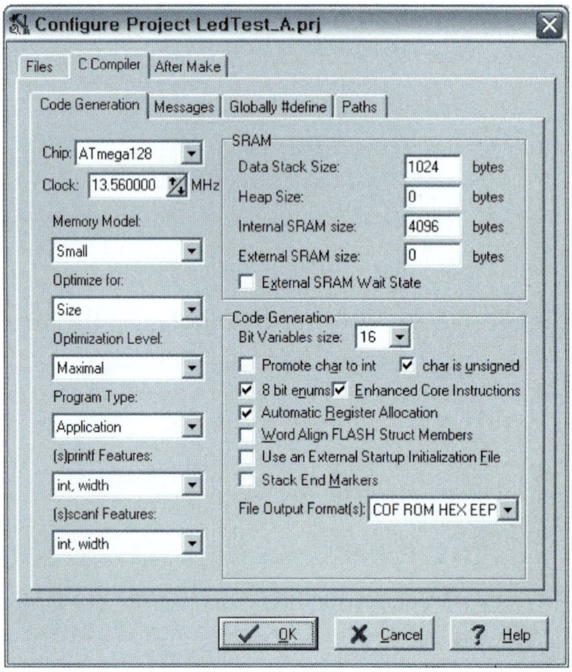

[그림 10-14] C Compiler의 설정을 주어진 환경에 맞게 Setting

⑦ File에서 New를 눌러서 Source를 눌러 창을 생성하고 코드를 입력한 다음 파일 이름을 정해 저장한다.

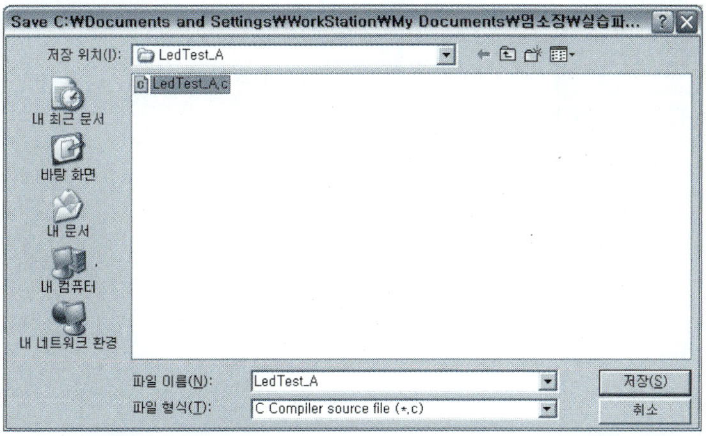

[그림 10-15] 코드를 입력한 다음 파일 이름을 정해 저장

⑧ Project 메뉴의 Configure를 누르면 창이 뜨는데 Files의 Add를 눌러 코딩한 파일을 추가하도록 한다.

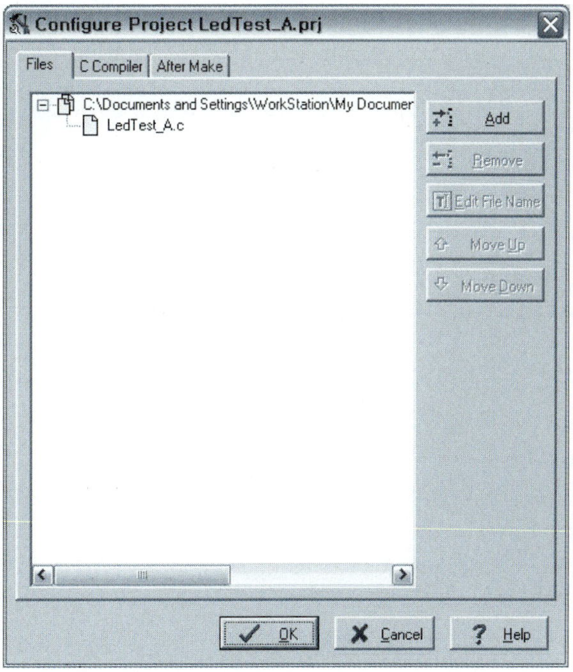

[그림 10-16] Files의 Add를 눌러 코딩한 파일을 추가

⑨ Compile과 Make를 눌러 Hex 파일을 만든다.

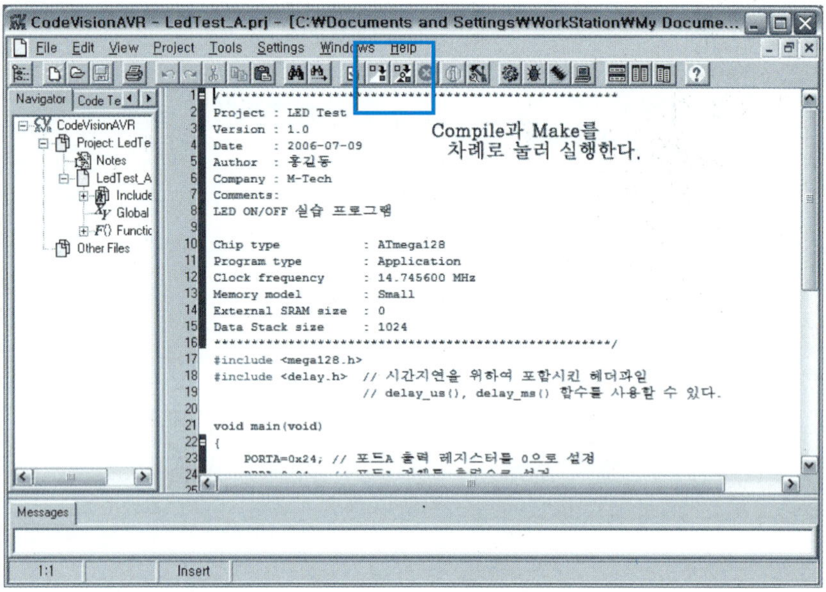

[그림 10-17] Compile과 Make를 눌러 Hex 파일을 만든다.

⑩ 설정한 폴더에 파일이 만들어졌는지 확인한다.

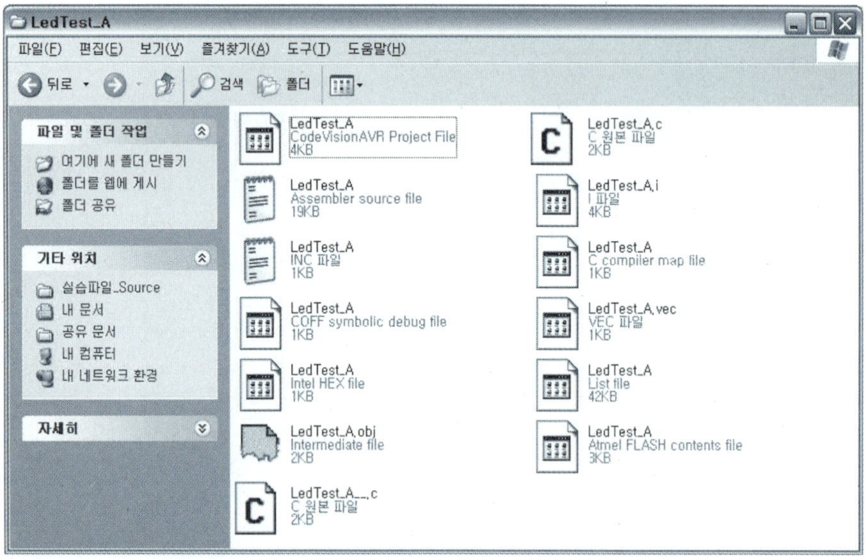

[그림 10-18] 설정한 폴더에 파일이 만들어졌는지 확인

⑪ 만들어진 Hex 파일을 ISP를 이용하여 ATmega128에 다운로드하고자 한다면 IC처럼 생긴 아이콘을 눌러서 Chip과 Clock을 Setting한다.

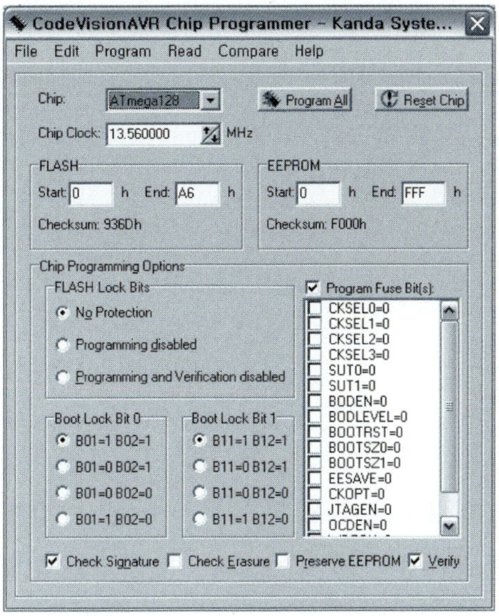

[그림 10-19] Chip과 Clock을 Setting

⑫ Program에서 Erase Chip을 눌러 ATmega128안에 있는 프로그램을 지우고 Hex 파일을 선택한 후 FLASH를 눌러 Download한다.

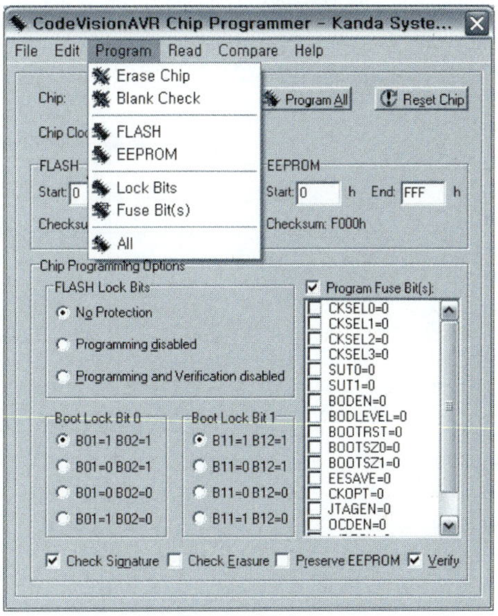

[그림 10-20] FLASH를 눌러 Download

⑬ Download가 되면 하드웨어에 내가 보고자 했던 결과를 볼 수 있을 것이다. Download가 되지 않고 [그림 10-21]과 같은 경고창이 뜬다면 연결이나 ISP 등을 다시 한 번 살펴보고 시도해보길 바란다.

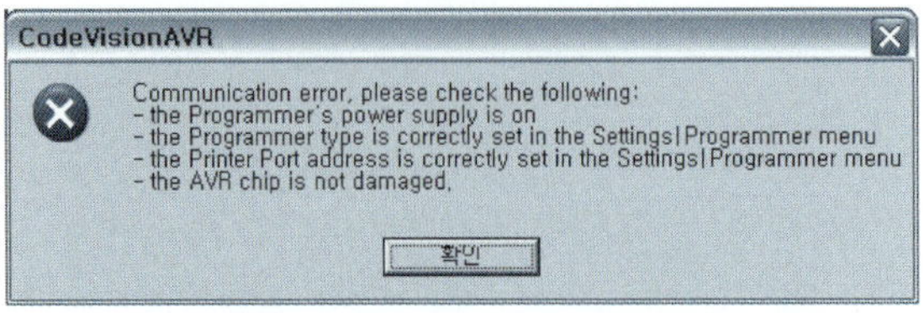

[그림 10-21] Download가 되지 않은 경고창

3) 다운로더

AVR에 사용되는 ISP 환경은 인터넷을 뒤져보면 넘칠 정도로 많다. 그러다 보니 처음 접하는 사람들은 오히려 헷갈리고, 어떤 회로로 하는 것이 좋은지 선택하기가 쉽지 않은 부분이 있다. 여기에서는 여러 ISP 중 KANDA사에서 발표한 STK300을 사용했다. [그림 10-23]의 회로가 그것이다.

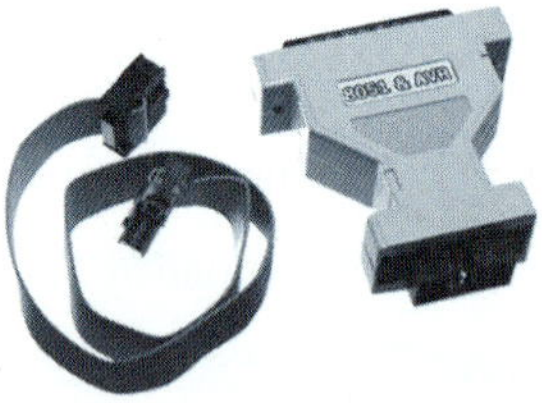

[그림 10-22] 다운로더

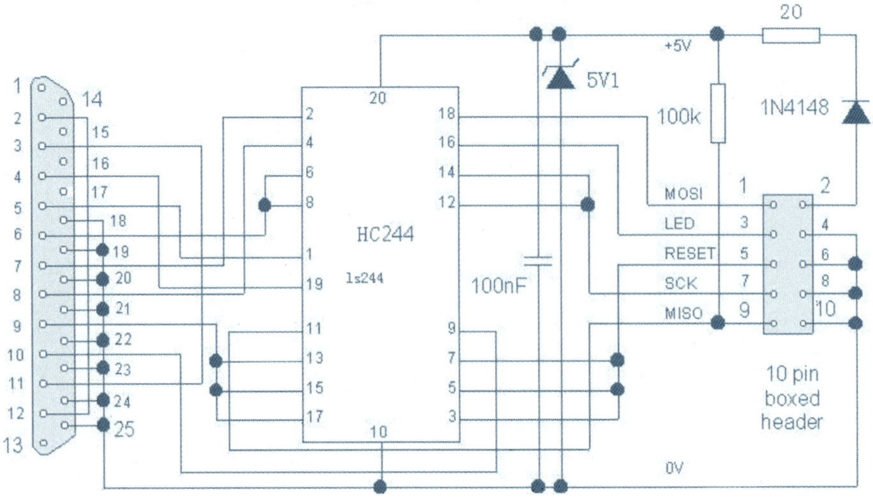

[그림 10-23] 다운로더 회로도

6 실험 절차

1. 장비의 Main 전원을 켠다.
2. 모듈의 전원을 켠다.
3. 코드비전을 실행한다.

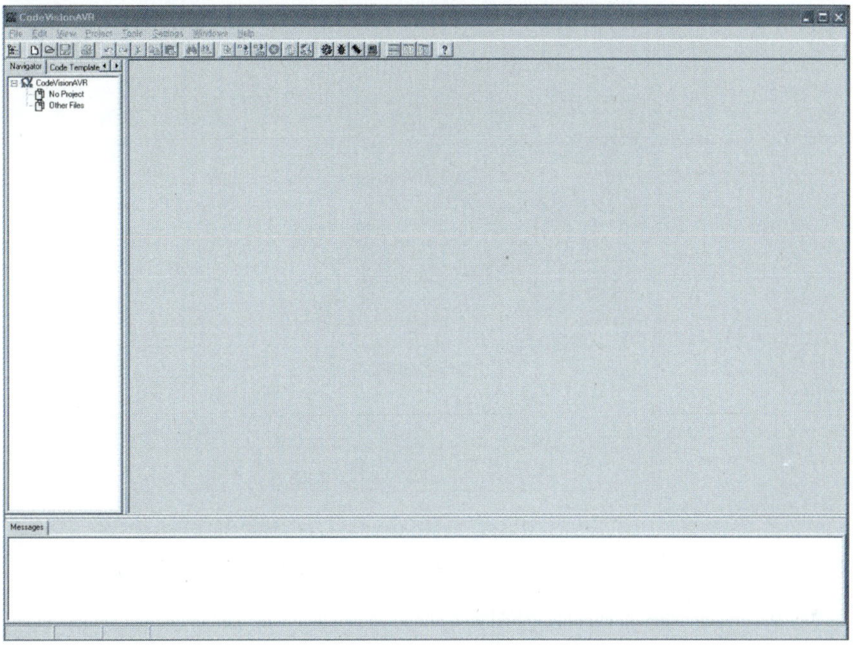

[그림 10-24] 코드비전을 실행

4. 프로젝트 파일을 연다.

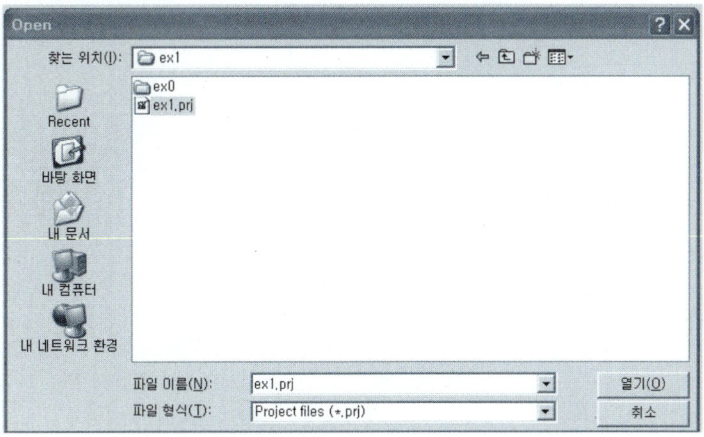

[그림 10-25] 프로젝트 파일을 연다

5. Configuration을 활성화하여 IC를 세팅하고 소스를 선택한다.

1) IC 세팅

① Chip과 Clock을 선택하여 준다.

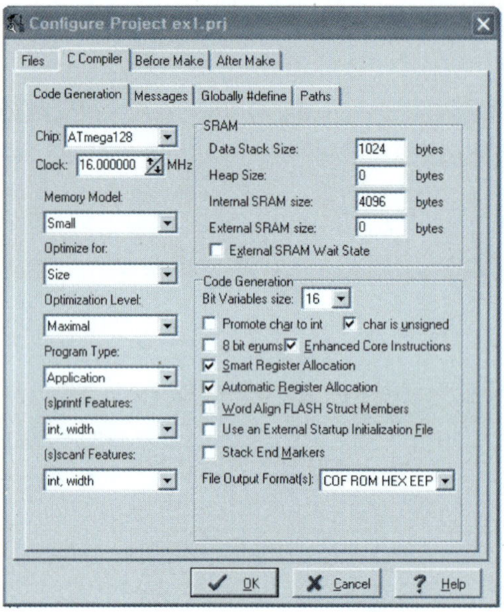

[그림 10-26] Chip과 Clock을 선택

② Program the Chip을 활성화한다.

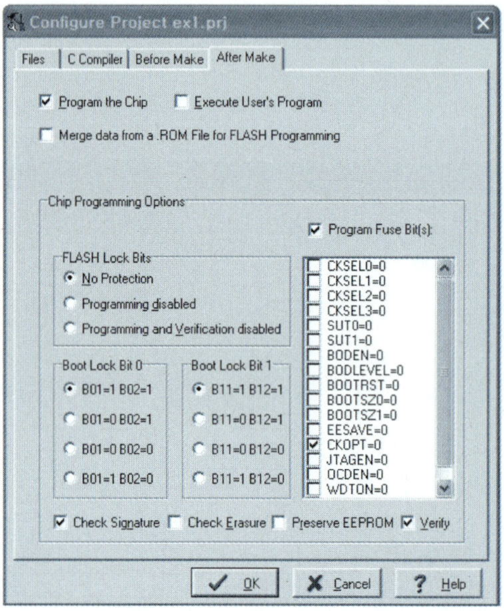

[그림 10-27] Program the Chip을 활성화

2) 소스 파일 제거

① 제거를 원하는 파일을 선택하여 Remove를 클릭한다.

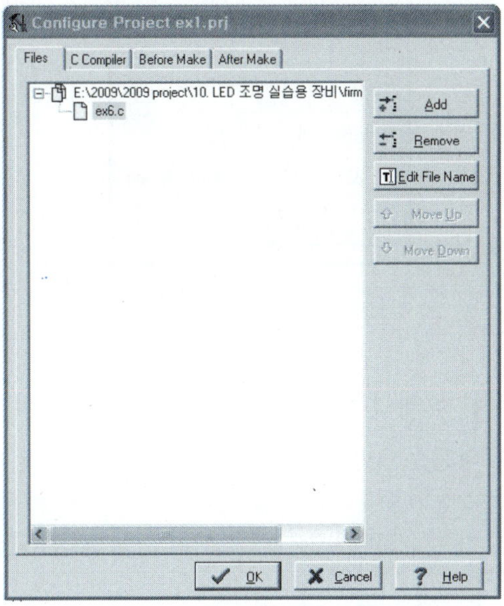

[그림 10-28] 소스 파일 제거

3) 소스 파일 추가

① Add를 클릭하여 원하는 소스 파일을 추가한다.

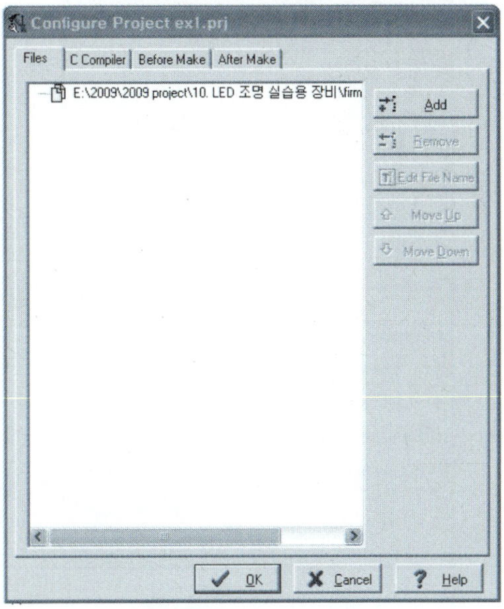

[그림 10-29] 소스 파일 추가

6. 다운로더 세팅

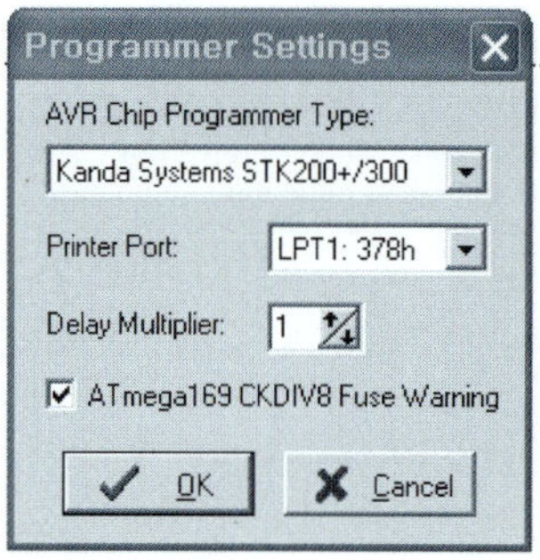

[그림 10-30] 다운로더 세팅

7. 컴파일과 다운로드하여 아래의 Make the project를 클릭하여 컴파일한 후 팝업창의 Program을 클릭하여 다운로드한다.

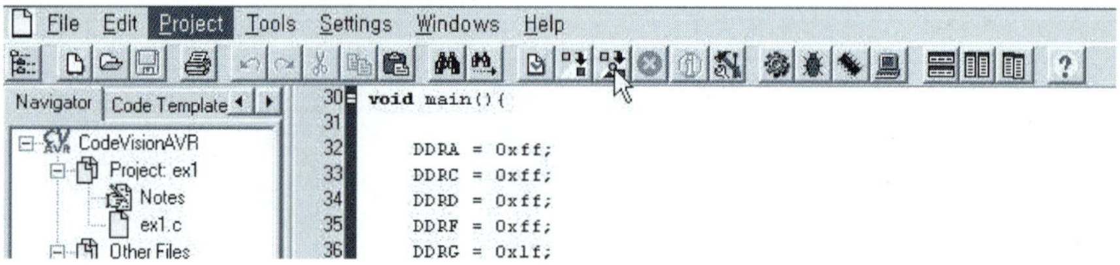

[그림 10-31] 컴파일

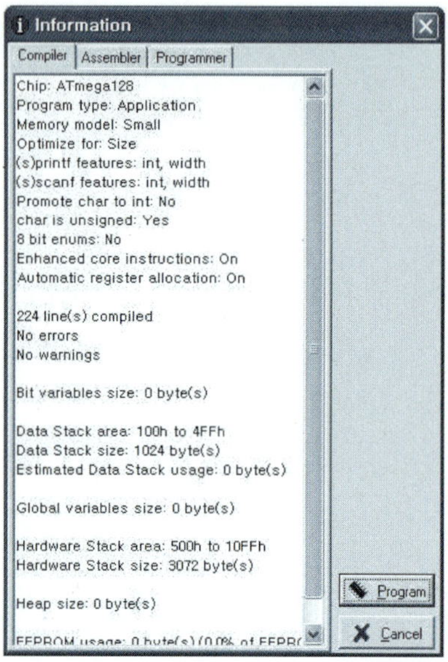

[그림 10-32] 다운로드

8. CodeVision 예제 1 : 소스 추가/삭제로 예제 소스를 추가하여 다운로드하고 이를 수정하여 여러 가지 색을 표현해 본다.

```
#include<mega128.h>
#include<delay.h>

// PORTF : Blue    LED1~8
// PORTA : Green   LED1~8
// PORTC : Red     LED1~8
// PORTG : RGB     LED9
// Turn on : low



// PORTD.7 : red   enable / disable
// PORTD.6 : Green enable / disable
// PORTD.5 : Blue  enable / disable
// enable : low

void main(){


    DDRA = 0xff;
    DDRC = 0xff;
    DDRD = 0xff;
    DDRF = 0xff;
    DDRG = 0x1f;
///////////////////////////PORT input output setting

    PORTA = 0xff;
    PORTC = 0xff;
    PORTF = 0xff;
    PORTD = 0xff;
    PORTG = 0x1f;
//////////////////////////PORT Init

    PORTD = 0x00;     // Constant Current IC enable

  while(1){
    PORTC  = 0b11101111; // bit 4 : low => LED5 red on
    PORTA  = 0b11101111; // bit 4 : low => LED5 Green on
    PORTG  = 0b11101111; // bit 4 : low => LED5 Blue on

    delay_ms(1000); // on time

    PORTC  = 0b11111111; // bit 4 : high => LED5 red off
    PORTA  = 0b11111111; // bit 4 : high => LED5 Green off
    PORTG  = 0b11111111; // bit 4 : high => LED5 Blue off

    delay_ms(1000); // off time
   }
}
```

CHAPTER 10

9. CodeVision 예제 2 : 소스 추가/삭제로 예제 소스를 추가하여 다운로드하고 이를 수정하여 여러 가지 색을 표현해 본다.

```
#include<mega128.h>
#include<delay.h>

#define ON 0
#define OFF 1

void Red(char a);
void Green(char a);
void Blue(char a);


// PORTF : Blue    LED1~8
// PORTA : Green   LED1~8
// PORTC : Red     LED1~8
// PORTG : RGB     LED9
// Turn on : low

// PORTD.7 : red   enable / disable
// PORTD.6 : Green enable / disable
// PORTD.5 : Blue  enable / disable
// enable : low

void main(){

    DDRA = 0xff;
    DDRC = 0xff;
    DDRD = 0xff;
    DDRF = 0xff;
    DDRG = 0x1f;
///////////////////////////PORT input output setting

    PORTA = 0xff;
    PORTC = 0xff;
    PORTF = 0xff;
    PORTD = 0xff;
    PORTG = 0x1f;
//////////////////////////PORT Init

    PORTD = 0x00;     // Constant Current IC enable

  while(1){

    Red(ON);    // red on
    Green(ON); // Green on
    Blue(ON);  // Blue on
    delay_ms(1000); // on time

    Red(OFF);    // red off
    Green(OFF); // Green off
    Blue(OFF);  // Blue off
    delay_ms(1000);  // off time
```

```
    }
}

void Red(char a){
    if(a == 0){
        PORTC &= 0b00000000;
        PORTG &= 0b00011110;
    }else if(a==1){
        PORTC |= 0b11111111;
        PORTG |= 0b00000001;
    }

}
void Green(char a){
    if(a == 0){
        PORTA &= 0b00000000;
        PORTG &= 0b00011101;
    }else if(a==1){
        PORTA |= 0b11111111;
        PORTG |= 0b00000010;
    }

}
void Blue(char a){
    if(a == 0){
        PORTF &= 0b00000000;
        PORTG &= 0b00011011;
    }else if(a==1){
        PORTF |= 0b11111111;
        PORTG |= 0b00000100;
    }

}
```

10. CodeVision 예제 3 : 소스 추가/삭제로 예제 소스를 추가하여 다운로드하고 이를 수정하여 여러 가지 색을 표현해 본다.

```
#include<mega128.h>
#include<delay.h>

#define Enable 0
#define Disable 1

void Red_En_dis(char a);
void Green_En_dis(char a);
void Blue_En_dis(char a);


//
// PORTF : Blue    LED1~8
// PORTA : Green   LED1~8
// PORTC : Red     LED1~8
// PORTG : RGB     LED9
```

```
// Turn on : low

// PORTD.7 : red   enable / disable
// PORTD.6 : Green enable / disable
// PORTD.5 : Blue  enable / disable
// enable : low

void main(){

    DDRA = 0xff;
    DDRC = 0xff;
    DDRD = 0xff;
    DDRF = 0xff;
    DDRG = 0x1f;
///////////////////////////PORT input output setting


    PORTA = 0x00;
    PORTC = 0x00;
    PORTF = 0x00;
    PORTD = 0x00;
    PORTG = 0x00;
//////////////////////////PORT Init

    PORTD = 0xff;     // Constant Current IC Disable



  while(1){


    Red_En_dis(Enable);   // red on
    Green_En_dis(Enable); // Green on
    Blue_En_dis(Enable);  // Blue on


    delay_ms(1000); // on time

    Red_En_dis(Disable);   // red off
    Green_En_dis(Disable); // Green off
    Blue_En_dis(Disable);  // Blue off

    delay_ms(1000);  // off time

   }
}

void Red_En_dis(char a){

    if(a == 0){
        PORTD &= 0b01111111;
    }else if(a==1){
        PORTD |= 0b10000000;
    }
}
```

```
void Green_En_dis(char a){
    if(a == 0){
        PORTD &= 0b10111111;
    }else if(a==1){
        PORTD |= 0b01000000;
    }
}
void Blue_En_dis(char a){
    if(a == 0){
        PORTD &= 0b11011111;
    }else if(a==1){
        PORTD |= 0b00100000;
    }
}
```


11. CodeVision 예제 4 : 소스 추가/삭제로 예제 소스를 추가하여 다운로드하고 이를 수정하여 여러 가지 색을 표현해 본다.

```
#include<mega128.h>
#include<delay.h>


void color_5(char R, char G, char B);
void led_drive(void);

unsigned char pwm_cnt = 0;
unsigned char LED5[3] = {0};


// PORTF : Blue    LED1~8
// PORTA : Green   LED1~8
// PORTC : Red     LED1~8
// PORTG : RGB     LED9
// Turn on : low

// PORTD.7 : red   enable / disable
// PORTD.6 : Green enable / disable
// PORTD.5 : Blue  enable / disable
// enable : low


void main(){

    DDRA = 0xff;
    DDRC = 0xff;
    DDRD = 0xff;
    DDRF = 0xff;
    DDRG = 0x1f;
////////////////////////////PORT input output setting


    PORTA = 0xff;
    PORTC = 0xff;
```

```
    PORTF = 0xff;
    PORTD = 0xff;
    PORTG = 0x1f;
//////////////////////////PORT Init

    PORTD = 0x00;     // Constant Current IC enable

  while(1){
    unsigned int i;

    color_5(255,0,0);  // LED5 color setting
    led_drive();          // PWM drive
    for(i=0;i<10;i++);   // PWM frequency setting

   }
}

void color_5(char R, char G, char B){
    LED5[0] = R;
    LED5[1] = G;
    LED5[2] = B;
}
void led_drive(void){
      pwm_cnt++;
      if(pwm_cnt == 255){
        PORTA = 0xff;
        PORTC = 0xff;
        PORTG = 0x1f;
        PORTF = 0xff;
        pwm_cnt = 0;
      }

      if(pwm_cnt == (255-LED5[0])){
        PORTC = 0b11101111;
      }
      if(pwm_cnt == (255-LED5[1])){
        PORTA = 0b11101111;
      }
      if(pwm_cnt == (255-LED5[2])){
        PORTF = 0b11101111;
      }
}
```

12. CodeVision 예제 5 : 소스 추가/삭제로 예제 소스를 추가하여 다운로드하고 이를 수정하여 여러 가지 색을 표현해 본다.

```
#include<mega128.h>
#include<delay.h>


void color_5(char R, char G, char B);
void led_drive(void);
```

```
unsigned char pwm_cnt = 0;
unsigned int color_cnt = 0;


unsigned char LED5[3] = {0};

unsigned char red = 0;
unsigned char green = 0;
unsigned char blue = 0;


// PORTF : Blue    LED1~8
// PORTA : Green   LED1~8
// PORTC : Red     LED1~8
// PORTG : RGB     LED9
// Turn on : low

// PORTD.7 : red   enable / disable
// PORTD.6 : Green enable / disable
// PORTD.5 : Blue  enable / disable
// enable : low


void main(){

    int i;

    DDRA = 0xff;
    DDRC = 0xff;
    DDRD = 0xff;
    DDRF = 0xff;
    DDRG = 0x1f;
///////////////////////////PORT input output setting


    PORTA = 0xff;
    PORTC = 0xff;
    PORTF = 0xff;
    PORTD = 0xff;
    PORTG = 0x1f;
///////////////////////////PORT Init

    PORTD = 0x00;     // Constant Current IC enable



  while(1){
    led_drive(); // LED PWM Drive
    color_cnt++;

    if(color_cnt == 10000){
        color_cnt = 0;
        if(red != 254) red++; // resolution setting
        red %= 255;           // resolution setting
        LED5[0] = red;
     }
```

```
    for(i=0;i<10;i++);   // PWM frequency setting
  }
}

void color_5(char R, char G, char B){ // LED5 color setting
    LED5[0] = R;
    LED5[1] = G;
    LED5[2] = B;
}

void led_drive(void){
      pwm_cnt++;
      if(pwm_cnt == 255){
        PORTA = 0xff;
        PORTC = 0xff;
        PORTG = 0x1f;
        PORTF = 0xff;
        pwm_cnt = 0;
      }

      if(pwm_cnt == (255-LED5[0])){
        PORTC &= ~(1 << 4);
      }
      if(pwm_cnt == (255-LED5[1])){
        PORTA &= ~(1 << 4);
      }
      if(pwm_cnt == (255-LED5[2])){
        PORTF &= ~(1 << 4);
      }
}
```

13. CodeVision 예제 6 : 예제 소스를 이용하여 전체 LED의 색상을 점차 변경시킨다.

```
#include<mega128.h>
#include<delay.h>

void led_drive(void);

unsigned char pwm_cnt = 0;
unsigned int color_cnt = 0;

unsigned char enable[3] = {0};

unsigned char flag = 0;

unsigned char red = 0;
unsigned char green = 0;
unsigned char blue = 0;


// PORTF : Blue    LED1~8
// PORTA : Green   LED1~8
// PORTC : Red     LED1~8
```

```
// PORTG : RGB     LED9
// Turn on : low

// PORTD.7 : red   enable / disable
// PORTD.6 : Green enable / disable
// PORTD.5 : Blue  enable / disable
// enable : low


void main(){

    DDRA = 0xff;
    DDRC = 0xff;
    DDRD = 0xff;
    DDRF = 0xff;
    DDRG = 0x1f;
///////////////////////////PORT input output setting

    PORTA = 0x00;
    PORTC = 0x00;
    PORTF = 0x00;
    PORTD = 0x00;
    PORTG = 0x00;
///////////////////////////PORT Init

    PORTD = 0xff;     // Constant Current IC Disable



  while(1){
    int i = 0;


    color_cnt++;

    if(color_cnt == 1000){ // color change cycle
        color_cnt = 0;
        if(flag == 0){   // up status
            if(red < 255) red++;
            else if(green < 255) green++;
            else if(blue < 255) blue++;
            else if(blue == 255) flag = 1;
        }else if(flag == 1){  // down status
            if(red > 0) red--;
            else if(green > 0) green--;
            else if(blue > 0) blue--;
            else if(blue == 0) flag = 0;
        }

        enable[0] = red;
        enable[1] = green;
        enable[2] = blue;
     }

    for(i=0;i<10;i++);   // PWM frequency setting
```

```
    led_drive();      //PWM Drive

   }
}
void led_drive(void){
      pwm_cnt++;
      if(pwm_cnt == 255){
        PORTD = 0xff;
        pwm_cnt = 0;
      }

      if(pwm_cnt == (255 - enable[0])){
        PORTD &= ~(1 << 7);
      }
      if(pwm_cnt == (255 - enable[1])){
        PORTD &= ~(1 << 6);
      }
      if(pwm_cnt == (255 - enable[2])){
        PORTD &= ~(1 << 5);
      }

}
```

14. 8장의 색상표를 참고하여 LED 연출 시나리오를 작성한다.
15. 주어진 함수를 사용하여 시나리오대로 LED를 연출한다.

11장 Webench 시뮬레이션

1 실험 제목 : Webench 시뮬레이션

2 실험 목적

① NS사의 Webench를 사용할 수 있다.

② NS사의 Webench 시뮬레이션 결과를 실제 회로에서 확인한다.

3 실험 준비사항

① 실험용 장비 본체

② 디지털 멀티미터

③ 오실로스코프

④ Webench 모듈

4 실험 주의사항

① LED의 빛을 주시하지 않는다.

② 보드를 임의로 분리 조립하지 않는다.

③ 보드의 소자를 분리 조립 튜닝하지 않는다.

④ 보드의 홀사이로 이물질이 들어가지 않도록 한다.

⑤ 오실로스코프의 그라운드 단자는 GND에만 연결한다.

5 실험 관련 이론

1) National Semiconductor사의 Webench

National Semiconductor사의 온라인 설계 툴인 Webench를 개발했다. Webench는 기기 선택에서부터 디자인 및 회로 생성, 분석, 제작단계를 안내해주고 최종 제작단계에서는 재료 샘플링 등 완전한 제품 키트까지 주문할 수 있도록 해준다.

온라인 대화형 설계 솔루션인 Webench 툴 세트는 전원공급 디자인, OP-AMP 회로 디자인, 오디오 앰프 회로 디자인, PLL(Phase Locked Loop) 회로 디자인 및 능동 필터 디자인 등에 사용할 수 있다.

최근에 선보인 Webench 툴인 능동 필터 디자이너(Active Filter Designer)는 하나 이상의 OP-AMP 앰프를 사용하는 높은 수준의 필터를 위한 툴로서, 정확한 다중 주문형과 고정밀 로우 패스, 하이 패스, 밴드 패스, 밴드 스톱 필터 등을 손쉽게 생성할 수 있다.

특히 Webench 4.0 툴은 벤치 데이터와의 상관관계를 통해 설계를 미세하게 조정하여 정확성을 보장하는 정확한 시뮬레이션 기능, 마우스 클릭 한번으로 여러 시뮬레이션 테스트를 전체 솔루션에 실시할 수 있는 복사 기능, 영어를 일본어, 한국어, 중국어로 번역해주는 다중 언어 기능을 지원하는 장점이 있으며, 보다 빠르고 쉽게 설계하기 위해 산업 표준인 SPICE 시뮬레이션을 사용하고 있다.

2) 시뮬레이션

시뮬레이션이란 복잡한 문제를 해석하기 위하여 모델에 의한 실험 또는 사회현상 등을 해결하는 데서 실제와 비슷한 상태를 수식 등으로 만들어 모의적(模擬的)으로 연산을 되풀이하여 그 특성을 파악하는 일이다. 즉 실제 또는 가상의 동적 시스템 모형을 컴퓨터를 사용하여 연구하는 것을 말하며 모의실험 또는 모사(模寫)라고도 한다.

물리적 모형을 써서 하는 실험으로서 예로부터 유명한 것은 풍동(風洞)을 써서 항공기의 비행 중 상태를 조사하거나, 물탱크 안에서 배의 항행중 상태를 조사하거나 하는 것 등이 있다. 오늘날은 자동차 운전자의 훈련용 운전석 모형, 비행기 조종사 훈련용의 콕피트(cock-pit) 모형, 우주비행사 훈련용 캡슐 모형 등의 시뮬레이터가 많이 개발되어 안전 운행을 위해 중요한 구실을 하고 있다.

6 실험 절차

1. NS사의 Webench에 접속(http://www.national.com/analog)

   LED 메뉴에서 전원을 선택한다. 이번 실험에서는 Min 5V / Max 5V로 선택한다.

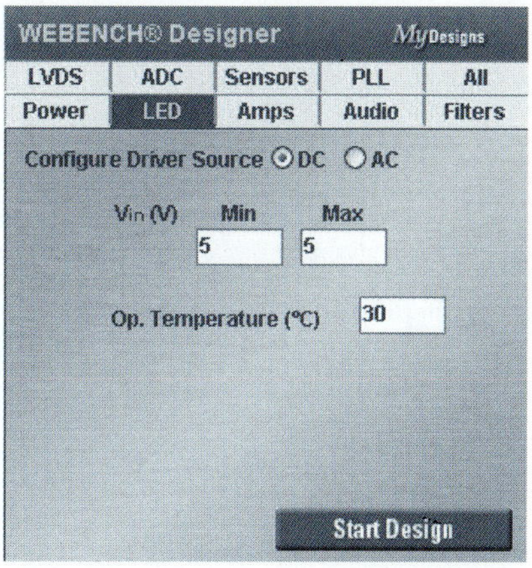

2. LED 선택

   밝기 / 색상 / 소모전류 등을 고려해서 LED를 선택한다. 이번 실험에서는 화이트 LED / 전류 350mA(W42180-T)를 선택한다.

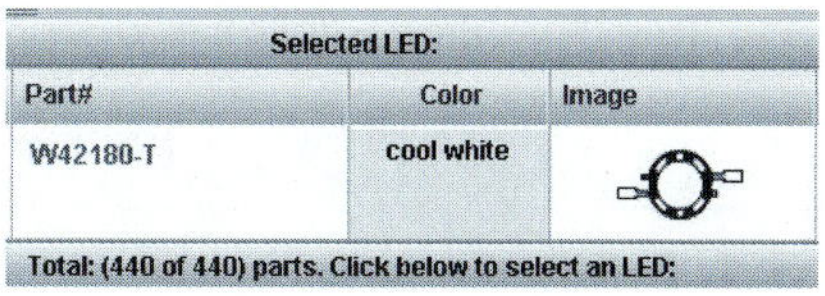

3. Driver IC 선택

   드라이브 방식 / 정격전류 등을 고려하여 Drive IC를 선택한다. 이번 실험에서는 LM3401의 Start Design을 클릭한다.

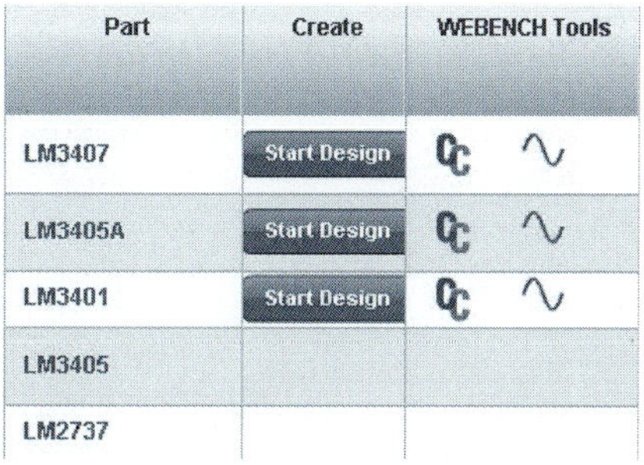

4. 회로 확인

회로도 / 부품 리스트 / 효율 등을 확인한다. 회로도를 클릭한다.

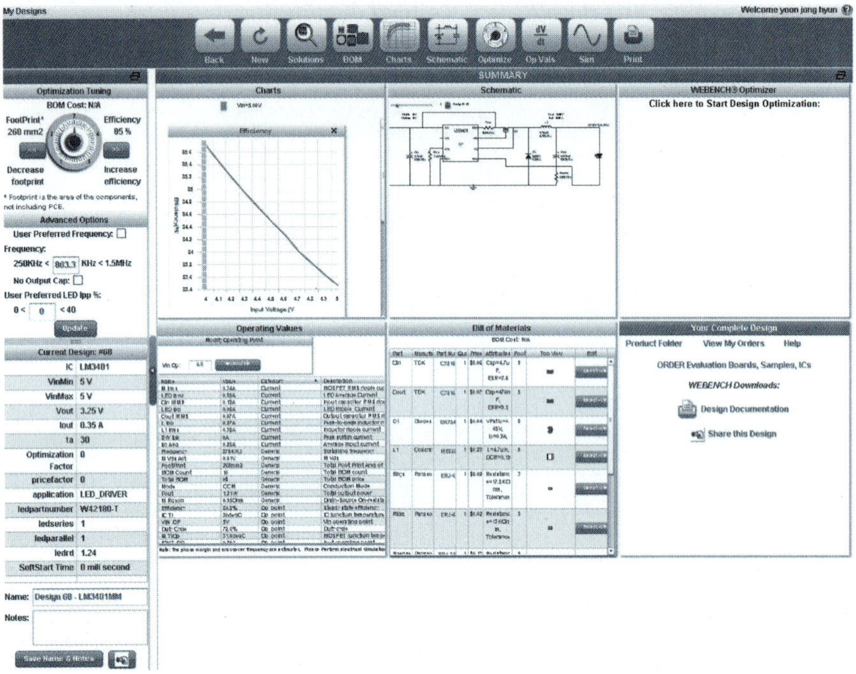

5. 시뮬레이션은 우측 상단의 Run Simulation 아이콘을 클릭한다.

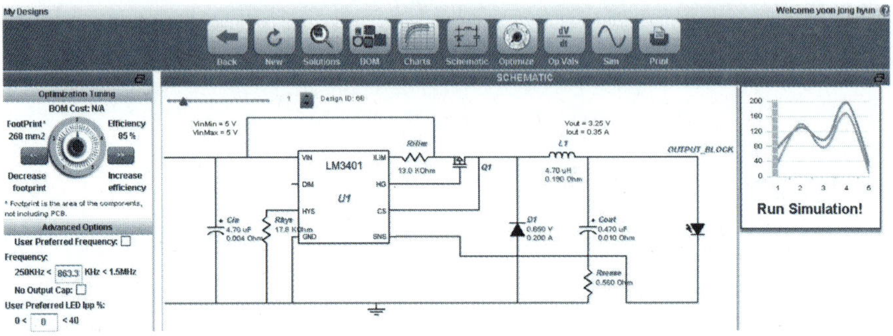

6. Steady 시뮬레이션 타입을 Steady로 선택 후 시뮬레이션을 클릭한다.

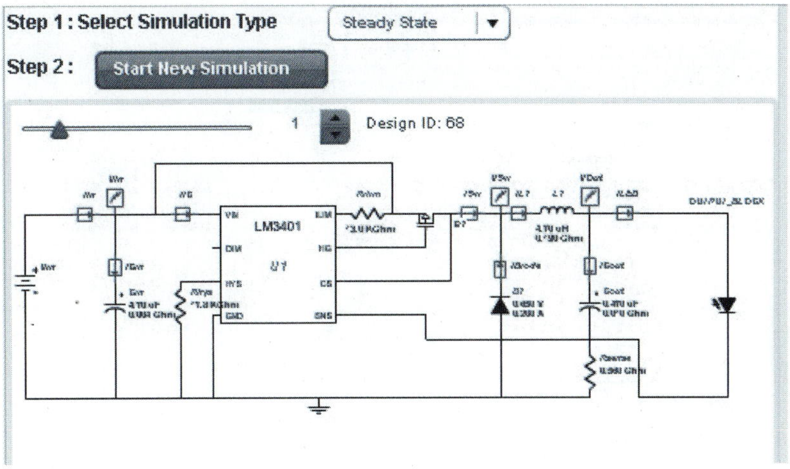

7. 하단의 목록을 클릭하여 파형을 선택한다.

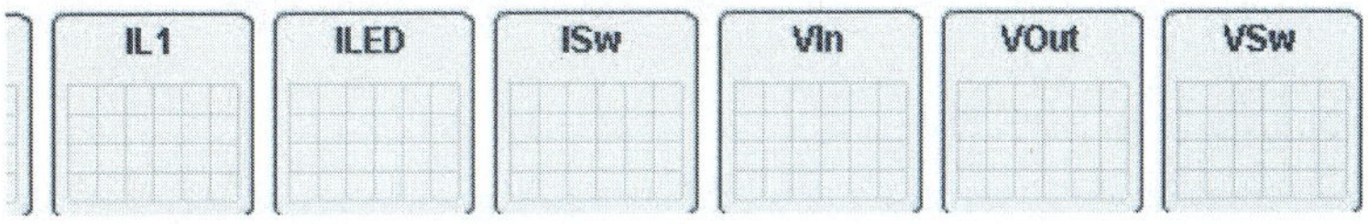

8. Steady Vin 파형을 확인한다.

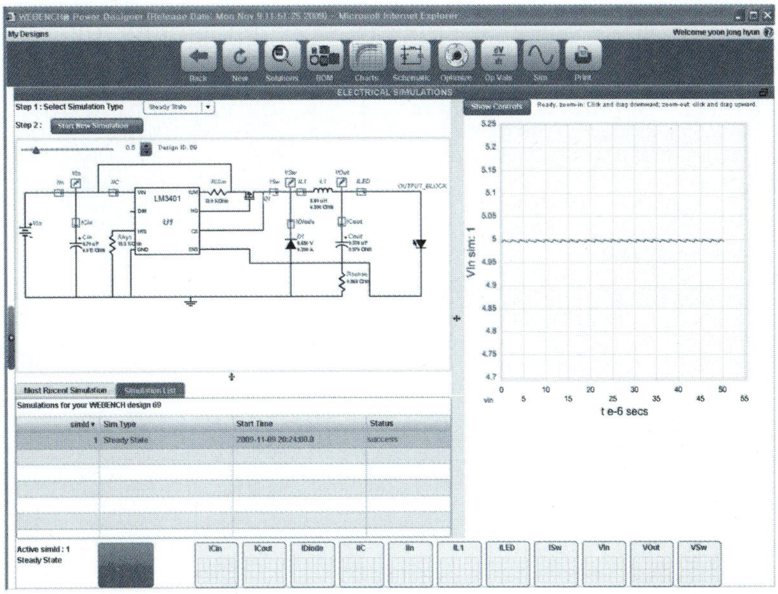

9. Steady VSw 파형을 확인한다.

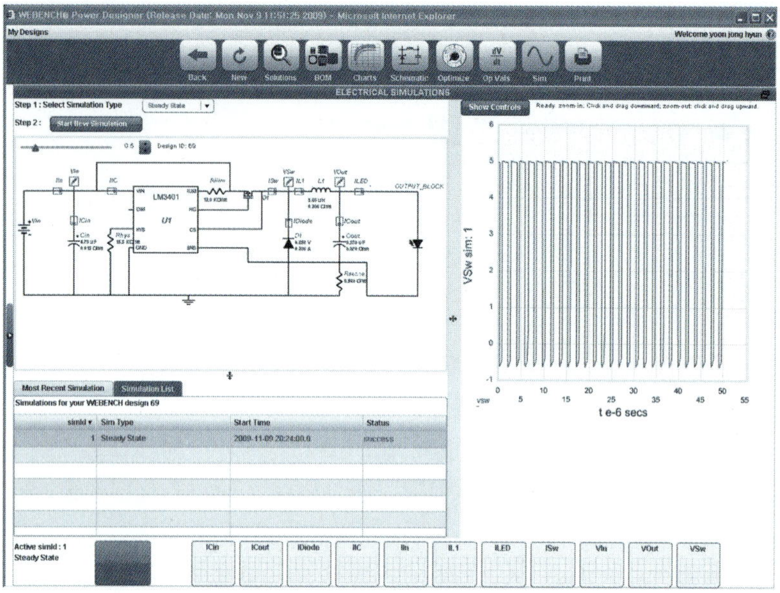

10. Steady VOut 파형을 확인한다.

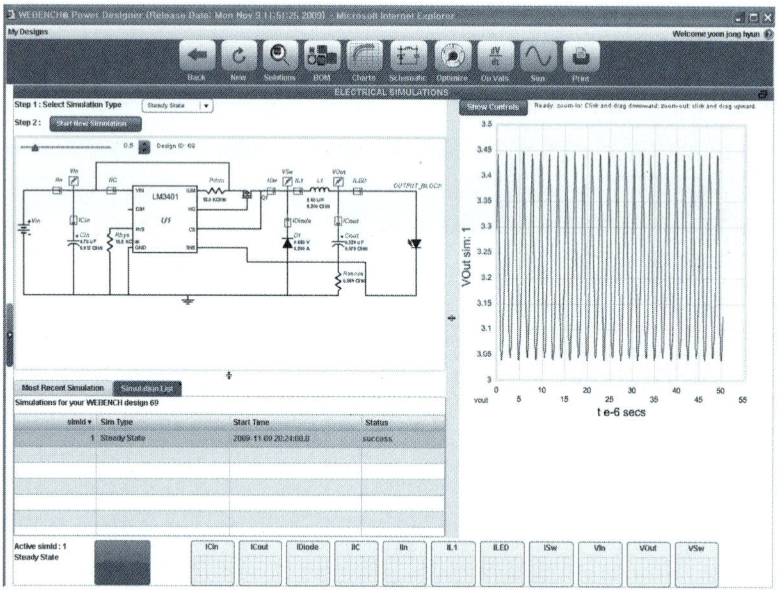

11. PWM 시뮬레이션

- 시뮬레이션 타입을 PWM으로 선택하고 시뮬레이션을 클릭한다.

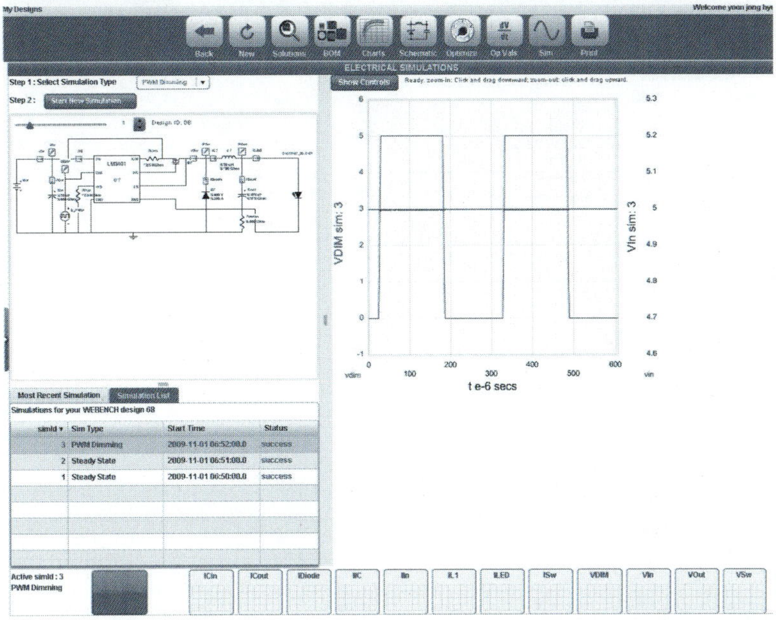

12. PWM Vin 파형을 확인한다.

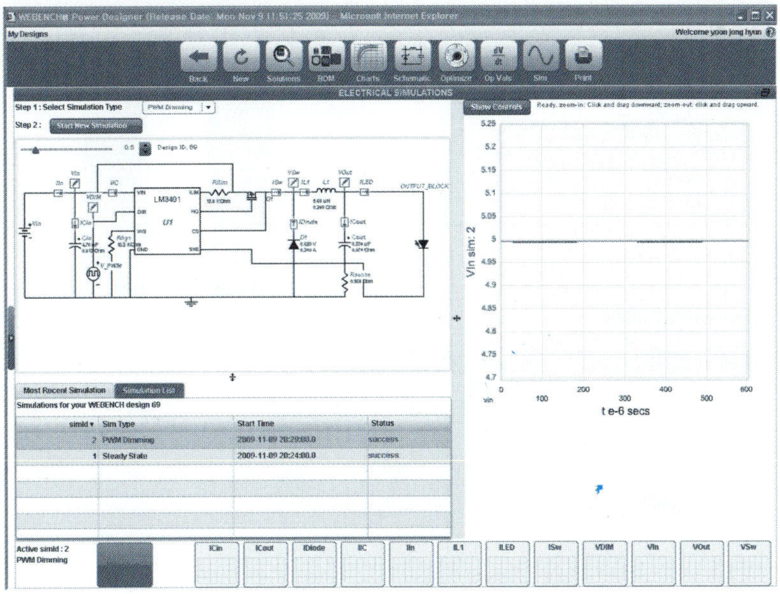

13. PWM VDIM 파형을 확인한다.

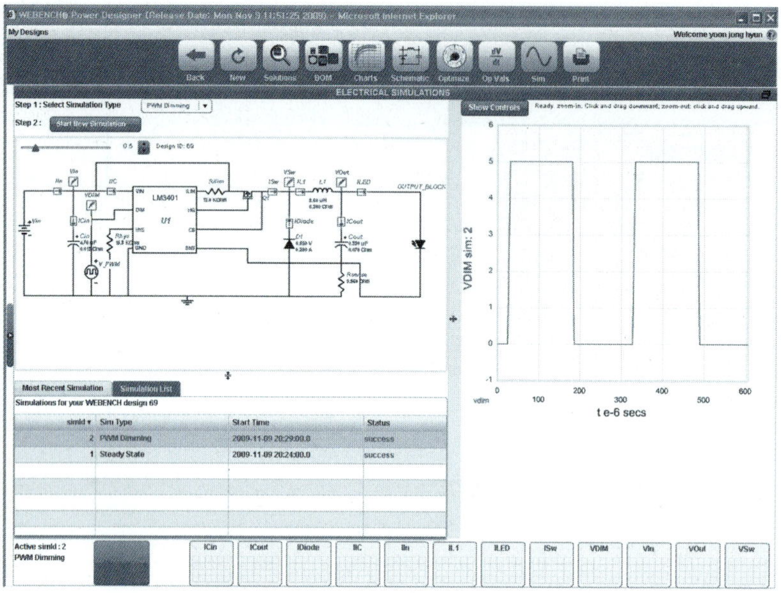

14. PWM VSw 파형을 확인한다.

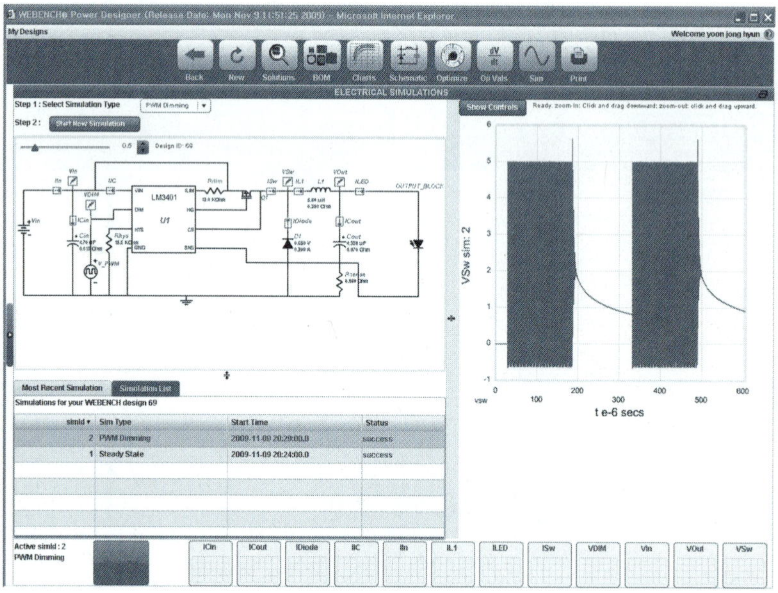

15. PWM VOut 파형을 확인한다.

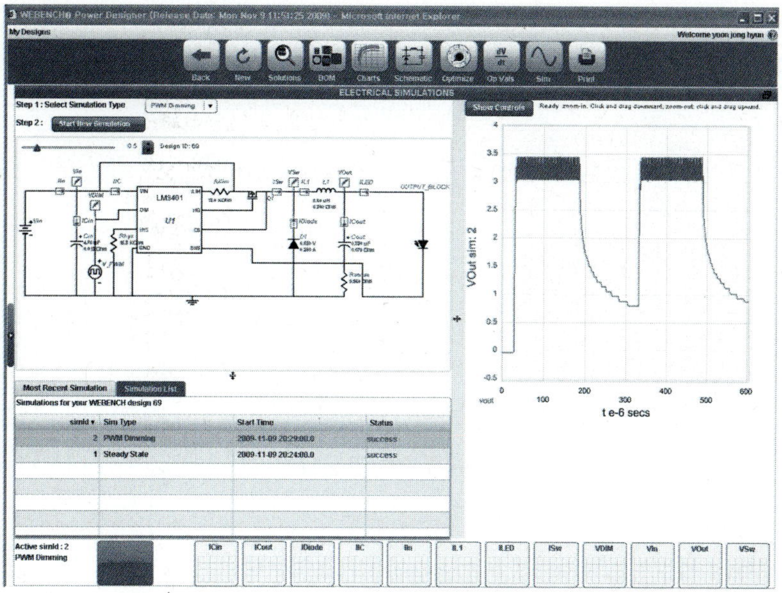

16. Main 전원을 켠다.

17. 모듈의 전원을 켠다.

18. Steady Vin 파형을 확인한다.

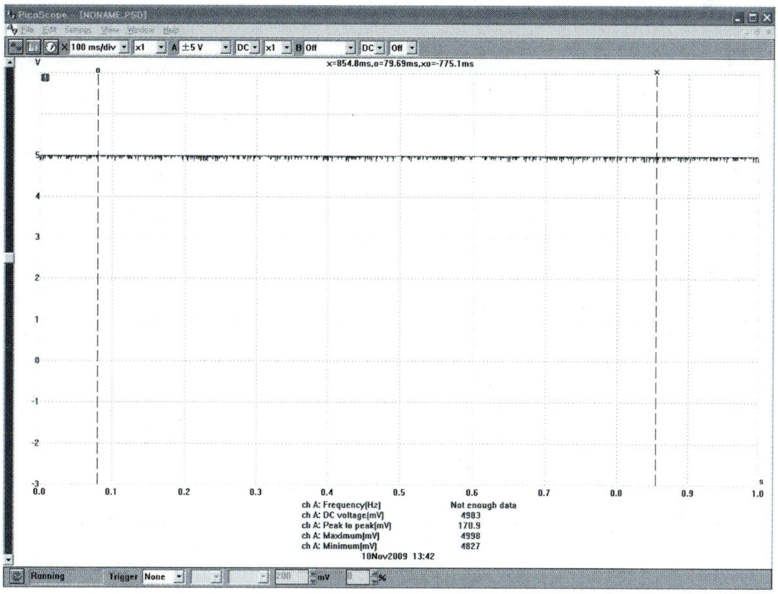

19. NS Webench의 파형과 전압 레벨과 노이즈 레벨을 비교하여 차이점을 기술한다.

20. Steady VSw 파형을 확인한다.

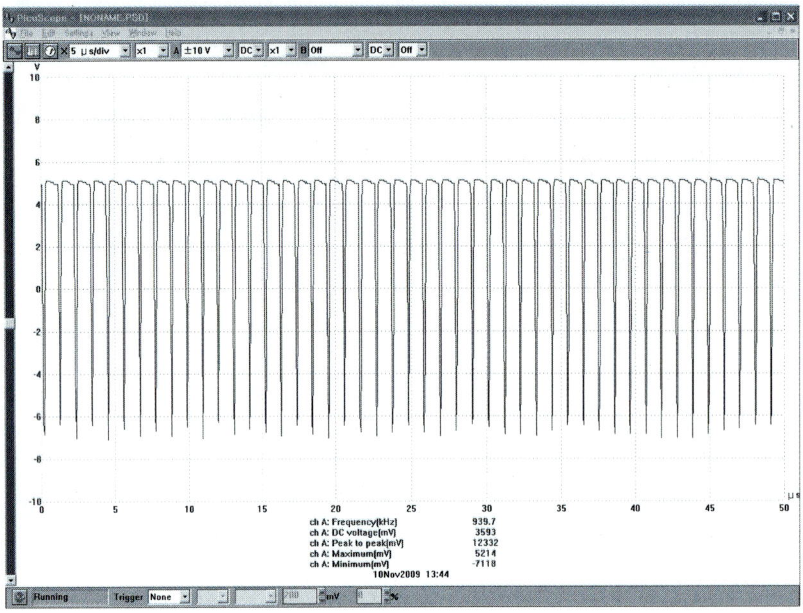

21. NS Webench의 파형과 전압레벨과 스위칭 주파수을 비교하여 차이점을 기술한다.

22. Steady VOut 파형을 확인한다.

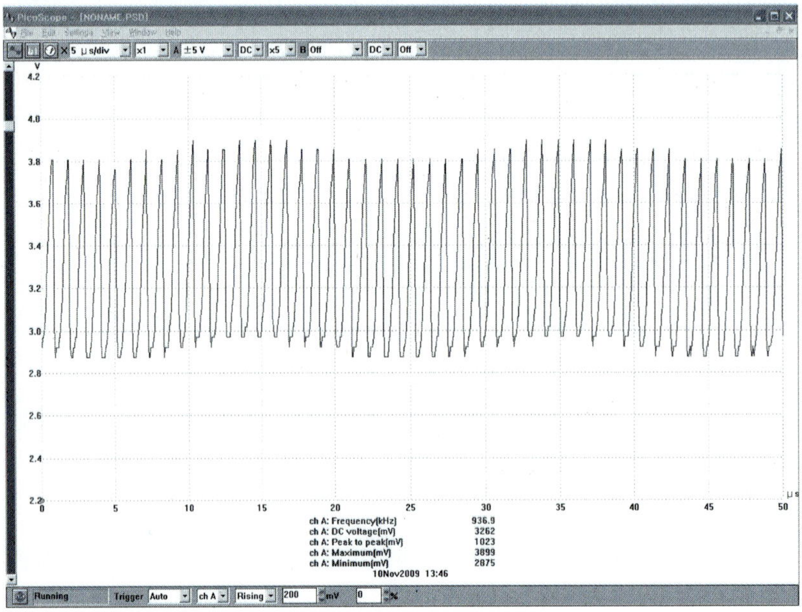

23. NS Webench의 파형과 전압 레벨과 파형 모양을 비교하여 차이점을 기술한다.

24. PWM Vin 파형을 확인한다.

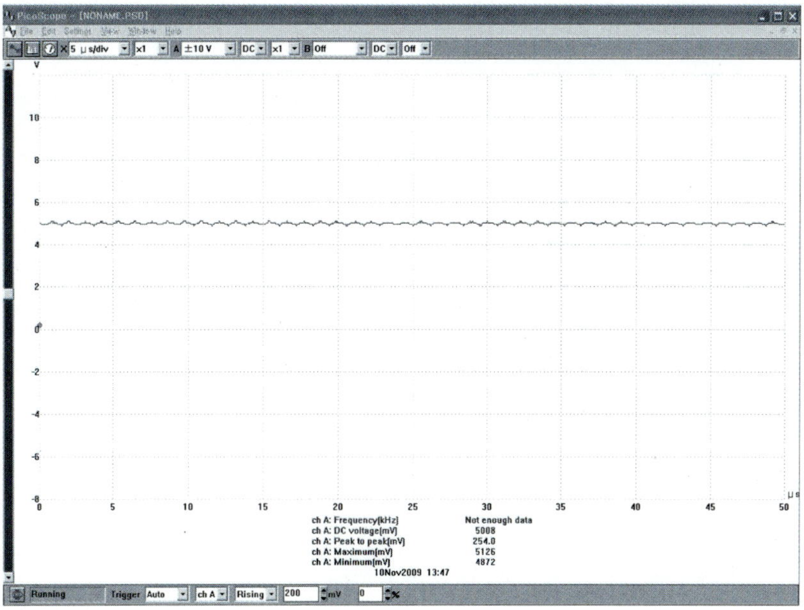

25. NS Webench의 파형과 전압 레벨과 노이즈 레벨을 비교하여 차이점을 기술한다.

26. PWM VDIM 파형을 확인한다.

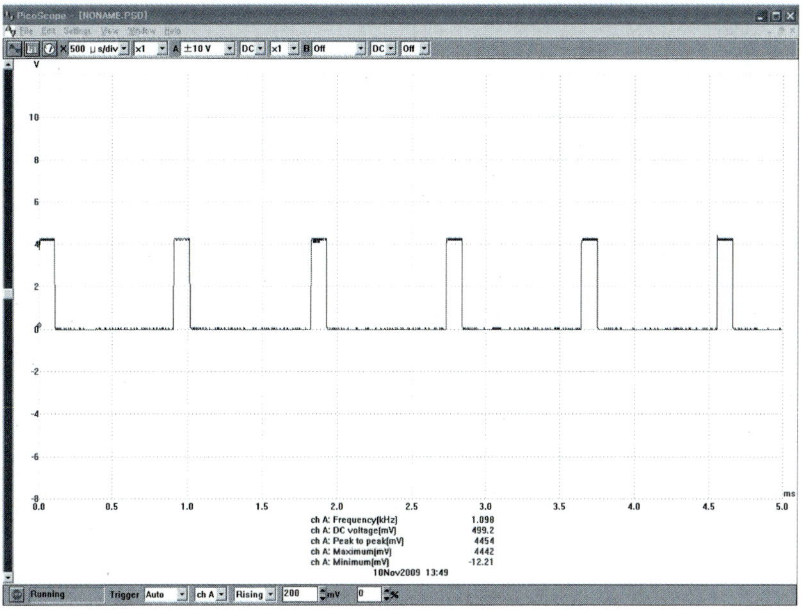

27. NS Webench의 파형과 전압 레벨(Low / High 구분), PWM Duty, PWM 주파수를 비교하여 차이점을 기술한다.

28. PWM VSw 파형을 확인한다.

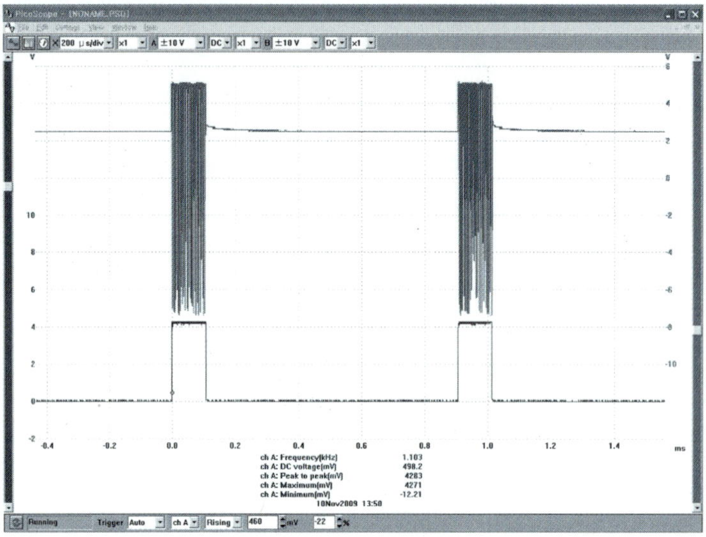

29. NS Webench의 파형과 전압 레벨과 스위칭 주파수를 비교하여 차이점을 기술한다.

30. PWM VOut 파형을 확인한다.

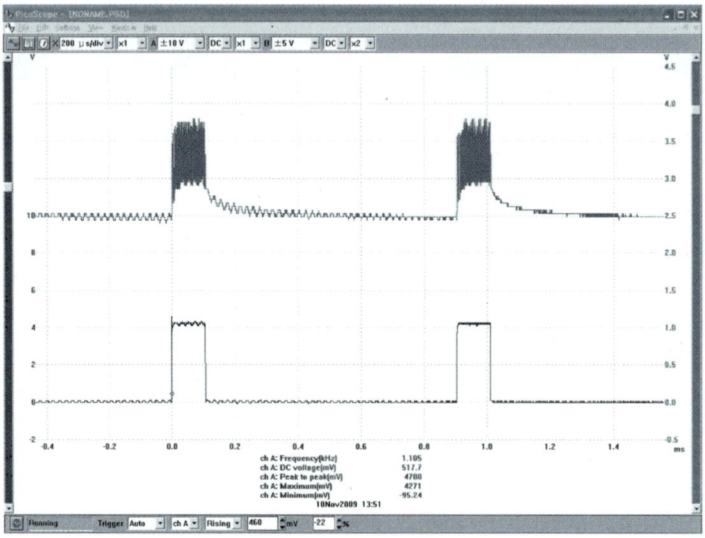

31. NS Webench의 파형과 전압 레벨, Rising time, Falling time을 비교하여 차이점을 기술한다.

12장 AC LED 구동

1 실험 제목 : AC Dimming을 이용한 AC LED 구동

2 실험 목적

① AC Dimming을 이해한다.

3 실험 준비사항

① 실험용 장비 본체
② 디지털 멀티미터
③ 오실로스코프
④ AC LED 모듈

4 실험 주의사항

① LED의 빛을 주시하지 않는다.
② 보드를 임의로 분리 조립하지 않는다.
③ 보드의 소자를 분리 조립 튜닝하지 않는다.
④ 보드의 홀사이로 이물질이 들어가지 않도록 한다.
⑤ 오실로스코프의 그라운드 단자는 GND에만 연결한다.

5 실험 관련 이론

교류전원용 LED(AC LED)는 여러 개의 소형 발광 셀을 단일 칩에 모아 수십 개의 LED에 버금가는 밝기를 구현한 것으로, LED 소자를 쌍방향으로 배열해 일반 AC 전원에서도 작동할 수 있는 제품이다. PC나 TV 등 대부분의 전자제품이 교류/직류(AC/DC) 변환기를 써야 하는 반면 AC LED를 이용하면 변환기 없이 일반 전원에서 곧바로 사용할 수 있어 기존 건축물의 조명기기에도 그대로 활용할 수 있다. 또한 변환기가 필요없어 에너지 효율이 높고 DC LED 대비 1W 기준으로 생산, 판매가격을 크게 낮출 수 있다.

1) 조광기의 이해

여러분은 가정에서 전구의 명도를 연속적으로 조절할 수 있는 조광기를 본 적이 있을 것이다. 전구는 주어진 전력에 비례하는 명도를 방치해두므로 전력이 적으면 명도가 흐려지고 전력이 커지면 명도도 높아진다. 이는 상용전원인 AC 220V과 위상을 동기시킨 PWM 방식으로 제어하기 때문에 가능한 것이다.

[그림 12-1] 조광기

2) AC dimming test

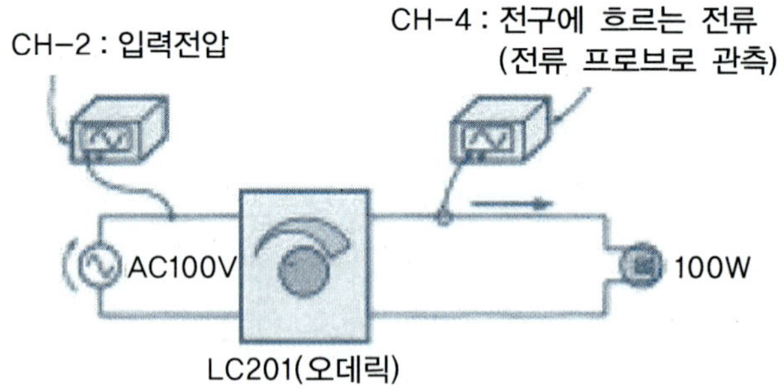

[그림 12-2] AC dimming test

- 조광기의 볼륨을 20%로 하여 측정한 전구에 흐르는 전류이다. 전류가 흐르는 기간이 매우 짧아 전구는 어둡게 점등하고 있다.

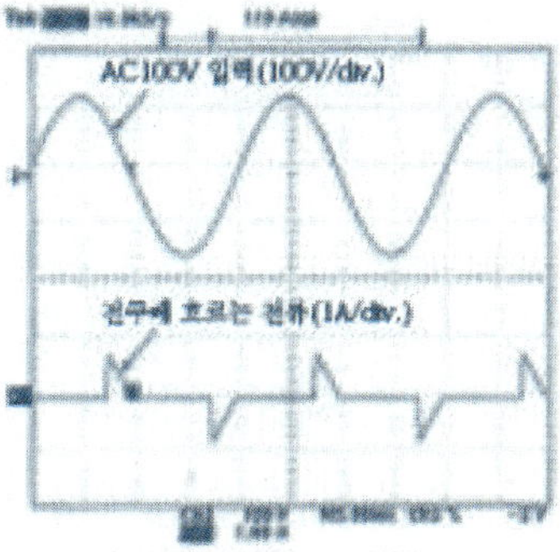

• 조광기의 볼륨을 50%로 하여 측정한 전구에 흐르는 전류이다.

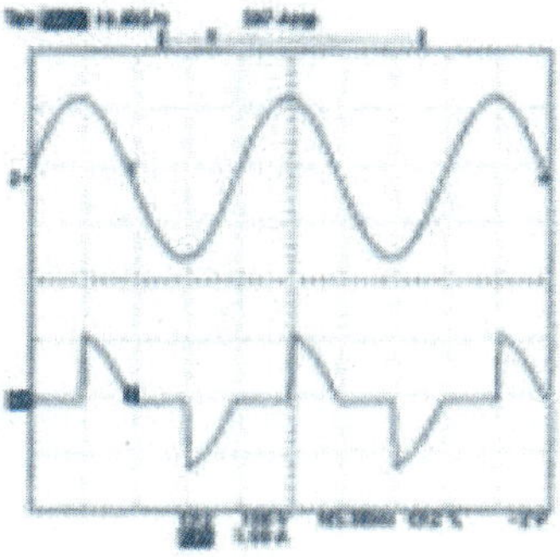

• 조광기의 볼륨을 80%로 하여 측정한 전구에 흐르는 전류이다.

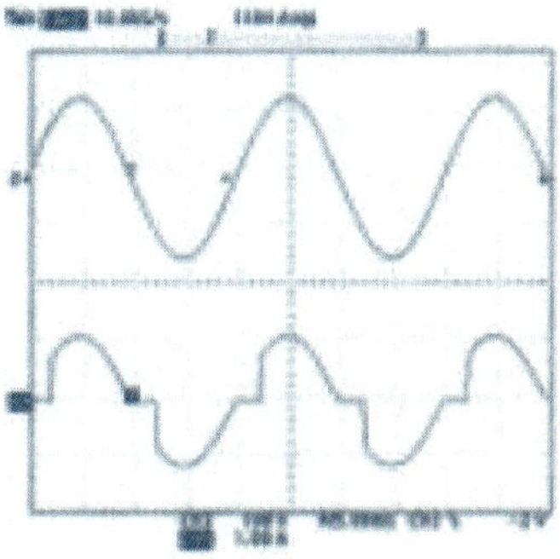

볼륨을 높여 가면 전류가 흐르는 기간이 커져 정현파에 근접해 간다는 것을 알 수 있다. 이때 전구는 밝게 점등한다.

3) Triac을 이용한 PWM 제어의 장점

전력 낭비 없이 부하에 전달할 수 있는 것이 가장 큰 장점이다.

(1) 부하를 이용한 조광 제어

그렇지만 저항 R을 만져보면 매우 뜨거워지고 있다. 이를 계산하면 $Watt = i^2R = 0.8^2 \times 25 = 16W$이 된다. 저항에서는 모든 에너지 소비를 열로 하기 때문에 굉장히 많은 열을 방열시켜야 하고 이는 기구적으로 또 다른 장치가 필요해진다.

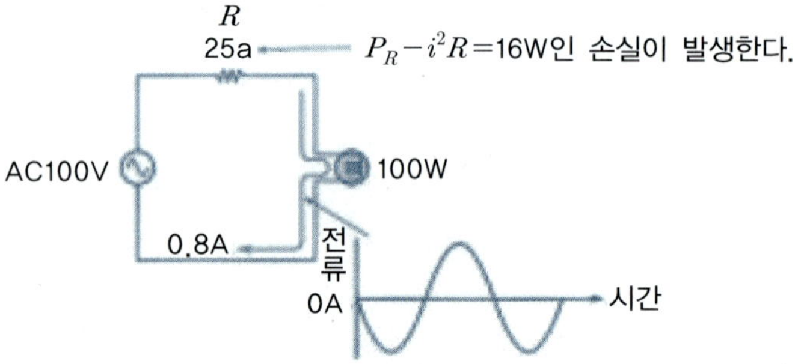

[그림 12-3] 부하를 이용한 조광 제어

(2) Triac을 이용한 PWM 제어

Triac을 이용한 PWM 제어는 On / Off를 이용한 제어이기 때문에 On일 경우는 전류가 흐르고 Off일 경우에는 전류가 흐르지 않는다. 이는 소비되는 모든 전류는 램프의 구동에만 사용되어지는 것이기 때문에 효율을 높일 수 있으며 부하를 이용한 제어에서 발생하는 고온의 열이 발생하지 않기 때문에 기구적으로 고려할 사항이 적어진다.

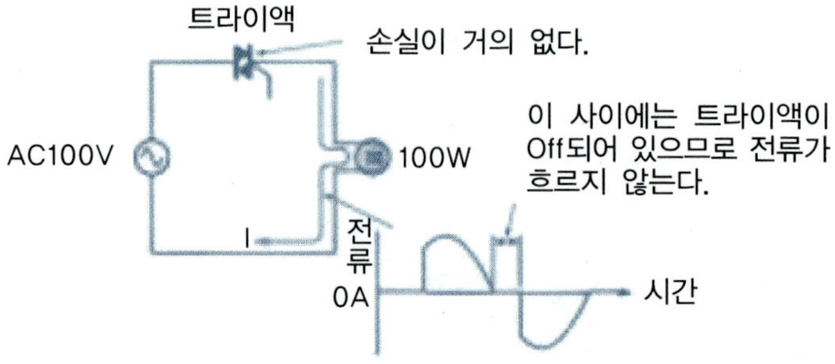

[그림 12-4] Triac을 이용한 PWM 제어

6 실험 절차

• TP1 : 60Hz, AC 12V Source 파형

구분	정 의	설 명
TP1	120Hz의 반파 파형	60Hz 전파정류 결과
TP2	120Hz 트리거 파형	PWM 주기 시작 결정
TP3	PWM 파형	컨트롤 파형
TP4	PWM에 의한 AC의 Dimming 파형	구동 파형(실제 구동은 220V로 구동되기 때문에 보드 아래로 숨기고 copy한 파형)
TP5	60Hz AC 12V Source 파형	소스 파형

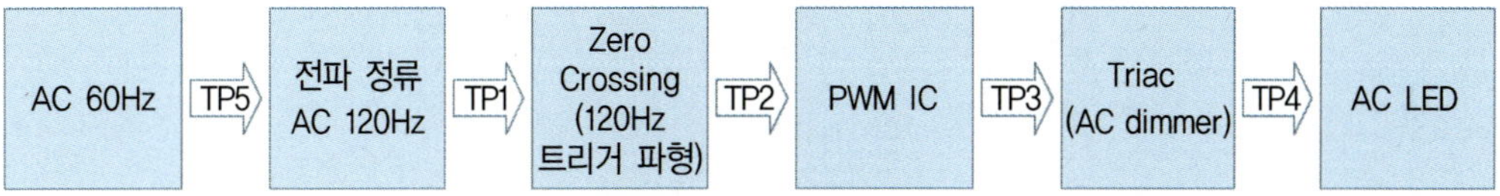

[그림 12-5] 실험 절차

1. 장비의 Main 전원을 켠다.
2. 모듈의 전원을 켠다.
3. 다이얼을 최대한 오른쪽으로 돌린다.
4. TP5의 파형을 확인한다.
   실제 LED의 구동은 AC 220V로 구동되나 실험을 용이하기 위해서 AC 12V의 회로로 실험을 진행한다.

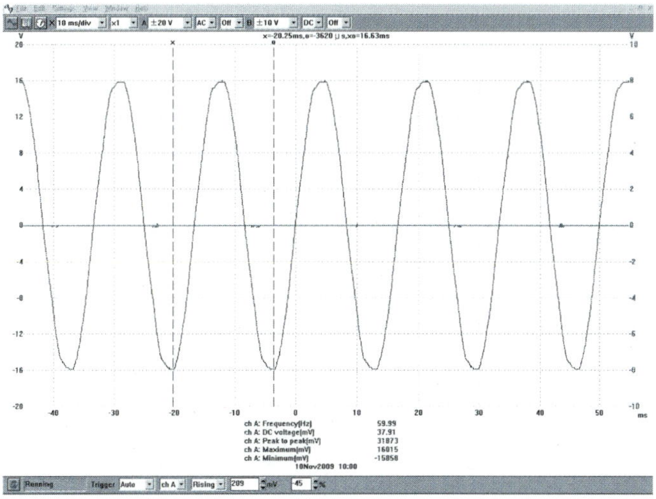

5. TP1의 파형을 캡처하여 전파정류 파형을 확인한다.

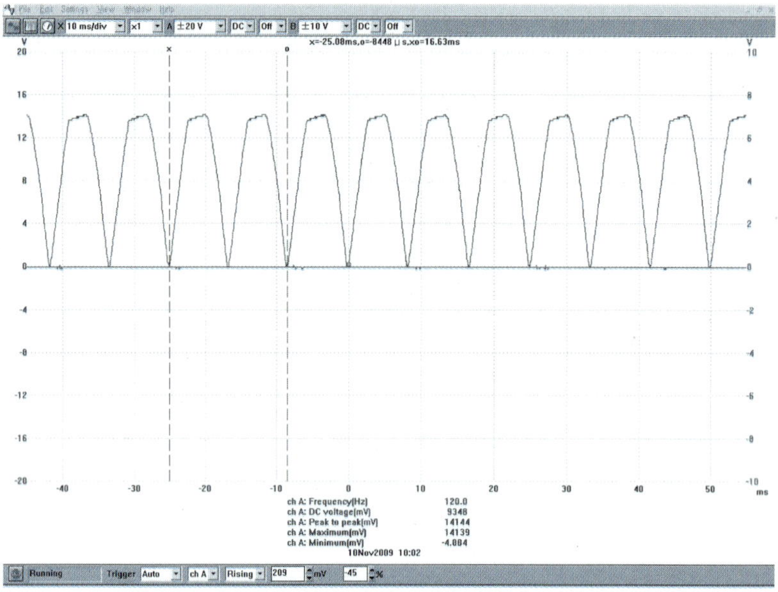

6. TP5와 TP2의 파형을 캡처하여 제로크로싱(Zero Crossing) 동기 파형을 확인한다.

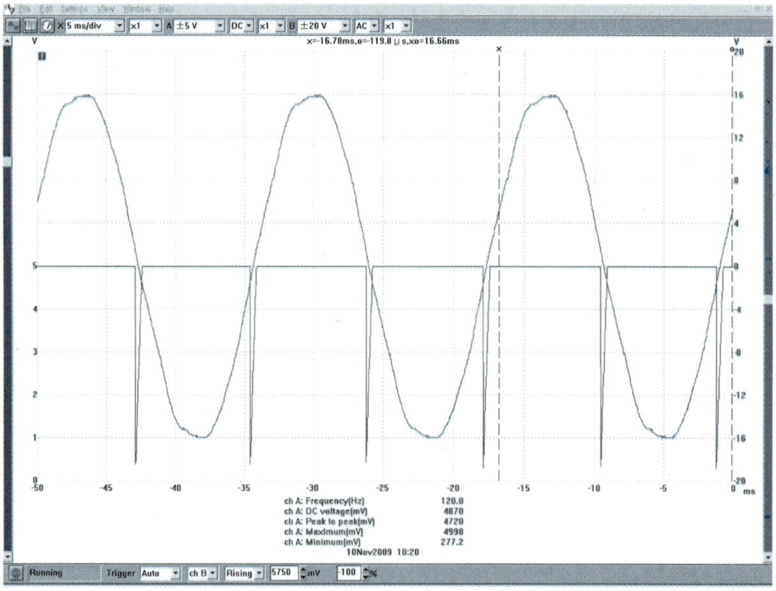

7. 다이얼을 최대한 왼쪽으로 돌려서 TP3의 파형을 캡처하여 PWM 파형을 확인한다. TP4의 파형을 캡처하여 AC dimming 파형을 확인한다.

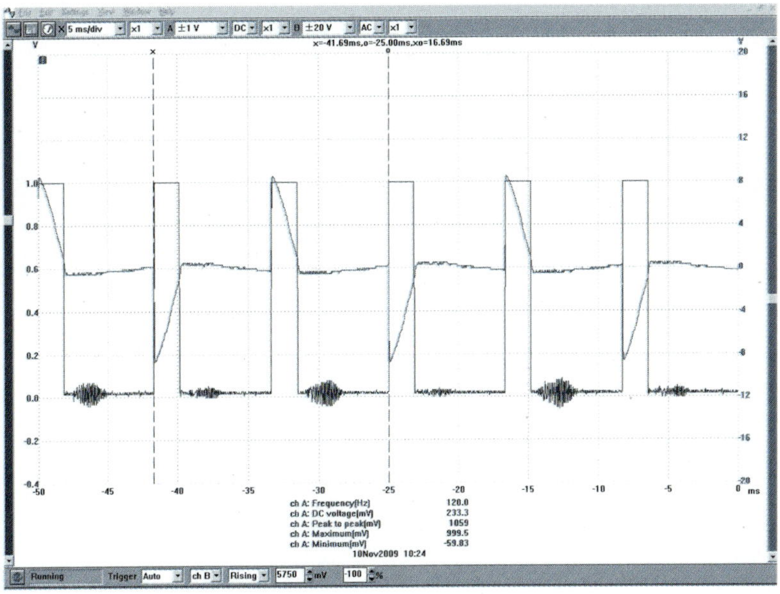

8. 다이얼을 1/4 오른쪽으로 돌려서 TP3의 파형을 캡처하여 PWM 파형을 확인한다. TP4의 파형을 캡처하여 AC dimming 파형을 확인한다.

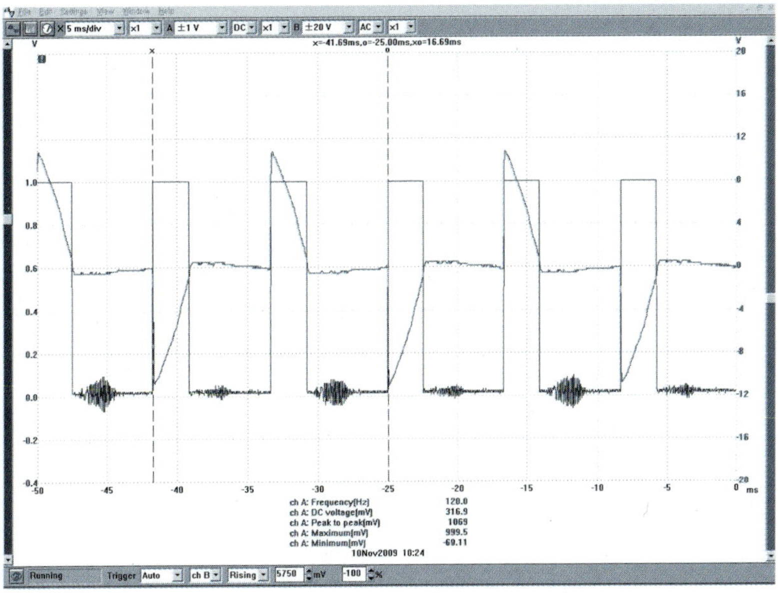

9. 다이얼을 2/4 오른쪽으로 돌려서 TP3의 파형을 캡처하여 PWM 파형을 확인한다. TP4의 파형을 캡처하여 AC dimming 파형을 확인한다.

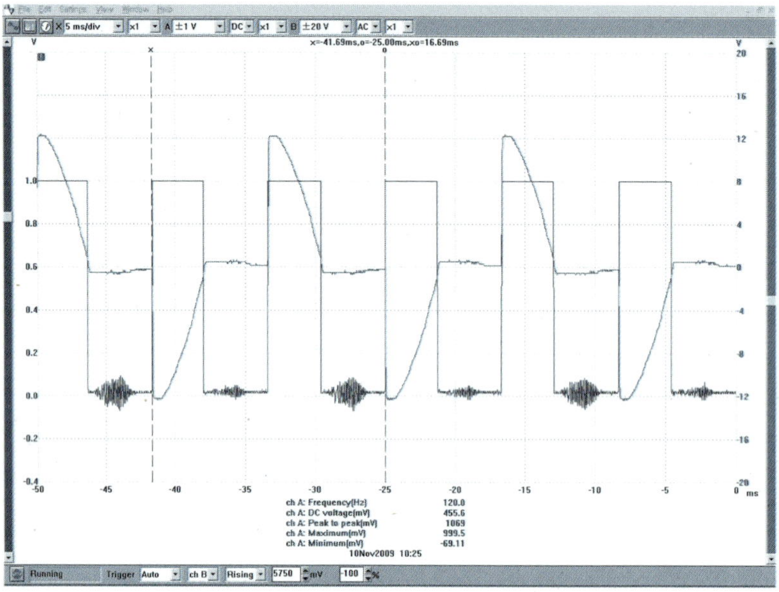

10. 다이얼을 3/4 오른쪽으로 돌려서 TP3의 파형을 캡처하여 PWM 파형을 확인한다. TP4의 파형을 캡처하여 AC dimming 파형을 확인한다.

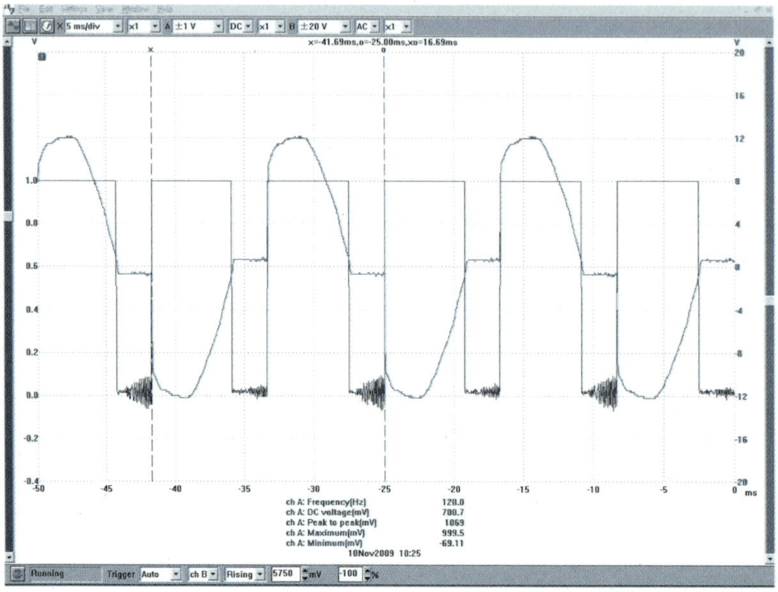

11. 다이얼을 4/4 오른쪽으로 돌려서 TP3의 파형을 캡처하여 PWM 파형을 확인한다. TP4의 파형을 캡처하여 AC dimming 파형을 확인한다.

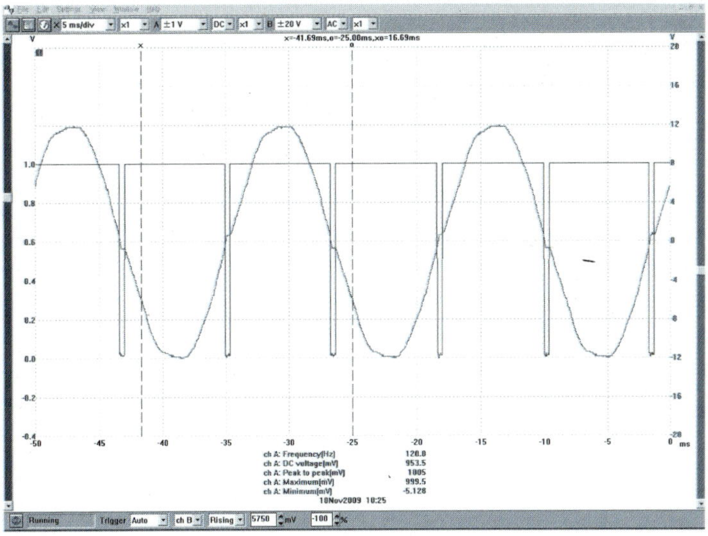

12. DC dimming과 AC Dimming의 장·단점 및 차이점을 기술한다.

3장 VLC(가시광통신)

1 실험 제목 : VLC

2 실험 목적

① VLC(Visual Light Communition)의 원리를 이해한다.

② PWM 변조와 복조를 이해한다.

③ RS-232 통신의 데이터를 이해한다.

3 실험 준비사항

① 실험용 장비 본체

② 디지털 멀티미터

③ VLC 모듈

4 실험 주의사항

① LED의 빛을 주시하지 않는다.

② 보드를 임의로 분리 조립하지 않는다.

③ 보드의 소자를 분리 조립 튜닝하지 않는다.

④ 보드의 홀사이로 이물질이 들어가지 않도록 한다.

⑤ 오실로스코프의 그라운드 단자는 GND에만 연결한다.

5 실험 관련 이론

1) VLC(가시광통신)

사람이 감지하지 못하도록 LED를 고속으로 On / Off하여 데이터를 송수신하는 기술이다.

발광다이오드(LED)를 이용해 기존 조명이나 표시 등의 용도는 그대로 수행하면서 고속의 통신이 가능하도록 결합한 차세대 통신기술이다.

VLC(Visual Light Communication)로 지칭하며 가시광 송수신 기술, 가시광 L2 MAC 기술, 가시광 응용 프로토콜 기술, 가시광 응용 모델 적용기술, 가시광 적용 플랫폼 기술 등으로 구성된다. 가시광을 이용한 기존의 산업 인프라를 그대로 이용해 어디서나 다양한 서비스를 제공할 수 있다.

조명용 발광다이오드 이용시 국소지역에 국한된 서비스를 제공함으로써 보안성을 높일 수 있다. 또한 기존 네트워크 기술과의 연동이 용이한 것도 장점이다. 조명산업과의 연계를 통해 통신뿐만 아니라 기존의 조명, 디스플레이, 휴대기기, 복지, 정보서비스 등의 분야에서 새로운 가치를 창출할 수 있다. 이에 따라 파급효과가 큰 차세대 전략산업 기술로 기대되고 있다. 무선혼잡을 피하거나 무선을 사용할 수 없는 병원, 항공기, 친환경 통신 등의 지역에서 활용할 수 있다.

또한 LED 조명 또는 디스플레이 인프라를 활용하는 통신 네트워크를 통해 쇼핑몰, 공항 또는 역사 내 출발도착 등에 관한 정보를 제공할 수 있다. 아울러 창고 내 위치 및 실내 로봇 위치 등의 정보를 제공하는게 가능하다. 이 밖에 고속 단말기간 데이터 통신인 'OPAN(Optical PAN)'에 활용할 수 있으며 교통정보 제공, 차량간 충돌방지 등 지능형교통시스템(ITS)에 응용하는 것도 가능하다.

KOPTI(한국광기술원)는 지난 2005년부터 산업자원부 신기술 실용화 개발사업의 일환으로 백색 LED를 이용한 100Mbps 전송 기술개발을 추진해 왔다. 또한 ETRI(한국전자통신연구원)는 내년부터 정통부 중장기 정책사업의 일환으로 가시광통신 원천기술과 소자 및 모듈기술, 응용시스템 기술에 연구·개발을 중장기 과제로 추진할 방침이다.

삼성전자는 휴대단말기 및 멀티미디어 기기 간의 근거리통신 분야와 옥내·옥외 LED 전광판 및 상업용 LED 조명을 이용한 정보방송 분야, 실내외 LED 조명을 이용한 근거리 LAN 분야에서 가시광통신 기술의 연구·개발을 추진중이다. 이 밖에 한국고덴시는 지난해 10Mbps급의 점 대 점(Point-to-point) 가시광통신 모듈을 제작하고 성공적으로 시험을 마친 바 있다.

미국 펜실베니아 주립대에서는 전력선 통신과 결합된 가시광통신 시스템을 제안하고 시뮬레이션을 통해 1Gbps에 이르는 광대역폭 전송시험에 성공했다. 유럽연합에서는 백색 LED 조명을 이용한 가시광통신의 전송대역폭 향상을 위해 다양한 기술들에 대한 연구개발을 추진하고 있다.

일본은 총무성의 지원하에 2003년부터 관련된 산학연 단체들이 VLCC(Visible Light Communication Consortium) 단체를 구성했다. VLCC를 중심으로 조명용 LED의 가시광통신 적용 방안과 가시광통신의 실생활 응용 방안을 개발하고 있다. 아울러 국내 표준안 제정을 위해 단체 표준안 수립을 단계적으로 추진하고 있다.

가시광 무선통신을 활용함으로써 허가 주파수와 비허가 ISM(Industrial Science Medical) 주파수 외에 가용한 주파수 대역을 개발하는 효과를 얻을 수 있다. 개발된 주파수 대역에서 통신을 하려면 송신과 수신간에 상호 규약이 있어야 하므로 이를 위한 표준 프로토콜을 필요로 하게 된다.

사회적으로는 조명과 통신을 융합해 언제, 어디서나 통신을 할 수 있게 하는 환경을 조성하는게 중요하다. 이를 위해서도 가시광 무선통신 표준 기술이 필요하다.

문화적 측면에서도 언제, 어디서나 조명이 있는 곳에서 통신할 수 있게 됨으로써 많은 혜택을 누릴 수 있다. 이를 위해 센서 정보, 물체식별정보, 측위에 의한 LBS(Location Based Service) 위치정보, 머신 투 머신(Machine to Machine) 정보이동 등에 대한 표준 기술제정이 필요하다.

경제적으로는 현재 D램 반도체 시장규모인 300억 달러의 조명시장 인프라를 활용할 수 있어 유리하다. 이를 통해 연 1조 6000억 원의 전력을 절감할 수 있다. 시장 측면에서 1조 9000억 원의 가시광 무선통신 시장을 열 수 있도록 표준 기술정립이 필요하다.

2) PWM 변조

펄스를 방형파라고 생각하면 펄스에는 높이와 목이 있다. 펄스의 목을 음성전류 등으로 변화시키면 펄스폭 변조방식이 되며 PWM이라 부른다.

[그림 13-1]에서 보는 바와 같이 펄스폭 변조를 하기 위해서는 삼각파(캐리어)와 소스 신호(지시신호)가 필요하다. 이 두 신호를 비교기로 동작시키면 소스 신호의 크기에 따라서 한 주파수 내의 폭이 결정된다. 캐리어보다 소스 신호가 작아야만 동작이 가능하다. [그림 13-2]는 PWM 변조 후의 결과 파형을 나타낸다.

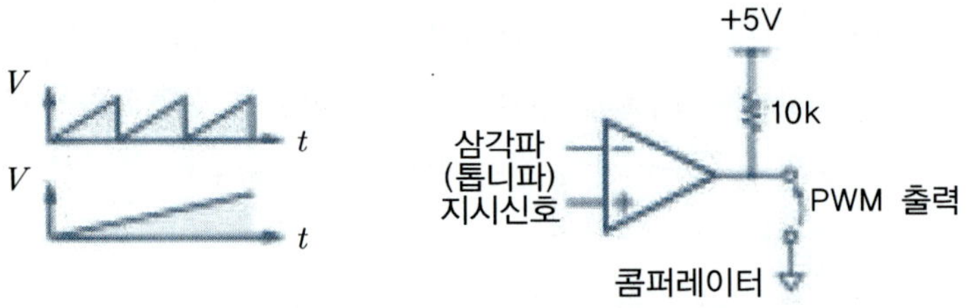

[그림 13-1] PWM 변조

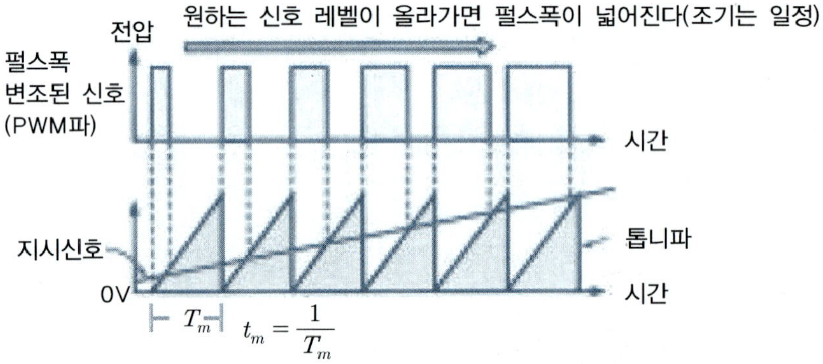

[그림 13-2] PWM 변조 후의 결과 파형

3) PWM 복조

PWM의 복조는 일반적으로 LPF(Low Pass Filter)를 이용한다. 이는 PWM 변조가 신호의 높이를 같은 주파수 내의 넓이로 신호를 변조한 것이기 때문에 이를 적분 즉 평준화하면 소스 신호의 파형을 얻을 수 있는 것이다.

[그림 13-3]과 [그림 13-4]는 RC filter, LC filter을 이용한 복조를 나타낸다.

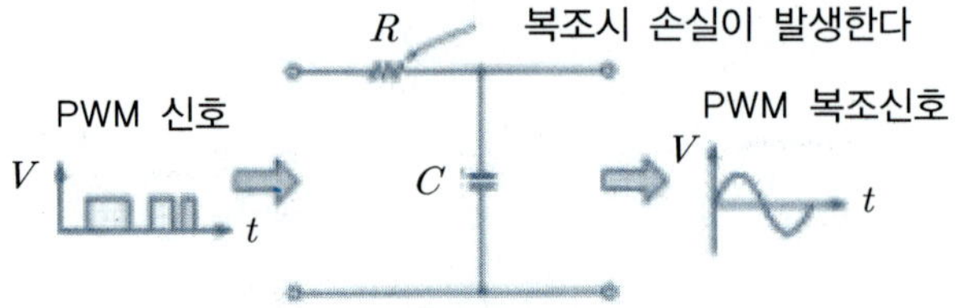

$$f_W > f_C = \frac{1}{2\pi CR}$$

[그림 13-3] PWM 복조(RC filter)

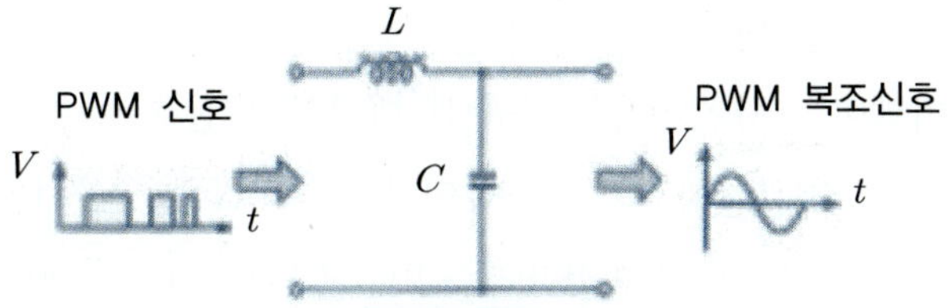

$$f_C \gg \frac{1}{2\pi\sqrt{LC}}$$

[그림 13-4] PWM 복조(LC filter)

4) PWM 주파수 설정

PWM 변조/복조과정에 있어서 주파수 설정은 매우 중요하다. 우선 변조과정에서 캐리어 주파수가 소스 주파수 보다 10배 이상 커야지만 소스 주파수를 효과적으로 전달할 수 있으며 복조과정에서는 LFP 주파스를 캐리어 주파수의 1/10이하로 설정해야 효과적으로 소스 주파수를 얻어낼 수 있다.

5) 시리얼 통신

RS-232C는 컴퓨터들과 관련 장치들간에 비교적 느린 속도의 직렬 데이터 통신을 하기 위한 물리적 연결과 프로토콜에 관해 기술하고 있는 오래된 표준이다. 이 표준은 원래는 텔레타이프 장치들을 위해 산업계의 업체 모임인 EIA(Electronic Industries Association)에 의해 정의되었다. RS-232C는 컴퓨터가 모뎀과 같은 다른 직렬장치들과 데이터를 주고받기 위해 사용하는 인터페이스이다.

RS-232C의 장점으로는 배선수가 작고, 통신 프로그래밍 구현이 쉬우며, PC에 기본 장착되어 있다. 단점으로는 병렬 전송에 비해 전송속도가 느리며, 일 대 일 통신만 가능하다. RS-232C데이터 형식은 기본적으로 패리티 비트, Start bit, Stop bit 데이터 비트를 사용한다.

(1) 패리티 비트

통신에 있어서 어떤 데이터를 전송할 때 그 데이터가 정확히 보내졌는가를 검사하는데 사용한다. Odd 패리티와 Even 패리티 체크의 두 가지 형태가 있는데 Odd 패리티는 2진수의 1의 합이 홀수가 되게 지정하고 Even 패리티의 경우는 1의 합이 홀수가 되게 지정한다. 예로서 Odd 패리티를 사용하면 41H : 0100 0001의 경우는 패리티 비트를 0으로 한다.

(2) Start bit와 Stop bit

RS-232C의 인터페이스 규격에서는 송수신 데이터의 신호는 부논리로 규정되어 있으므로 데이터의 각 비트는 [그림 13-5]와 같이 1은 −15V에, 0은 15V에 대응한다. 실제 데이터 전송시 데이터의 앞에 Start Bit(논리 0) 1비트와 뒤에 Stop Bit(논리 1) 2비트와 패리티 비트를 부가해서 송신한다. 여기서 Start Bit와 Stop Bit는 수신측의 LSI에서 1 캐릭터(8Bit)마다 동기를 잡기 때문에 송수신측의 동기를 동기신호 없이도 가능하게 한다. Stop Bit는 2비트뿐만 아니라 1.5비트나 1비트도 설정가능하기 때문에 송수신측의 Stop Bit를 일치시켜야 한다.

(3) 보오레이트

RS-232C 인터페이스의 통신속도는 접속하는 쌍방의 장치의 성능과 통신선로의 특성에 따라 크게 좌우된다. 통신회선상에 신호율을 측정하기 위한 기본단위를 보오레이트라고 하며, 1초간에 송수 가능한 비트수로 규정된다. 만약 110으로 설정된다면 패리티가 부가된 ASCII 코드 1문자를 보내기 위해서

1(Start Bit) + 7(문자의 비트수) + 1(패리티 비트) + 2(Stop Bit) = 11비트

따라서 1초간에 최대 110 / 11 = 10(문자)을 송수신 가능하다.

보통의 퍼스널 컴퓨터에서는 1문자 단위를 8비트(1바이트)로 다루기 때문에 하나의 문자정보를 보내기 위해서 Stop Bit를 최소 1비트로 하여

1(Start Bit) + 8(문자 데이터 비트수) + 1(Stop Bit) = 10비트

로 1문자 전송에 10비트를 사용한다.

(4) 문자 데이터 비트수

문자 데이터에 사용되는 비트수로 5∼8비트를 사용한다.

(5) 전송제어

PC로 통신을 하는 경우 전혀 절차 없이 실행하는 경우(데이터의 최후에만 종료부호를 송출함)도 있지만 일반적인 경우 일정한 통신규약에 의해 통신을 실행하며 그 대표적인 예는 다음과 같다.

① 회선이 접속되었는지를 확인(회선접속)
② 상대방의 확인(데이터 링크의 확립, 송수신의 확립)
③ 데이터가 올바르게 전송되었는지 확인
④ 데이터의 송신이 종료했는지 확인

이와 같이 데이터의 전송에 대한 제어절차를 전송제어(Transfer Control)라고 한다.

패리티 비트는 N, 데이터 비트는 8, 스톱 비트는 1, 보오레이트는 9600bps의 1byte의 16진수 (1~F)를 전송한다.

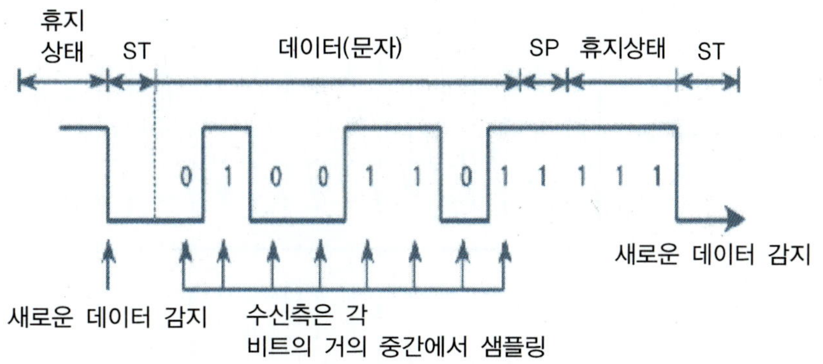

[그림 13-5] 전송제어

6 실험 절차

- TP의 정의

구분	정 의	설명
TP1 / TP2	LED 구동 파형[VLC Signal output]	Tx
TP3	Digital 반전 신호[UART]	Tx
TP4	Analog 반전 신호[Audio]	Tx
TP5	Carrier Frequency [Triangle 100kHz]	Tx
TP6	PWM 변조 신호	Tx
TP7	PD 수신 파형 [VLC Signal Input]	Rx
TP8	PWM 복조 파형 [Low Pass Filter]	Rx
TP9	복조 파형 증폭	Rx
TP10	Limit AMP 파형	Rx
TP11	Digital 복원 파형	Rx
TP12	Audio AMP Input 파형	Rx

• PWM 변조

Carrier Frequency는 고정된 주기와 파형을 가지고 있는 반면 Source는 시간에 따른 주기 변화, 크기 변화를 가질 수 있다.

[그림 13-6]에서 삼각파(Carrier Frequency)와 사인파(Source)의 파형을 비교기를 통해 변조하면 비교기의 동작원리에 따라 두 파형의 크기를 서로 비교해서 High / Low 두 가지 경우로만 출력하게 된다. 이를 해석하면 Source가 Carrier Frequency보다 크면 출력은 High가 되고 작으면 Low가 됨을 볼 수 있다. 이렇게 같은 주기 내에서 Source의 크기에 따라 펄스의 폭을 변경시켜 신호를 전달하는 방법을 PWM 변조라 한다.

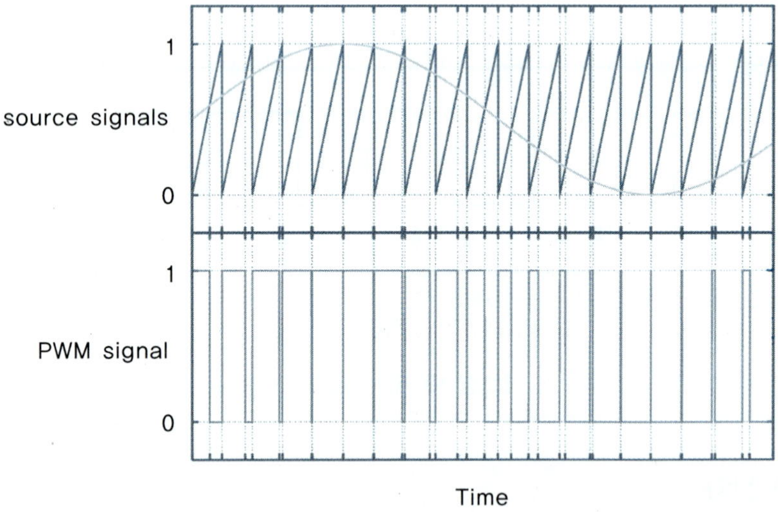

[그림 13-6] PWM 변조

• PWM 복조

PWM 복조를 알기 위해서는 우선 PWM 변조에 대한 이해가 선행되어야 한다. PWM 변조의 기본 원리는 같은 주기 내에서 펄스폭을 변경하여 신호의 크기를 전달한다. 곧 이는 PWM 파형을 적분하게 되면 한 주기 내에서의 전압 크기를 갖는 신호로 복조되게 된다. 전자적으로 하기 위해서는 간단히 정류하면 되지만 이는 신호가 확인 불가능하게 되기 때문에 LPF를 통하여 원하는 대역을 검출하여야 한다. 효율적으로 LPF를 적용시키기 위해서는 PWM 복조과정에서 Carrier Frequency의 주파수가 Source의 주파수 보다 10배 이상 커야 한다.

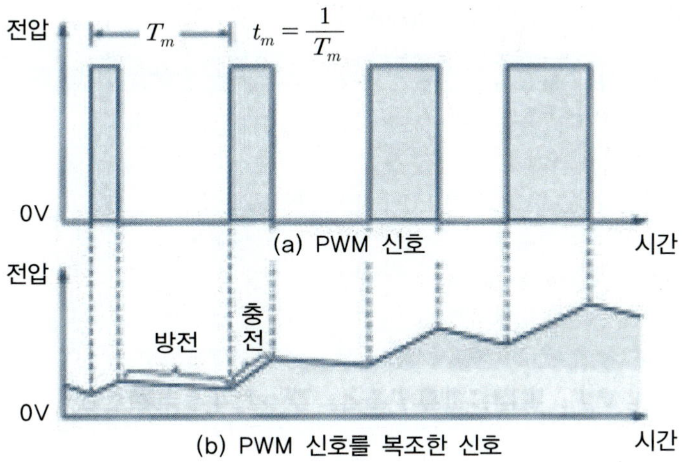

[그림 13-7] PWM 복조

1. 장비의 Main 전원을 켠다.
2. 모듈의 송수신 전원을 켠다.
3. SW1을 Digital에 놓는다.
4. TP5의 파형을 확인한다(20V 100kHz).

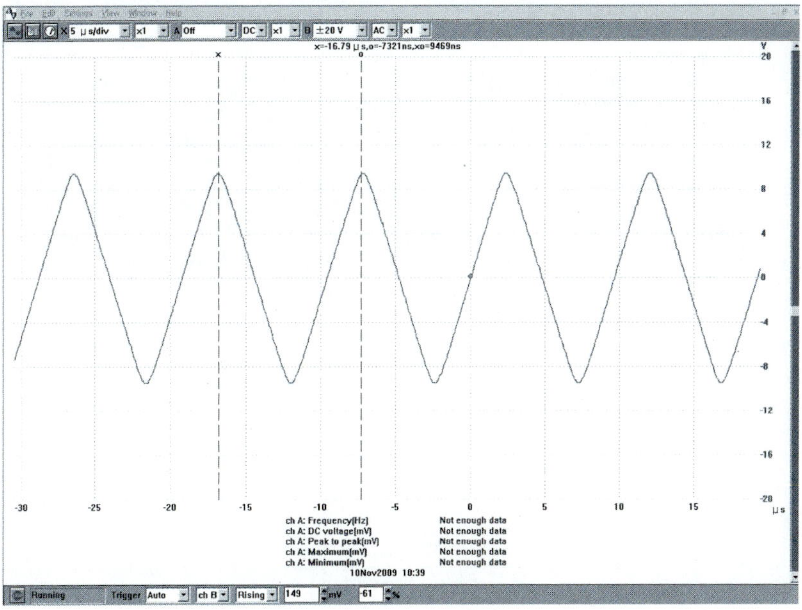

5. TP3의 파형을 확인한다(UART 9600bps 반전).

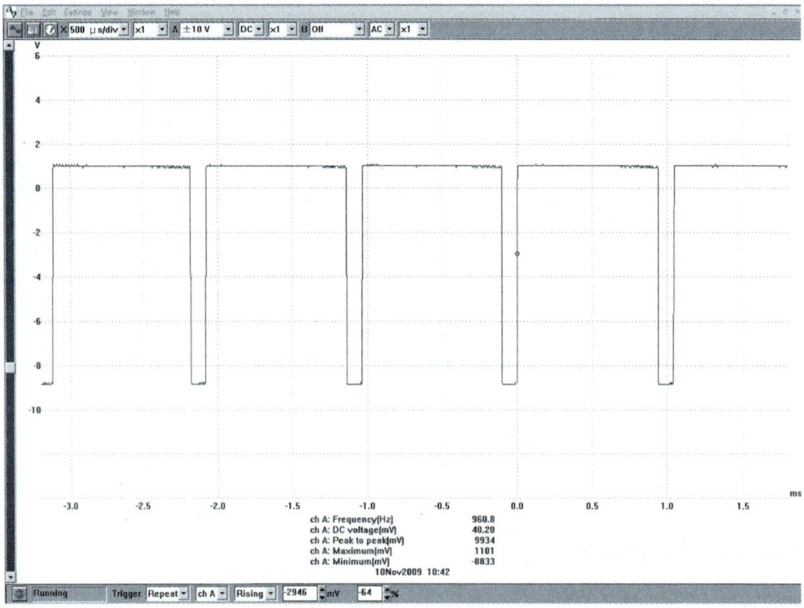

6. TP6의 파형을 확인한다(PWM 변조).

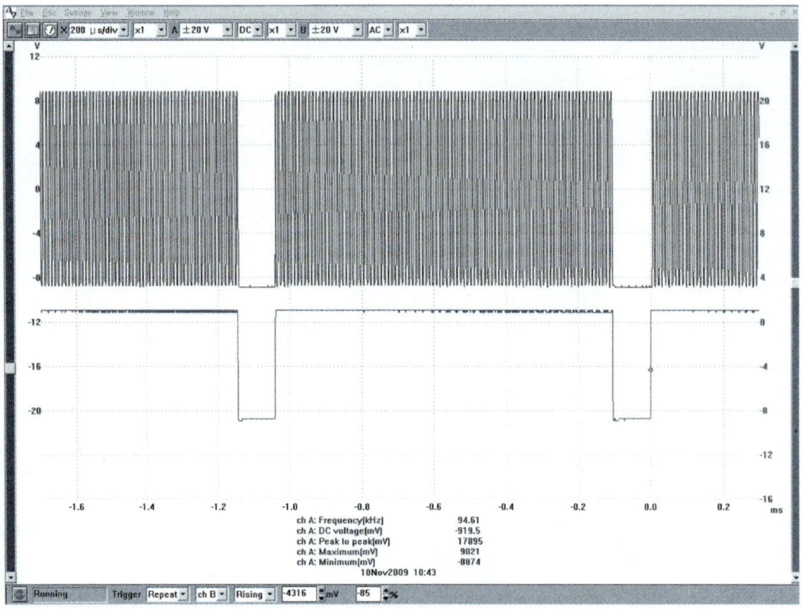

7. TP1의 파형을 확인한다(LED 구동 파형).

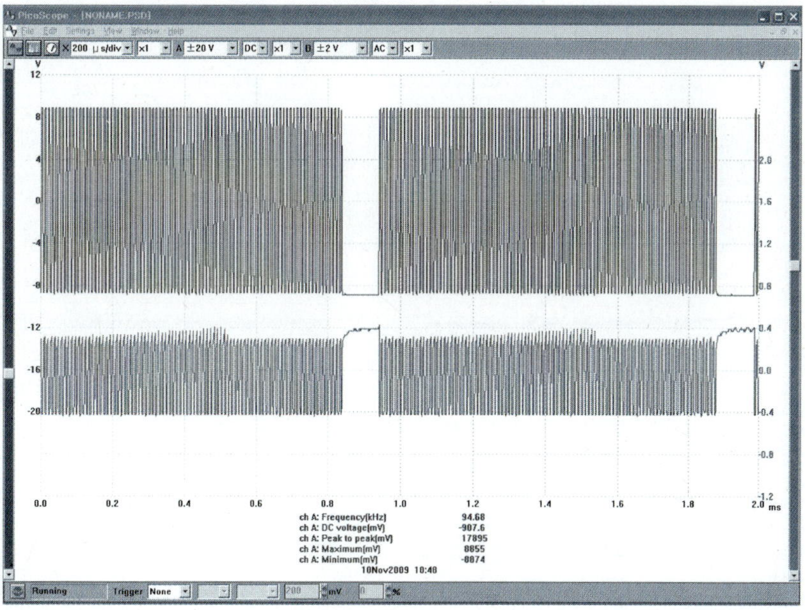

8. TP7의 파형을 확인한다(수신 파형).

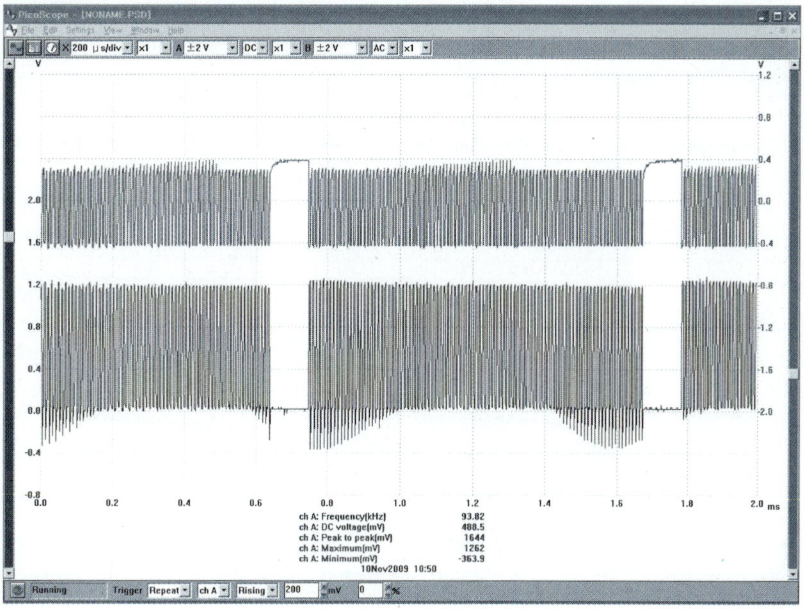

9. TP8의 파형을 확인한다(복조 파형).

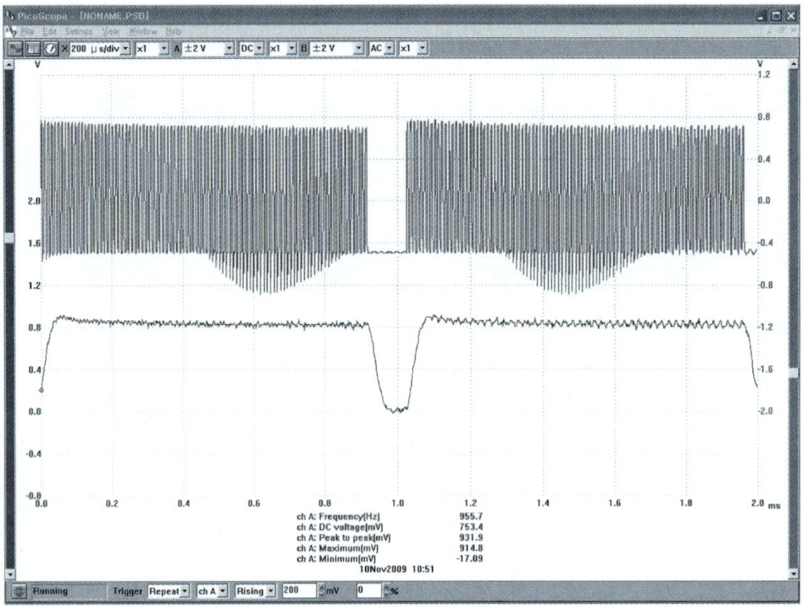

10. TP9의 파형을 확인한다(증폭 파형).

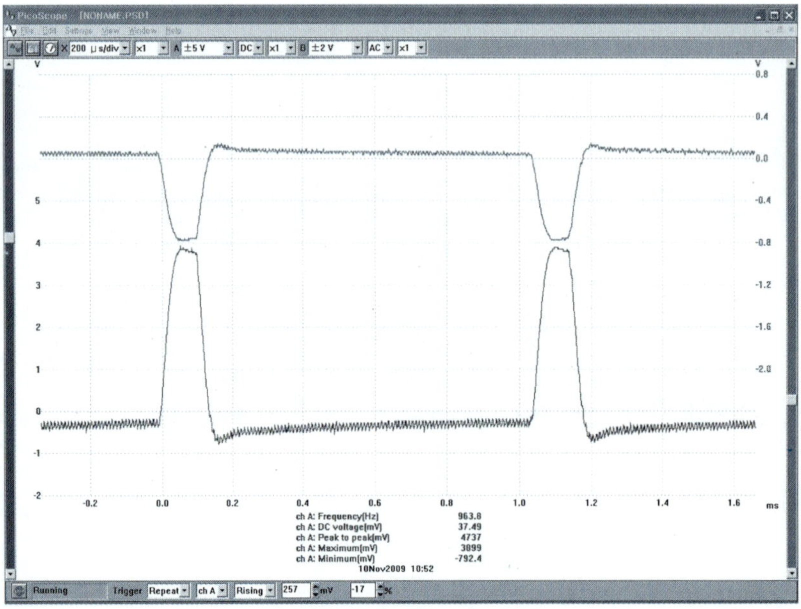

11. TP10의 파형을 확인한다(리미트 앰프 파형).

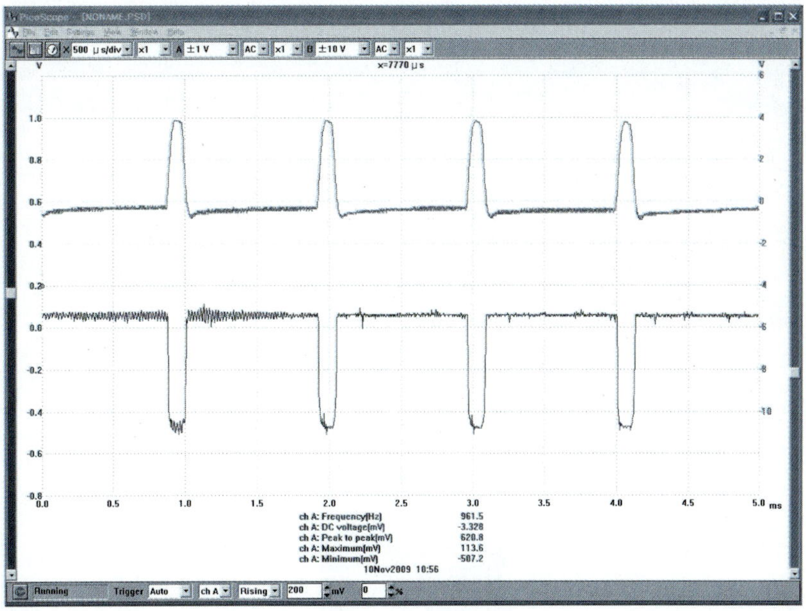

12. TP11의 파형을 확인한다(정형파).

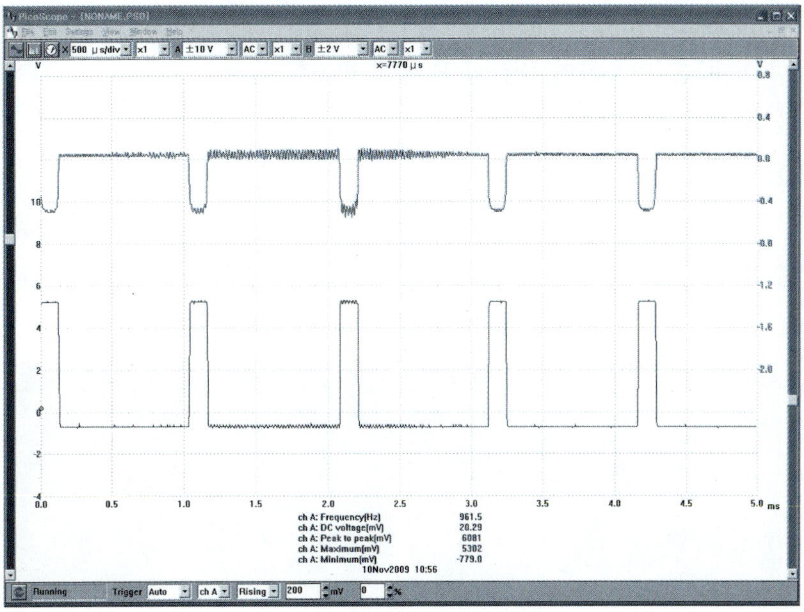

13. 수신된 데이터의 파형이 최초 송신 파형과 같음을 확인하고 데이터가 무엇인지 확인한다.

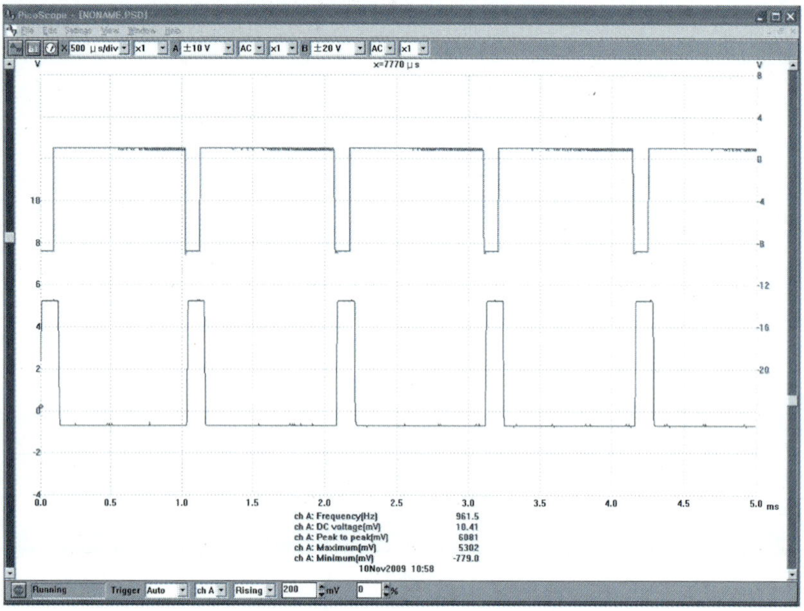

14. FND를 이용하여 수신된 데이터를 확인한다.
15. Digit1 / Digit2를 이용하여 Digital Data를 변경한다.
16. SW1을 Analog에 놓는다.
17. SW2를 이용하여 음성신호 입력 소스를 선택한다.
18. SW2를 EX로 선택하였을 경우 J2 단자로 오디오 기기를 연결하여 음원을 재생한다.
19. SW2를 In으로 선택하였을 경우 임베디드 GUI에서 VLC 메뉴를 선택한 후 원하는 Sound(1~5)를 한 후 Send를 눌러 선택된 사운드를 재생한다.

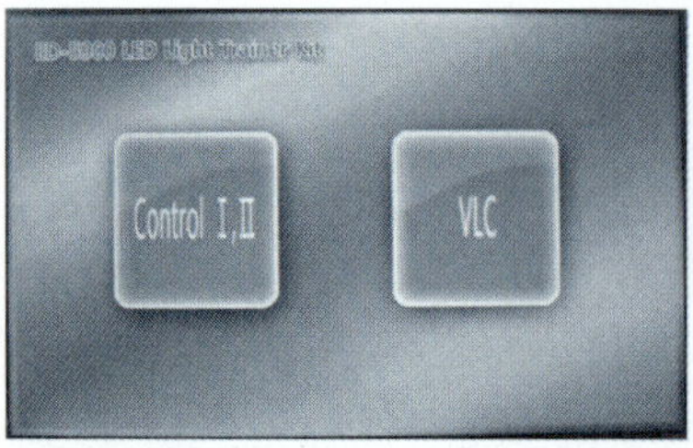

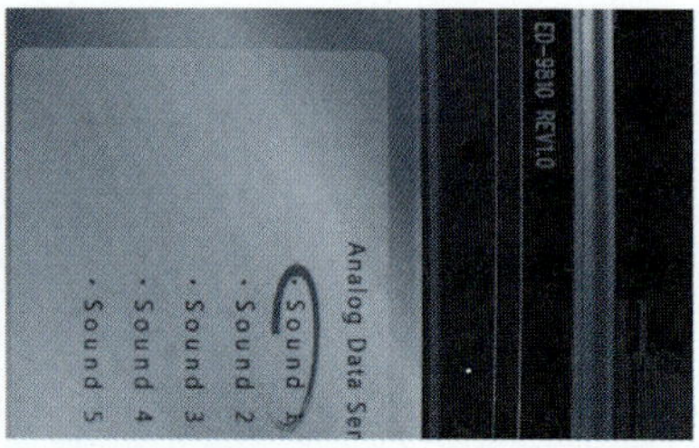

20. TP5의 파형을 확인한다(20V 100kHz).

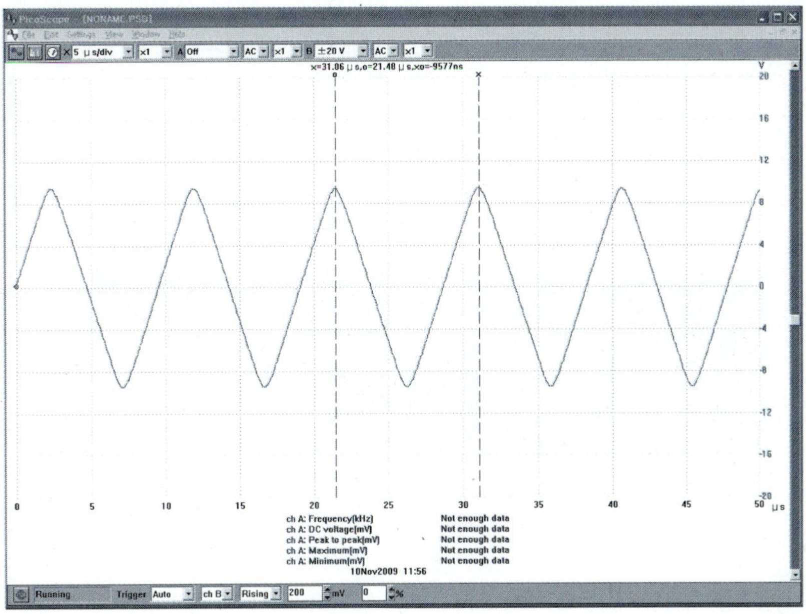

21. TP4의 파형을 확인한다(입력된 음성신호).

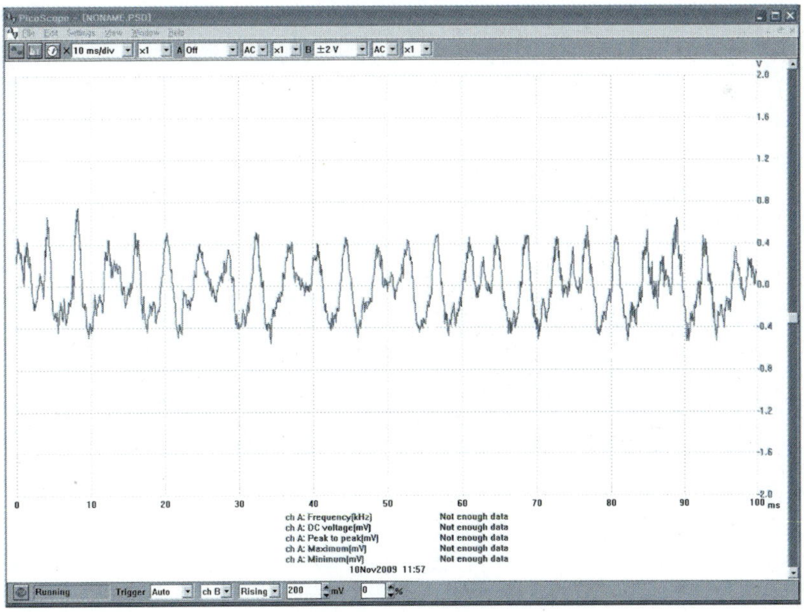

22. TP6의 파형을 확인한다(PWM 변조).

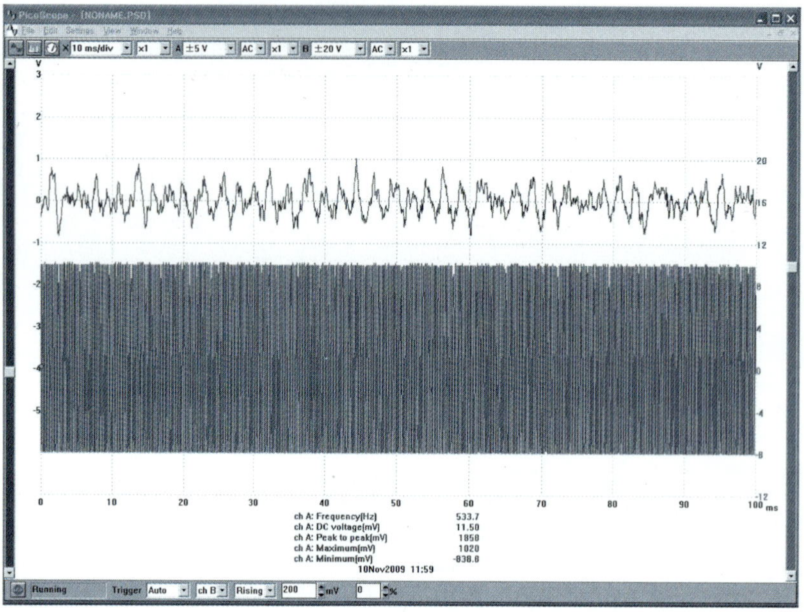

23. TP1의 파형을 확인한다(LED 구동 파형).

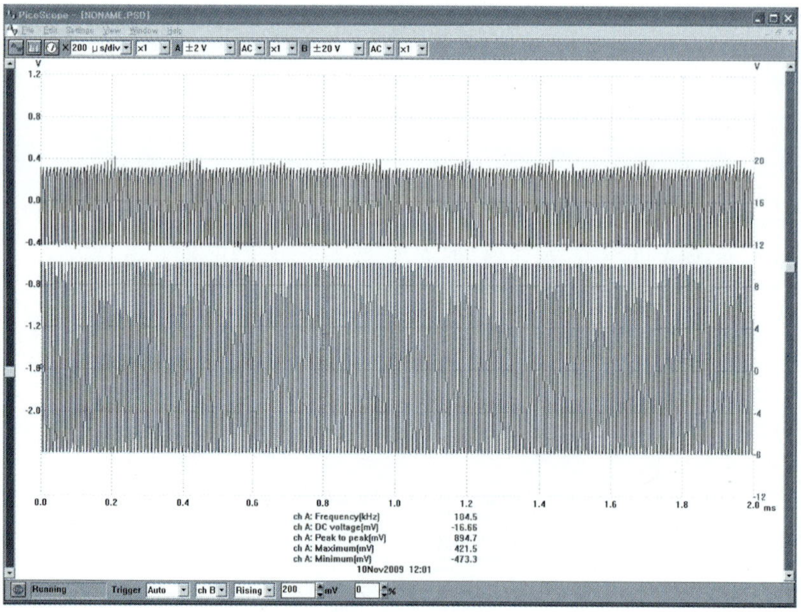

24. TP7의 파형을 확인한다(수신 파형).

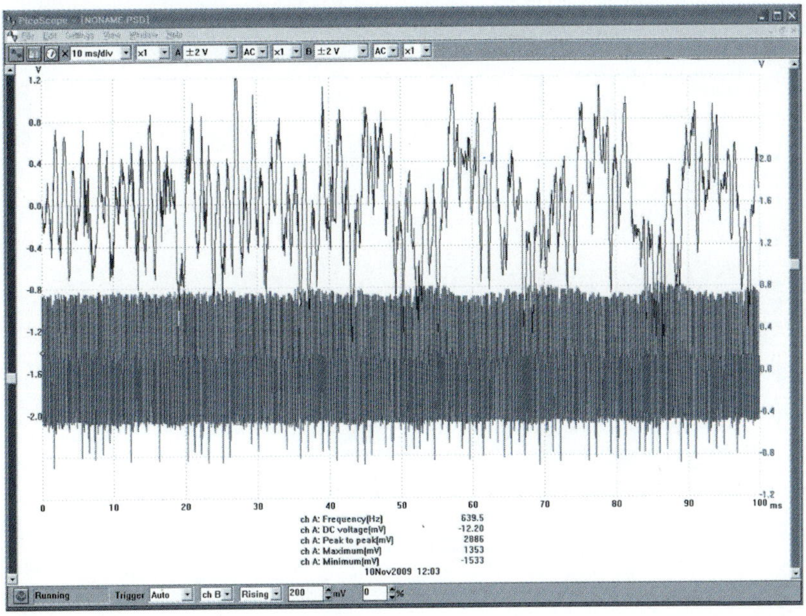

25. TP8의 파형을 확인한다(복조 파형).

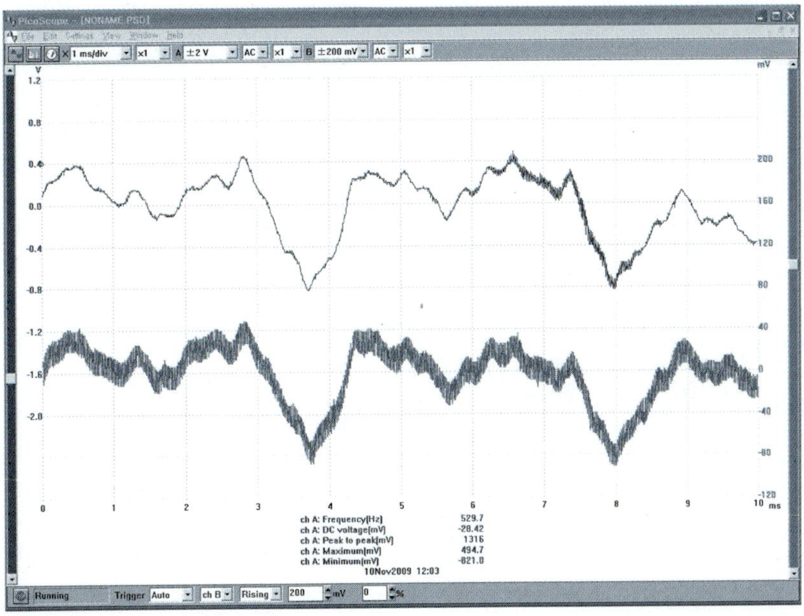

26. TP9의 파형을 확인한다(증폭 파형).

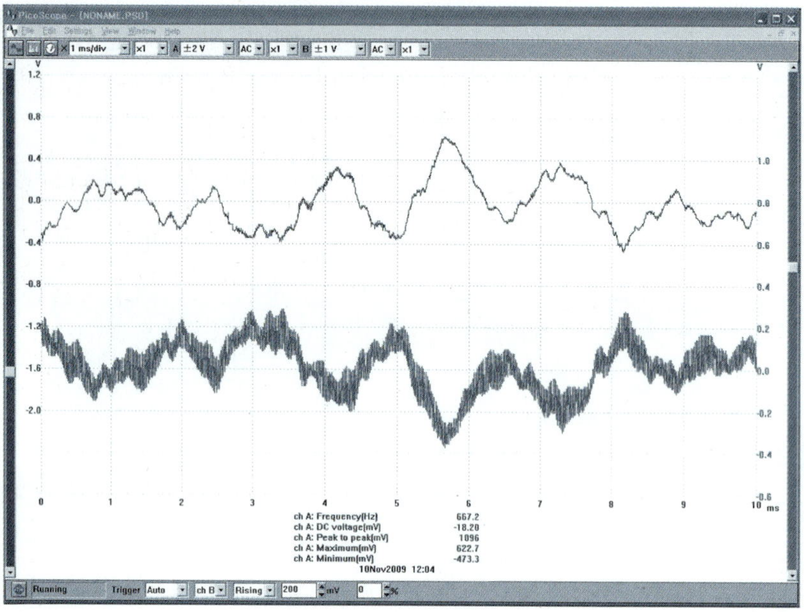

27. TP12의 파형을 확인한다(Audio AMP 입력파형).

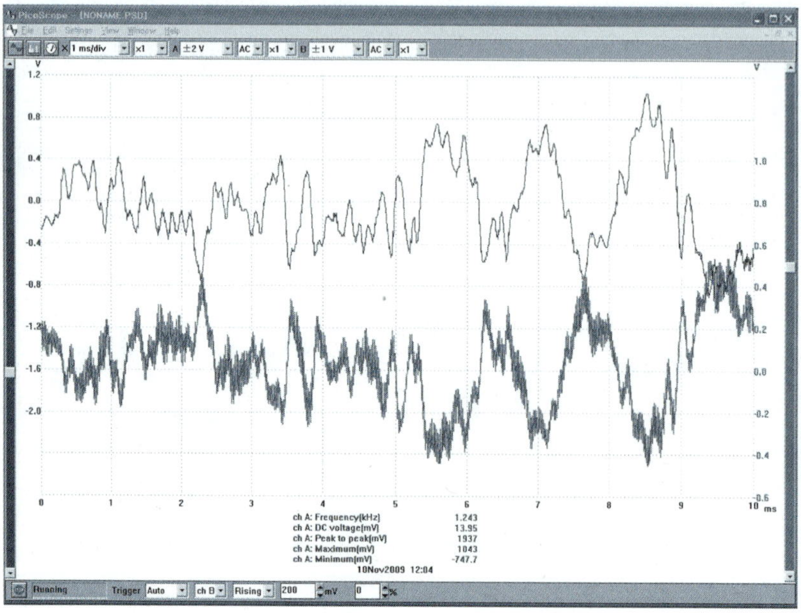

28. 스피커를 이용하여 음악을 감상한다.

14장 LabVIEW를 이용한 LED 제어

1 실험 제목 : LabVIEW를 이용한 LED 제어

2 실험 목적

① GUI 프로그램을 사용할 줄 안다.

3 실험 준비사항

① 실험용 장비 본체
② 컴퓨터 2대(인터넷 연결)
③ Display / Control I / Control II 모듈
④ USB cable

4 실험 주의사항

① LED의 빛을 주시하지 않는다.
② 보드를 임의로 분리 조립하지 않는다.
③ 보드의 소자를 분리 조립 튜닝하지 않는다.
④ 보드의 홀사이로 이물질이 들어가지 않도록 한다.
⑤ 오실로스코프의 그라운드 단자는 GND에만 연결한다.

5 실험 관련 이론

시리얼은 거의 모든 PC에서 표준으로 사용되는 디바이스 통신 프로토콜이다. 시리얼의 개념을 USB의 개념과 잘 구분하여라. 대부분의 컴퓨터에는 2개의 RS-232 기반 시리얼

포트가 있다. 시리얼은 또한 여러 가지 디바이스에서 계측을 위한 일반 통신 프로토콜이며, 여러 GPIB 호환 디바이스에는 RS-232 포트가 장착되어 있다. 뿐만 아니라 원격 샘플링 디바이스로 데이터 수집을 하는 경우에도 시리얼 통신을 사용할 수 있다.

시리얼 통신의 개념은 간단하다. 시리얼 포트는 정보의 바이트를 한번에 한 비트씩 순차적으로 송수신한다. 한번에 전체 바이트를 동시에 전달하는 병렬통신과 비교하면 시리얼 통신은 속도가 느리지만 훨씬 간단하며 장거리에도 사용할 수 있다. 예를 들어, 병렬 통신용 IEEE 488 스펙을 보면 기기간 케이블링은 총 20m 미만이어야 하며, 두 개의 디바이스간은 2m 미만이어야 한다. 반면 시리얼 통신은 최대 1.2km의 통신거리를 보장한다. 통상 엔지니어들은 ASCII 데이터를 전송할 때 시리얼 통신을 사용한다. 이 때 송신용(Tx), 수신용(Rx), 그라운드용(GND)의 세 가지의 전송 라인을 사용하여 통신한다.

시리얼은 비동기식이므로 포트는 한 라인에서 데이터를 전송하고 다른 라인에서 데이터를 수신한다. 핸드쉐이킹용 라인도 사용 가능하지만 필수 요구사항은 아니다. 시리얼 통신의 가장 중요한 특징에는 보드 속도(baud rate), 데이터 비트, 정지 비트, 패리티가 있다. 두 개의 포트가 통신하기 위해서는 이러한 파라미터가 반드시 적절하게 맞춰져야 한다. 보드 속도는 통신의 속도를 측정하는 수치이며 초당 비트 전송 숫자로 표시된다.

예를 들어 300보드 속도는 초당 300비트를 의미한다. 엔지니어들이 흔히 말하는 클럭 주기는 보드 속도를 의미한다. 따라서 프로토콜에 4800보드 속도라고 나오는 경우 클럭이 4800Hz로 작동한다는 뜻이다. 즉, 시리얼 포트는 4800Hz로 데이터 라인을 샘플링한다. 전화선의 일반적인 보드 속도는 14400, 28800 또는 33600이다. 보다 높은 속도도 가능하지만 그 경우 디바이스를 분리할 수 있는 거리가 줄어들게 된다. 따라서 엔지니어들은 디바이스가 같은 장소에 위치해 있는 디바이스 통신에 높은 보드 속도를 사용하게 되며, 그 예로 GPIB 디바이스를 들 수 있다.

데이터 비트는 전송되는 실제 데이터 비트의 측정값을 의미한다. 컴퓨터가 정보 패킷을 보낼 때 실제 데이터의 양은 전체 8비트가 되지 않는다. 데이터 패킷의 표준값은 5, 7, 8비트이다. 어떤 정보를 전송하느냐에 따라 어떤 세팅을 선택할지를 결정해야 한다. 예를 들어, 표준 ASCII는 0~127(7비트)의 값을 가진다. 확장된 ASCII는 0~255(8비트)를 사용한다. 전송하려는 데이터가 단순 텍스트(표준 ASCII)일 경우 패킷당 7비트의 데이터를 보내면 통신에 무리가 없다.

패킷은 단일 바이트 전송을 의미하며, 시작/정지 비트, 데이터 비트, 패리티가 포함된다. 실제 비트의 수는 선택된 프로토콜에 따라 달라지므로 모든 경우를 포괄하는 "패킷"

이라는 용어를 사용한다.

정지 비트는 단일 패킷에 대한 통신의 종료를 알리는 데 사용된다. 일반적인 값은 1, 1.5, 2비트이다. 데이터는 모든 라인을 통해 클록되며 각 디바이스에는 고유의 클록이 있기 때문에 두 개의 디바이스는 동기화가 되지 않을 가능성이 있다. 따라서 정지 비트는 전송의 종료를 알려줄 뿐 아니라 클록 속도 오류를 방지하기 위한 완충역할을 한다. 더욱 많은 비트가 정지 비트에 쓰이면 다른 클록을 동기화할 수 있지만 데이터 전송속도는 느려진다.

패리티는 시리얼 통신에서 에러를 체크하는 데 사용된다. 패리티에는 짝수, 홀수, 마크, 스페이스 패리티의 네 가지 형태가 있다. "패리티 없음"을 사용할 수도 있다. 짝수 및 홀수 패리티를 이용하면 시리얼 포트는 패리티 비트(데이터 비트 뒤에 따라옴)를 특정 값으로 설정함으로써 전송에 logic-high bits가 짝수개 또는 홀수개 있음을 나타낸다.

예를 들어, 데이터가 011이고 짝수 패리티를 선택했다면 logic-high bits가 짝수개 있으면 패리티 비트는 0이다. 홀수 패리티를 선택했다면 logic-high bits가 홀수개(3개)이므로 패리티 비트는 1이 된다. 마크 패리티와 스페이스 패리티는 데이터 비트를 체크하는 기능이 없으며 단지 마크 패리티의 경우 패리티를 높게, 스페이스 패리티의 경우 패리티를 낮게 설정한다. 따라서 수신 디바이스가 비트의 상태를 확인할 수 있게 되므로 소음으로 인한 데이터 방해 여부나 송수신 디바이스 클록 동기화 여부 등을 알 수 있다.

6 실험 절차

1. 제공된 CD의 LED Control GUI 폴더의 Install 폴더 안에서 setup.exe 파일을 실행하여 특별한 설정없이 전부 Next 및 Ok를 선택한다.
2. 윈도우 시작의 모든 프로그램에서 LED Control GUI를 실행한다.
3. Display의 SW6을 이용하여 통신 포트의 경로를 정한다(임베디드 보드 혹은 디스플레이 보드).
4. 제공된 USB cable을 이용하여 컴퓨터와 임베디드 보드(혹은 디스플레이 보드)와 연결한다.
5. 장비의 Main 전원을 켠다.
6. Control I 모듈의 전원을 켜고 Color로 세팅한다. Control II 모듈의 전원을 켠다. 디스플레이 모듈의 전원을 켠다.

7. 컴퓨터와 장비의 통신을 연결한다(COM 포트의 숫자는 내컴퓨터 → 속성 → 하드웨어 → 장치관리자 → 포트에서 확인한다).

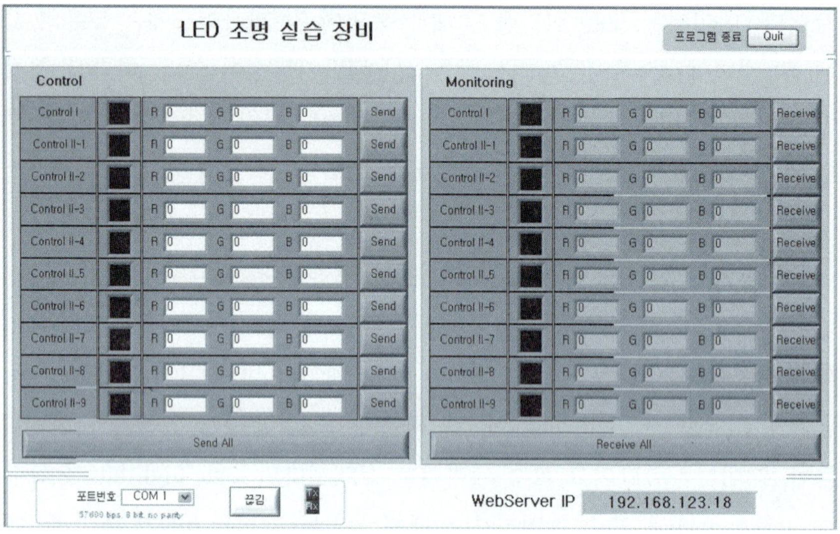

8. GUI에서 색을 정하여 팔레트 혹은 숫자로 입력한다.

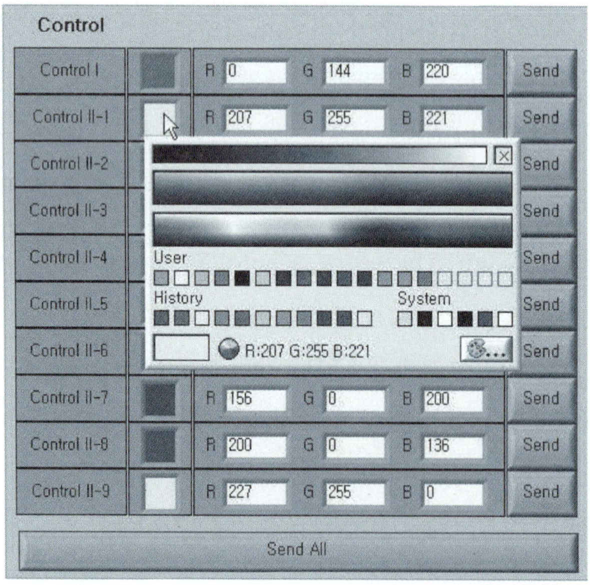

9. send를 이용해서 색상을 전송한다.

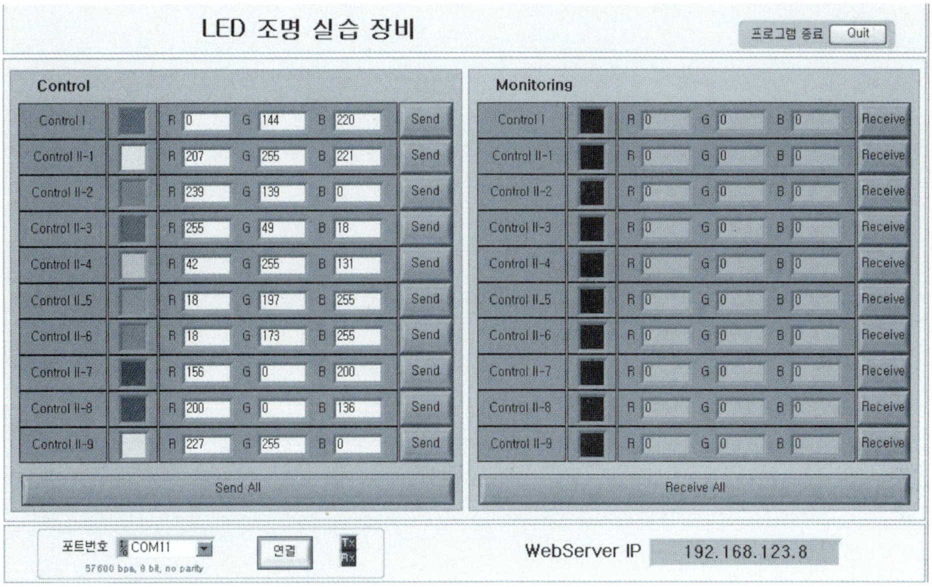

10. 장비의 원하는 LED를 receive로 색을 모니터링한다.

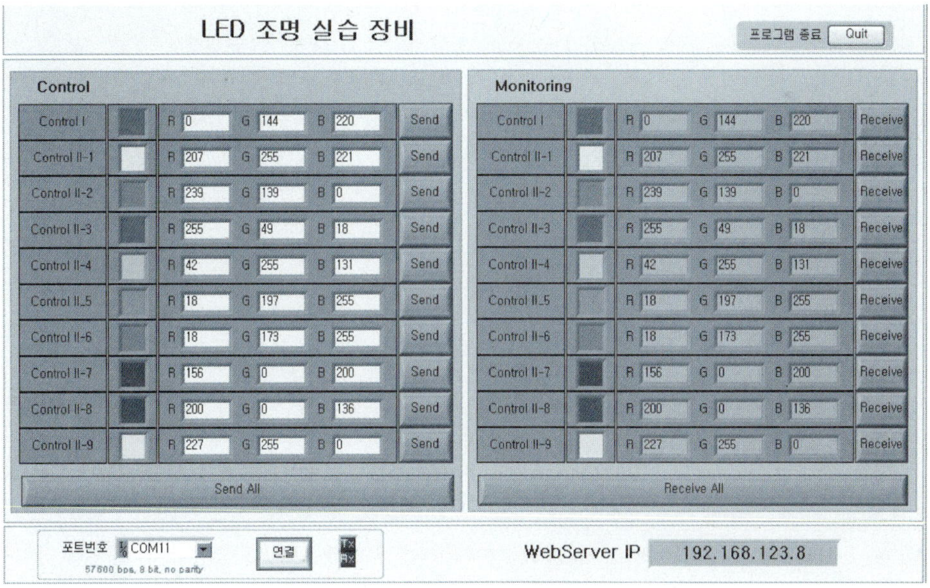

15장 Web Server를 이용한 LED 제어

1 실험 제목 : Web Server를 이용한 LED 제어

2 실험 목적

① GUI 프로그램을 사용할 줄 안다.

② Web Server의 개념을 이해한다.

3 실험 준비사항

① 실험용 장비 본체

② 컴퓨터 2대(인터넷 연결)

③ Display / Control I / Control II 모듈

④ USB cable

4 실험 주의사항

① LED의 빛을 주시하지 않는다.

② 보드를 임의로 분리 조립하지 않는다.

③ 보드의 소자를 분리 조립 튜닝하지 않는다.

④ 보드의 홀사이로 이물질이 들어가지 않도록 한다.

⑤ 오실로스코프의 그라운드 단자는 GND에만 연결한다.

5 실험 관련 이론

Web Server의 정의는 엔드유저 차원에서 접근하는 모든 사이트들은 이러한 정보를 제공하기 위해서 일차적으로 존재하게 되는 웹 서버(Web Server)를 필요로 하게 되는데 웹 형태의 정보(홈페이지, 인트라넷 등) 를 인터넷에 제공하기 위한 네트워크 구성 및 시스템 제작, OS 설치 등의 전반적인 환경을 말한다.

좁은 의미로는 웹 형태의 정보를 제공하는데 필요한 프로그램(httpd)이고 넓은 의미로는 인터넷이 연결되어 있는 모든 컴퓨터를 뜻한다. 다시 말해서 인터넷을 통하여 이 시간에도 수많은 정보들이 서로 오고가는 것은 기본적으로 웹 서버의 존재하에 이루어질 수 있는 것이다.

웹 서버를 구축하기 위해서는 우선 본인의 시스템 상황과 웹 서버 구축용 프로그램들을 찾게 될 것인데, 가장 일반적이고 통상적인 방법은 전세계 웹 서버 시장을 장악하고 있는 Unix/Linux 기반의 구축이다. 전세계 웹 서버 시장의 70~80%를 차지하고 있는 유닉스 / 리눅스 환경하에서 구동되는 웹 서버 프로그램 중 가장 인기를 차지하고 있는 프로그램은 'Apache'이다.

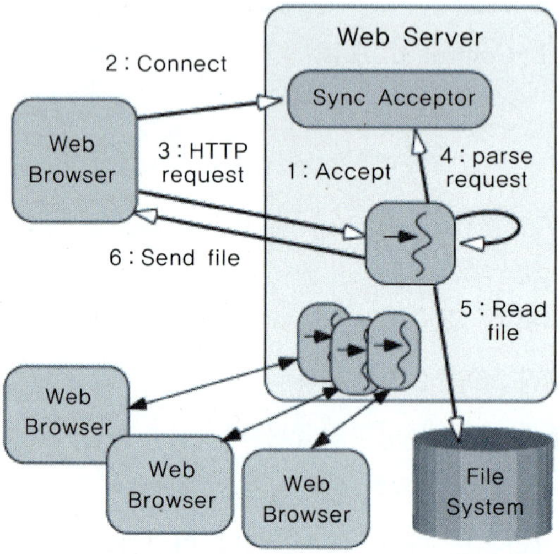

[그림 15-1] 웹 서버

6 실험 절차

1. 제공된 CD의 LED Control GUI 폴더의 Install 폴더 안에서 setup.exe 파일을 실행하여 특별한 설정 없이 전부 Next 및 Ok를 선택한다.
2. 윈도우 시작의 모든 프로그램에서 LED Control GUI를 실행한다.
3. Display의 SW6을 이용하여 통신 포트의 경로를 정한다(임베디드 보드 혹은 디스플레이 보드).
4. 제공된 USB cable을 이용하여 컴퓨터와 임베디드 보드(혹은 디스플레이 보드)와 연결한다.
5. 장비의 Main 전원을 켠다.
6. Control I 모듈의 전원을 켜고 Color로 세팅한다. Control II 모듈의 전원을 켠다. 디스플레이 모듈의 전원을 켠다.
7. 컴퓨터와 장비의 통신을 연결한다(COM 포트의 숫자는 내컴퓨터 → 속성 → 하드웨어 → 장치관리자 → 포트에서 확인한다).

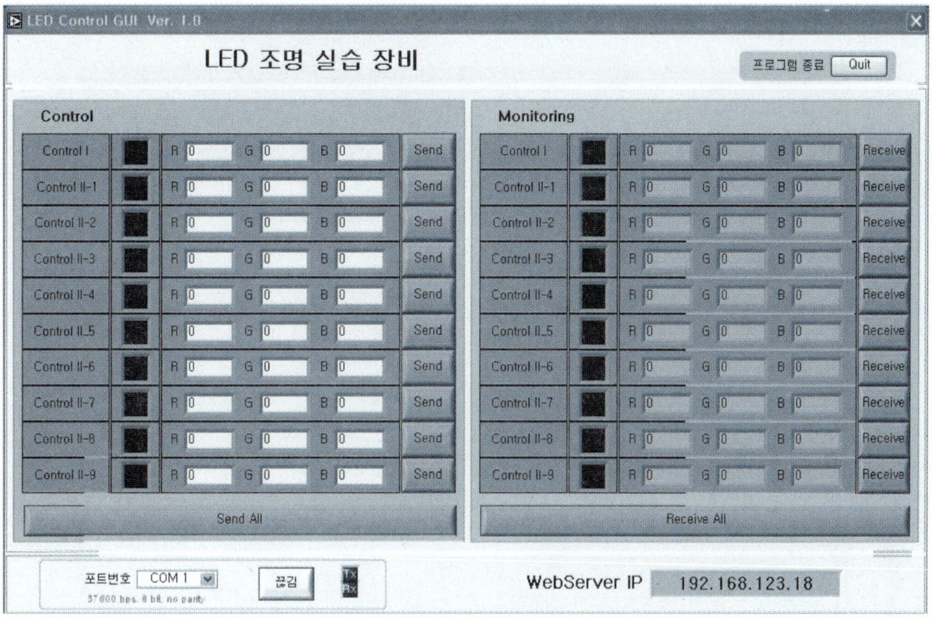

8. 인터넷이 연결되어 있는 또 다른 컴퓨터를 켠다.
9. 인터넷창을 연다.

10. 접속하고자 하는 컴퓨터의 IP를 확인한다(Web Server IP).

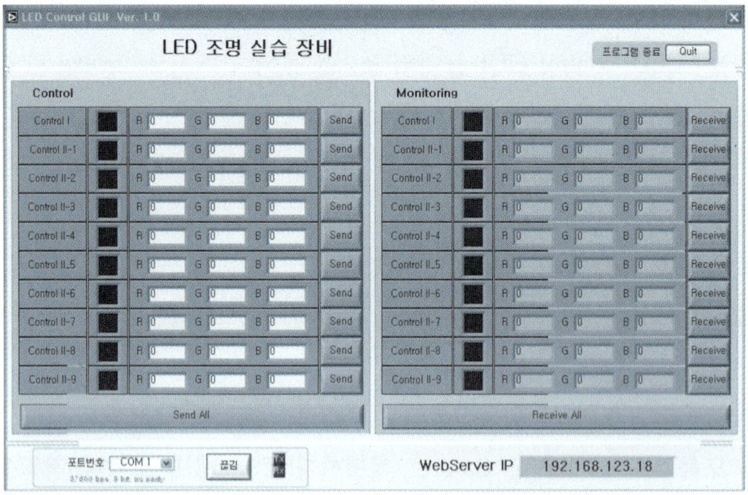

11. 인터넷 주소창에 접속하고자 하는 컴퓨터의 Web Server IP를 넣어서 http://000.000.000.000/main.htm로 접속한다.

① 클라이언트

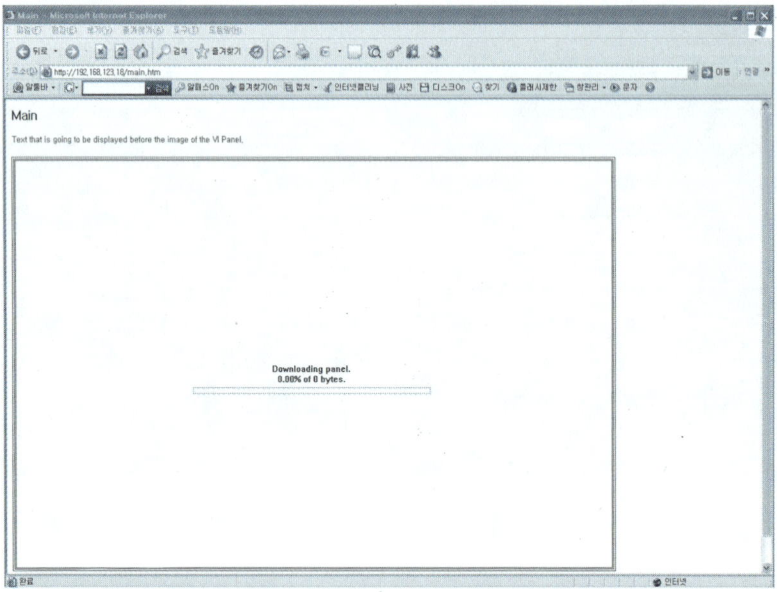

② 웹 서버

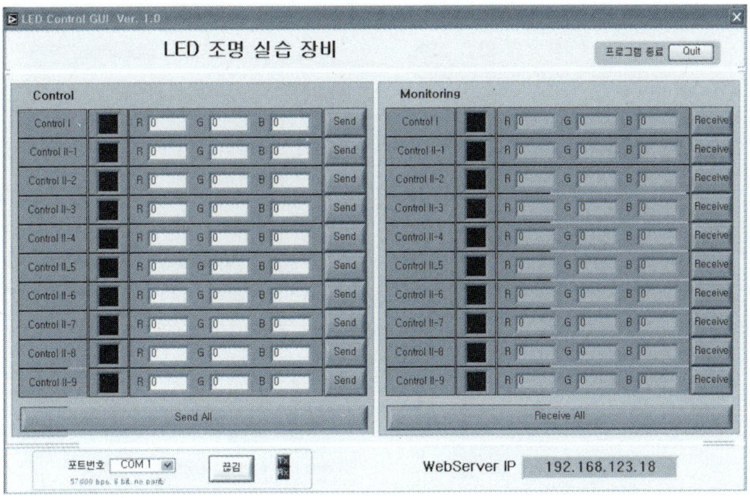

12. 웹 서버 컴의 LED GUI 제어권을 클라이언트가 요구한다.

① 클라이언트

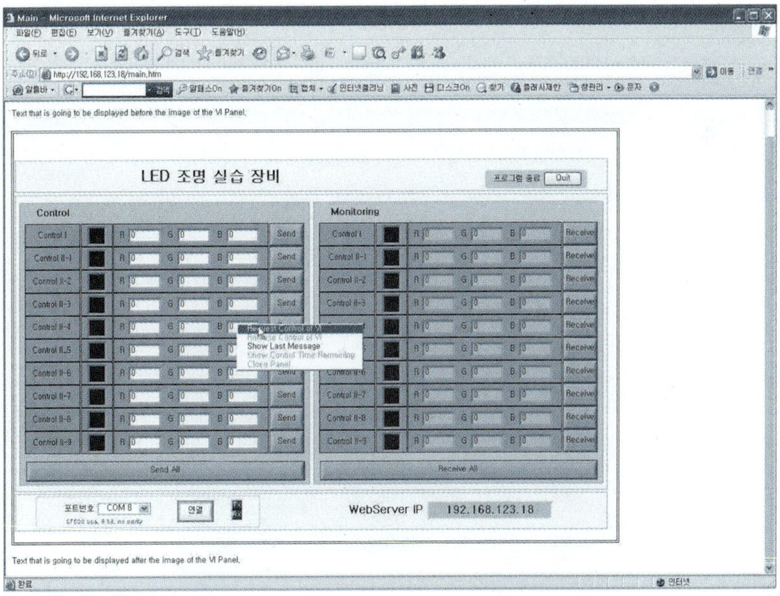

② 웹 서버

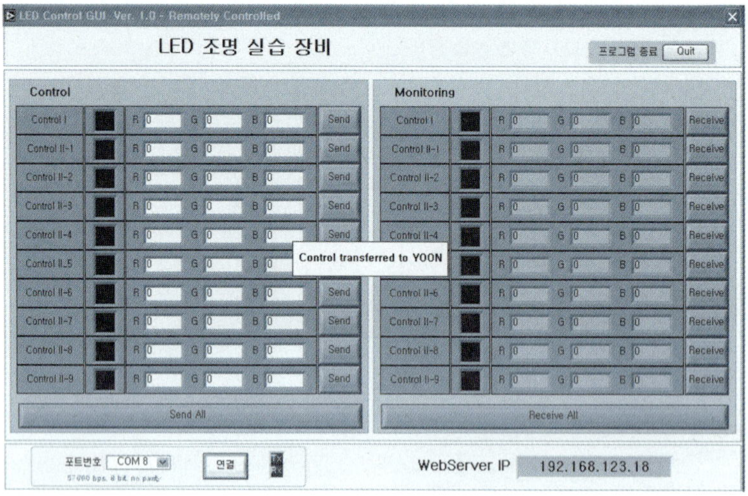

13. Send를 이용하여 데이터를 보내고 receive를 이용하여 보드의 LED 동작을 모니터링 한다.

14. LED Control GUI의 제어권을 웹 서버로 릴리즈한다.

① 클라이언트

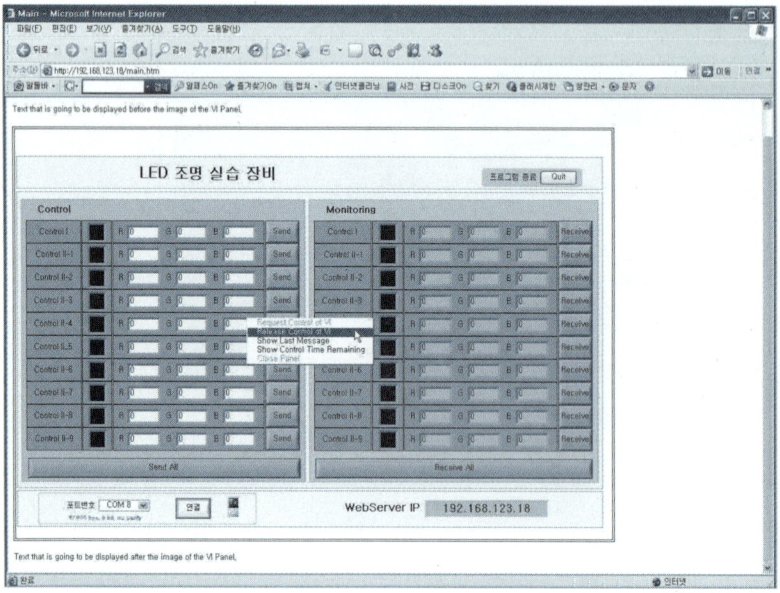

② 웹 서버

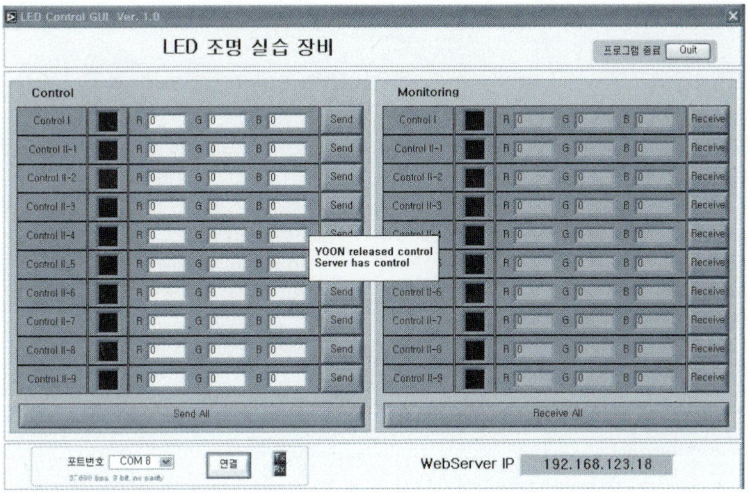
LED Control GUI Ver. 1.0
LED 조명 실습 장비
프로그램 종료
Quit
Control
Monitoring
Control I
Control II-1
Control II-2
Control II-3
Control II-4
Control II_5
Control II-6
Control II-7
Control II-8
Control II-9
R
G
B
Send
Receive
YOON released control
Server has control
Send All
Receive All
포트번호
COM 8
연결
WebServer IP
192.168.123.18

16장 임베디드 GUI를 이용한 LED 제어

1 실험 제목 : 임베디드 GUI를 이용한 LED 제어

2 실험 목적

① 임베디드 GUI 프로그램을 사용할 줄 안다.

3 실험 준비사항

① 실험용 장비 본체

② Display / Control I / Control II 모듈

4 실험 주의사항

① LED의 빛을 주시하지 않는다.

② 보드를 임의로 분리 조립하지 않는다.

③ 보드의 소자를 분리 조립 튜닝하지 않는다.

④ 보드의 홀사이로 이물질이 들어가지 않도록 한다.

⑤ 오실로스코프의 그라운드 단자는 GND에만 연결한다.

5 실험 관련 이론

시리얼은 거의 모든 PC에서 표준으로 사용되는 디바이스 통신 프로토콜이다. 시리얼의 개념을 USB의 개념과 잘 구분하여라. 대부분의 컴퓨터에는 2개의 RS-232 기반 시리얼 포트가 있다. 시리얼은 또한 여러 가지 디바이스에서 계측을 위한 일반 통신 프로토콜이며, 여러 GPIB 호환 디바이스에는 RS-232 포트가 장착되어 있다. 뿐만 아니라 원격 샘플

링 디바이스로 데이터 수집을 하는 경우에도 시리얼 통신을 사용할 수 있다.

시리얼 통신의 개념은 간단하다. 시리얼 포트는 정보의 바이트를 한번에 한 비트씩 순차적으로 송수신한다. 한번에 전체 바이트를 동시에 전달하는 병렬통신과 비교하면 시리얼 통신은 속도가 느리지만 훨씬 간단하며 장거리에도 사용할 수 있다. 예를 들어, 병렬 통신용 IEEE 488 스펙을 보면 기기간 케이블링은 총 20m 미만이어야 하며, 두 개의 디바이스간은 2m 미만이어야 한다. 반면 시리얼 통신은 최대 1.2km의 통신거리를 보장한다. 통상 엔지니어들은 ASCII 데이터를 전송할 때 시리얼 통신을 사용한다. 이 때 송신용(Tx), 수신용(Rx), 그라운드용(GND)의 세 가지의 전송 라인을 사용하여 통신한다.

시리얼은 비동기식이므로 포트는 한 라인에서 데이터를 전송하고 다른 라인에서 데이터를 수신한다. 핸드쉐이킹용 라인도 사용 가능하지만 필수 요구사항은 아니다. 시리얼 통신의 가장 중요한 특징에는 보드 속도(Baud rate), 데이터 비트, 정지 비트, 패리티가 있다. 두 개의 포트가 통신하기 위해서는 이러한 파라미터가 반드시 적절하게 맞춰져야 한다. 보드 속도는 통신의 속도를 측정하는 수치이며 초당 비트 전송 숫자로 표시된다.

예를 들어 300보드 속도는 초당 300비트를 의미한다. 엔지니어들이 흔히 말하는 클록 주기는 보드 속도를 의미한다. 따라서 프로토콜에 4800보드 속도라고 나오는 경우 클록이 4800Hz로 작동한다는 뜻이다. 즉, 시리얼 포트는 4800Hz로 데이터 라인을 샘플링한다. 전화선의 일반적인 보드 속도는 14400, 28800 또는 33600이다. 보다 높은 속도도 가능하지만 그 경우 디바이스를 분리할 수 있는 거리가 줄어들게 된다. 따라서 엔지니어들은 디바이스가 같은 장소에 위치해 있는 디바이스 통신에 높은 보드 속도를 사용하게 되며, 그 예로 GPIB 디바이스를 들 수 있다.

데이터 비트는 전송되는 실제 데이터 비트의 측정값을 의미한다. 컴퓨터가 정보 패킷을 보낼 때 실제 데이터의 양은 전체 8비트가 되지 않는다. 데이터 패킷의 표준 값은 5, 7, 8비트이다. 어떤 정보를 전송하느냐에 따라 어떤 세팅을 선택할지를 결정해야 한다. 예를 들어, 표준 ASCII는 0~127(7비트)의 값을 가진다. 확장된 ASCII는 0~255(8 비트)를 사용한다. 전송하려는 데이터가 단순 텍스트(표준 ASCII)일 경우 패킷당 7비트의 데이터를 보내면 통신에 무리가 없다.

패킷은 단일 바이트 전송을 의미하며, 시작/정지 비트, 데이터 비트, 패리티가 포함된다. 실제 비트의 수는 선택된 프로토콜에 따라 달라지므로 모든 경우를 포괄하는 "패킷"이라는 용어를 사용한다.

정지 비트는 단일 패킷에 대한 통신의 종료를 알리는 데 사용된다. 일반적인 값은 1,

1.5, 2비트이다. 데이터는 모든 라인을 통해 클록되며 각 디바이스에는 고유의 클록이 있기 때문에 두 개의 디바이스는 동기화가 되지 않을 가능성이 있다. 따라서 정지 비트는 전송의 종료를 알려줄 뿐 아니라 클록 속도 오류를 방지하기 위한 완충 역할을 한다. 더욱 많은 비트가 정지 비트에 쓰이면 다른 클록을 동기화할 수 있지만 데이터 전송속도는 느려진다.

패리티는 시리얼 통신에서 에러를 체크하는 데 사용된다. 패리티에는 짝수, 홀수, 마크, 스페이스 패리티의 네 가지 형태가 있다. "패리티 없음"을 사용할 수도 있다. 짝수 및 홀수 패리티를 이용하면, 시리얼 포트는 패리티 비트(데이터 비트 뒤에 따라옴)를 특정 값으로 설정함으로써 전송에 logic-high bits가 짝수개 또는 홀수개 있음을 나타낸다.

예를 들어, 데이터가 011이고 짝수 패리티를 선택했다면 logic-high bits가 짝수개 있으면 패리티 비트는 0이다. 홀수 패리티를 선택했다면 logic-high bits가 홀수개(3개)이므로 패리티 비트는 1이 된다. 마크 패리티와 스페이스 패리티는 데이터 비트를 체크하는 기능이 없으며 단지 마크 패리티의 경우 패리티를 높게, 스페이스 패리티의 경우 패리티를 낮게 설정한다. 따라서 수신 디바이스가 비트의 상태를 확인할 수 있게 되므로 소음으로 인한 데이터 방해 여부나 송수신 디바이스 클록 동기화 여부 등을 알 수 있다.

6 실험 절차

1. ED-9810 장비에 전원을 인가한다.
2. Display / Control I / Control II 보드의 전원을 인가한다.
3. Display의 SW6을 이용하여 통신 포트의 경로를 정한다(Embedded로 선택한다).
4. Control I모듈을 Color로 세팅한다.
5. 임베디드 부팅이 완료된 후 다음 화면이 나타나면 Control I, II를 선택한다.

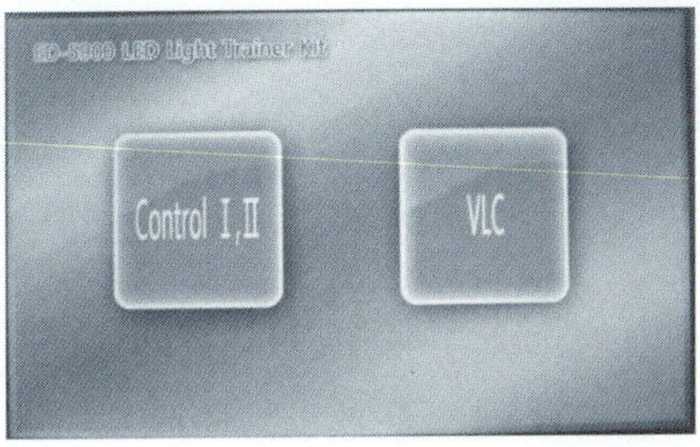

6. 검정 네모 박스를 선택하여 색상을 설정한다.

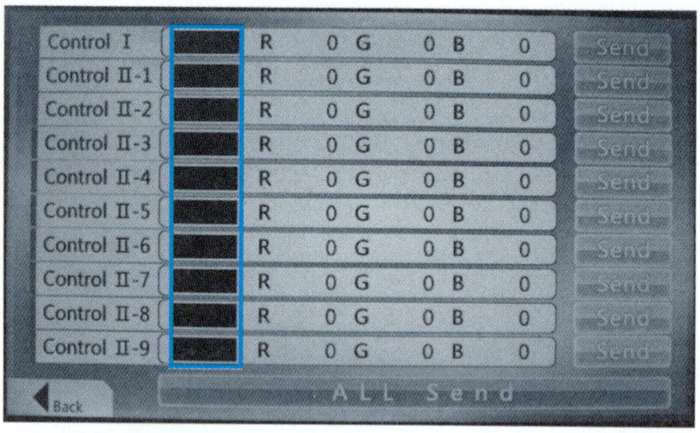

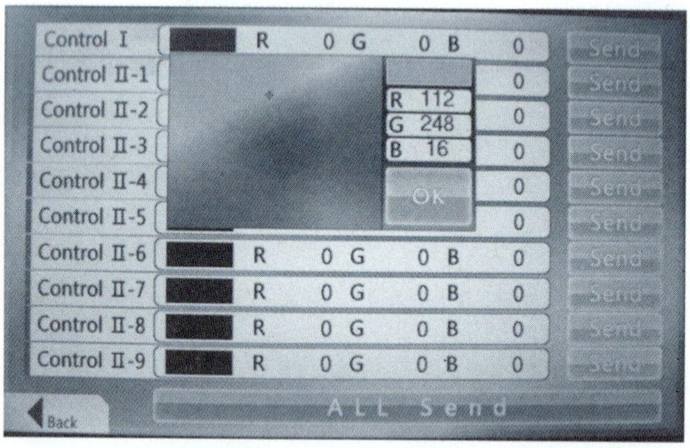

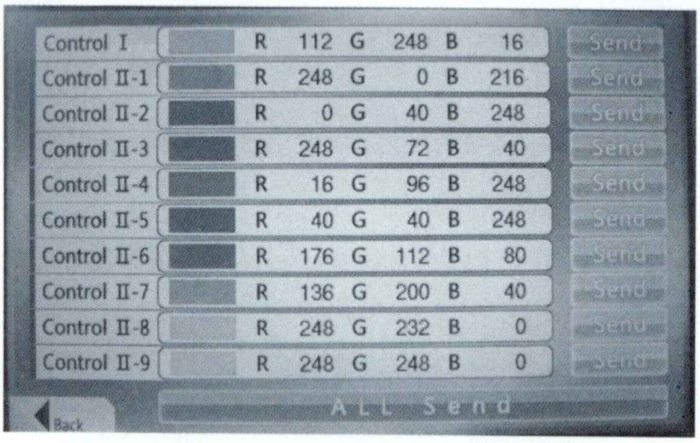

7. Send를 눌러 각각의 설정된 색상을 Control I, II 보드의 각 LED로 전송하여 제어한다.
8. ALL Send를 눌러 각각의 설정된 색상을 한번에 Control I, II 보드로 전송하여 제어한다.

저자 약력

■ 남 상 엽

- 공학박사
- 삼성종합기술원 정보시스템연구소 근무
- 모토로라 반도체통신(주) 기술연구소 근무
- (현) 국제대학 IT계열 교수

■ 강 철 현

- 충남대학교 전기공학과 졸업
- (현) 대구공업고등학교 디지털전기정보과 부장

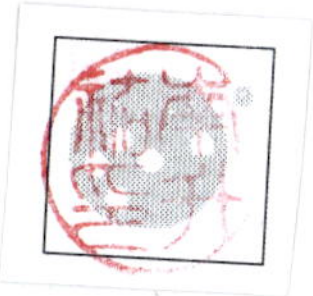

LED 응용 시스템 분석과 실습

2010년 9월 15일 1판 1쇄 발행

저 자 남 상 엽 · 강 철 현
발행인 남 승 우

발행처 도서출판 상尙 학學 당堂

서울특별시 동작구 사당3동 220-43
TEL : 02) 595-1692~4
FAX : 02) 595-1394
E-mail : namdoo6@unitel.co.kr

신고 : 2-155호 (1968. 11. 29)

(CD 포함) **정가 22,000원**

ISBN 978-89-93383-90-4 93560

신재생 에너지

New & Renewable Energy Trainer

Model : ED-9710, 9720, 9730, 9740, 9741

ED-9710

신재생 에너지 교육장비를 통해서 일상의 바람이나 햇빛이 전기에너지로 변환되는 과정을 이해할 수 있고 발전 시스템의 구조와 기능의 이해를 통하여 에너지 관련 지식과 응용력을 향상시킬 수 있다.

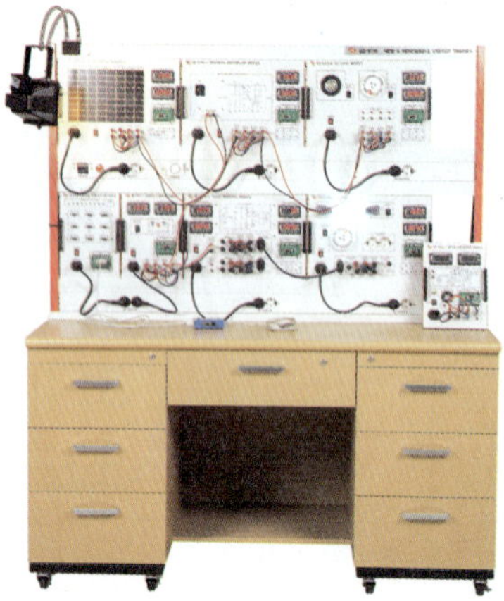

- 다양한 신재생 에너지의 특성 실험(태양광, 풍력 및 연료전지 등)
- 생성된 에너지의 변환 과정 실험(전력생산/전력처리)
- 에너지 생성 및 변환 과정에 따른 에너지 효율 실험
- 전압, 전류 특성 곡선 실험
- 에너지 실험 모듈의 독립적 운용 실습
- 에너지 실험 모듈의 연계를 이용한 시스템 구동 실습
- 신재생 에너지 교육훈련장비 전용 프로그램을 통한 구동 실습
- 교보재의 다양화 (전력 생성 및 회로 실습 시뮬레이션 S/W 제공, 도움말 기능으로 에너지 관련 어휘 검색 및 색인 검색이 쉽다.)

실험실습내용

- 태양광 에너지의 이해
- 광전효과 시뮬레이션
- 옴의 법칙, 전압/전류계 실험
- 태양광 특성 실험(Isc, Voc, Im, Vm, Fill Factor)
- 광원의 세기 및 그림자 실험
- 충전 및 인버터 기초회로 실험
- 태양광을 이용한 충전 실험
- DC/AC 인버터 실험(정현파/유사정현파)
- 12V 독립형 태양광시스템 실험
- 12V 독립형 시스템 설계
- 웹서버를 통한 시스템 모니터링(Option)
- 하이브리드 실험(Option)

ED-9720

- 신재생 에너지 발전 원리 및 개념 이해
- 생성된 에너지의 변환 과정 실험(전력생산/처리)
- 태양광 모듈의 전압, 전류 특성 실험
- 에너지 생산 및 처리 단계의 일체형 구성
- 오배선시 경고음 발생 및 외부출력 포트 구비
- DC 및 AC를 측정할 수 있는 전압, 전류계 포함
- 다양한 교육 교보재(시뮬레이션, 동영상)지원
- PC를 이용한 제어와 파형 및 그래프 출력 기능

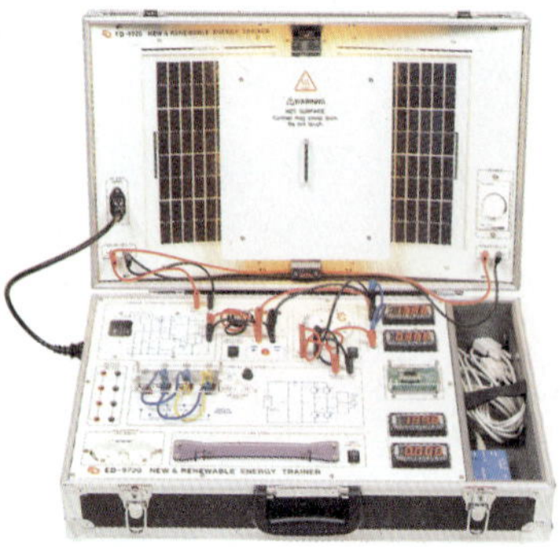

실험실습내용

- 태양광 에너지의 이해
- 광전효과 시뮬레이션
- 옴의 법칙, 전압/전류계 실험
- 태양광 특성 실험(Isc, Voc)
- 광원의 세기 및 그림자 실험
- 태양광을 이용한 충전 실험
- DC/AC 인버터 실험
- 12V 독립형 태양광시스템 실험
- 12V 독립형 시스템 설계
- 웹서버를 통한 시스템 모니터링(Option)
- 하이브리드 실험(Option)

신재생 에너지

New & Renewable Energy Trainer

Model : ED-9730, 9731, 9732, 9740, 9741

ED-9730

- 풍력 발전 원리 및 개념 이해
- 우리나라 지역별 풍속 데이터를 임베디드 모듈에 저장하여 지역별에 따른 발전과 전력 변화 시뮬레이션 및 모니터링
- 발전량 USB 메모리에 저장 가능
- 에너지 변환 과정에 따른 효율 실험
- 전압, 전류계 내장으로 전류, 전압 모니터링가 능
- PC를 이용한 파형 및 그래프 출력 기능
- GUI가 터치 패널로 구성되어 사용자의 편의 제공
- 임베디드 모듈로 전압, 전류, 모터 RPM, 풍속 모니터링 가능
- 발전기 케이스가 투명 아크릴로 장착으로 발전기의 내부 및 전기 생성 모습 확인 가능

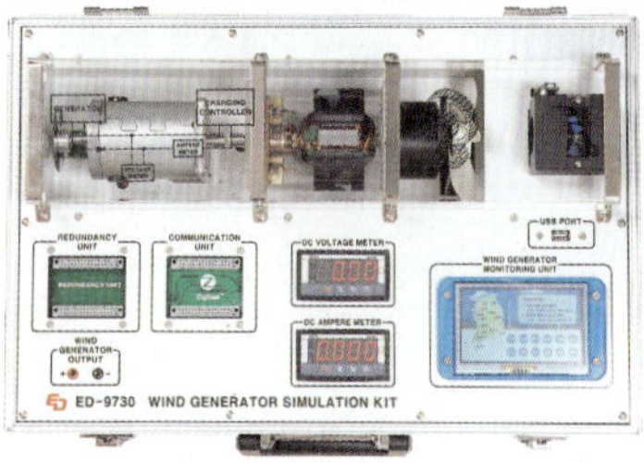

ED-9732

- 풍력 발전 원리 및 개념 이해
- 6엽 회전 날개 장착
- 역 전류 흐름 방지 기능
- 충전 컨트롤러 내장
- 과충전/방전 방지 기능
- 풍향에 따라 360° 회전 가능
- 베터리 내장
- 다양한 에너지 생산 모듈과 복합 구성 가능 (태양광, 연료전지 수력 등)
- 복합적인 에너지 생산모듈 구성으로 하이브리드 발전 시스템 구축 가능
- ED-9710 또는 ED-9720과 연동하여 에너지 처리 실험 가능

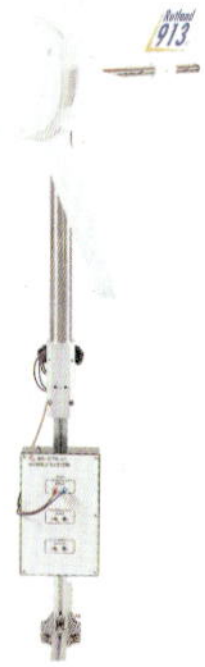

ED-9740

- 연료전지 발전 원리 및 개념 이해
- 태양광을 이용한 연료전지 발전
- 연료전지 완전 분해 조립 가능(세계최초)
- PEM Fuel Cell Stack의 각 Cell 마다 전압, 전류 측정 가능
- PEM Fuel Cell, DM Fuel Cell 전력생산 실험
- 물의 전기 분해, 연료전지의 구동까지 Module 화
- 다양한 로드 실험
- DMFC(메탄올), PEMFC(수소) 발전 실험이 가능
- 연료전지를 동시에 최대 4개 까지 부하 Test 가능
- LabView 프로그램을 통한 모니터링

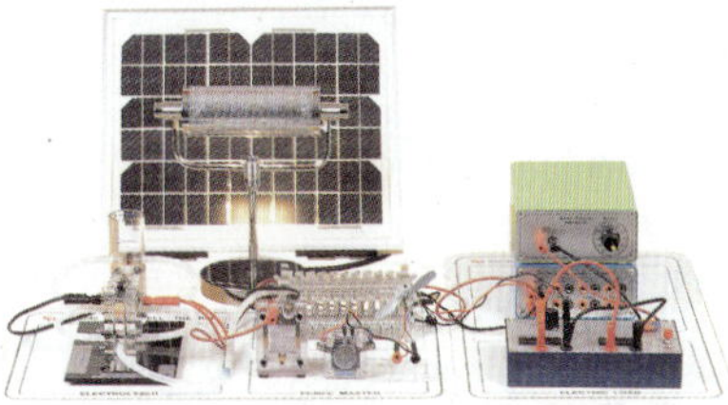

ED-9740

ED-9741

지능형 로봇 토탈솔루션

Intelligent Robot Trainer

Model : ARO, ED-7270U, 7271, 7275

ARO

관공서 및 공공기관, 병원, 박물관 등 방문객을 위한 안내 홍보 도우미 서비스 로봇으로 방문객의 즐거운 관람 및 시설 안내를 위해 살아 있는 듯한 눈표정과 인간과 유사한 팔 동작으로 멋진 서비스를 제공해 드립니다.

ED-7270U

- 유비쿼터스 및 홈네트워크 기반 실험실습에 적합
- 차세대 2차 전지(리튬이온)을 사양한 배터리 소형화 및 사용시간 증가
- 대화형 언어(프로그램)을 통한 다양한 콘텐츠 로봇 실험실습
- 지능형 로봇에 대한 전반적인 이해와 단계별 실습 가능
- Pan/Tilt USB 카메라를 이용한 영상처리 학습 기능
- 경사도 15˚에서 안정된 자세 제어를 통한 주행 알고리즘 적용
- 무인 방범 기능을 활용한 홈 시큐리티 실험실습
- 인간과 교감할 수 있는 인간 친화형 디자인

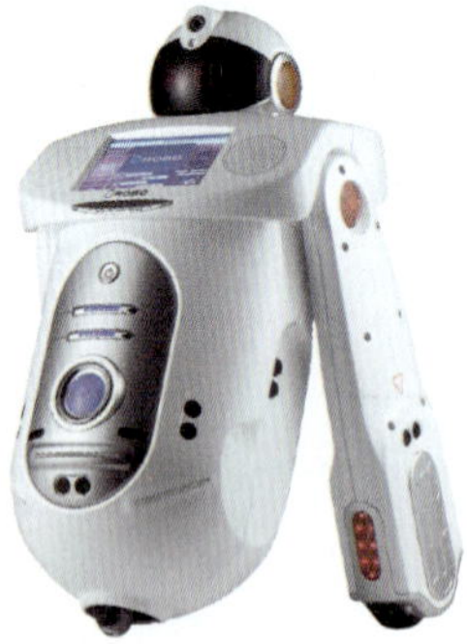

ED-7271

- 지능형 로봇에 꼭 필요한 센서 9종 및 구동기 3종, 응용모듈 4종으로 구성
- 지능형 로봇 구조를 쉽게 파악할 수 있는 시스템
- 초기 로봇 입문 및 활용 교육까지 가능한 풍부한 실습예제 제공
- 창의적인 실험실습이 가능한 탈부착 모듈형 타입
- 유비쿼터스 및 홈 네트워크에서 사용되는 센서 응용학습 가능
- 센서 결과 데이터를 Visual한 그래픽 형태로 표현하여 센서의 특성 파악 용이
- USB 카메라를 이용한 영상처리 학습 기능
- USB High Speed(480Mbps) 인터페이스 방식 채용

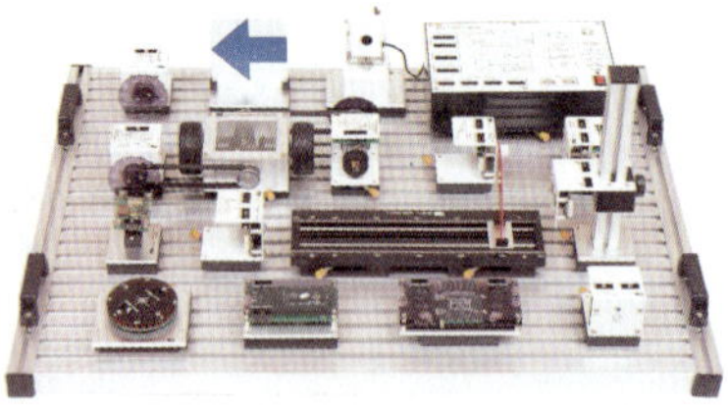

ED-7275

- 바닥 감지용 센서 및 전방 감지용 거리 센서를 이용하여 모바일 로봇에 대한 전반적인 기초 실습 가능
- 모바일 로봇에 사용되는 임베디드 마이컴, 3축 모터, IR 센서, PSD 센서 및 Omni-directional 구동을 사용함으로써 로봇제어에 대한 기초부터 활용실습까지 가능
- 전 방향 이동에 대하여 다이나믹하게 주행이 가능하도록 120˚ 간격으로 부착된 Omni-wheel을 사용한 독특한 형태의 메카니즘으로 구성
- IR 센서에 의한 특정 색상을 검출 하고 인터럽트를 이용하여 Host CPU에게 정보를 전달 하도록 IR 센서 5개 부착

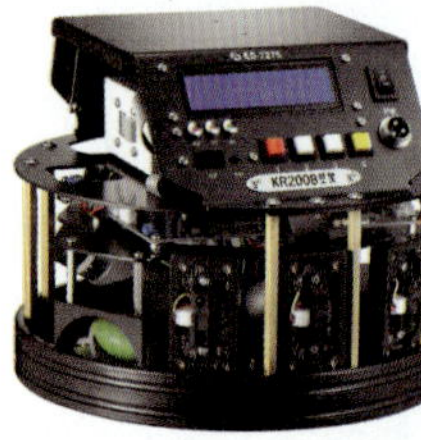

제품문의 : 031-730-7362 www.ed.co.kr

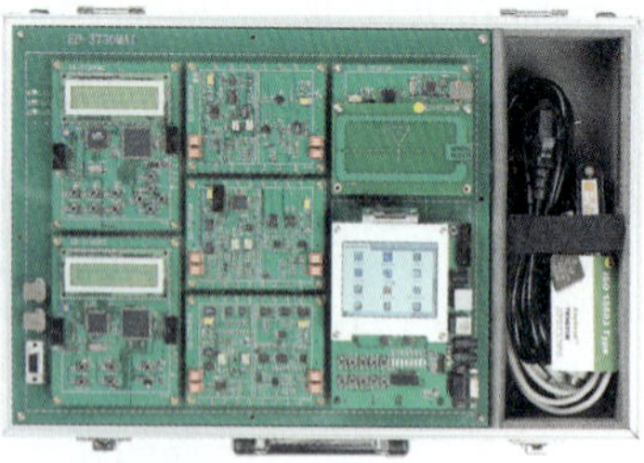

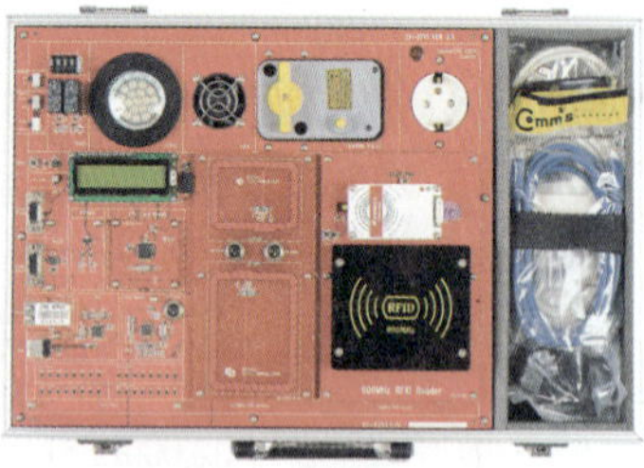

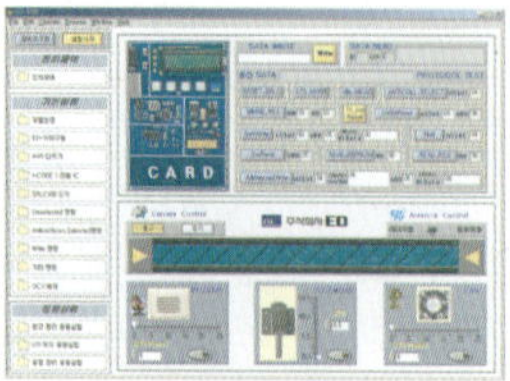

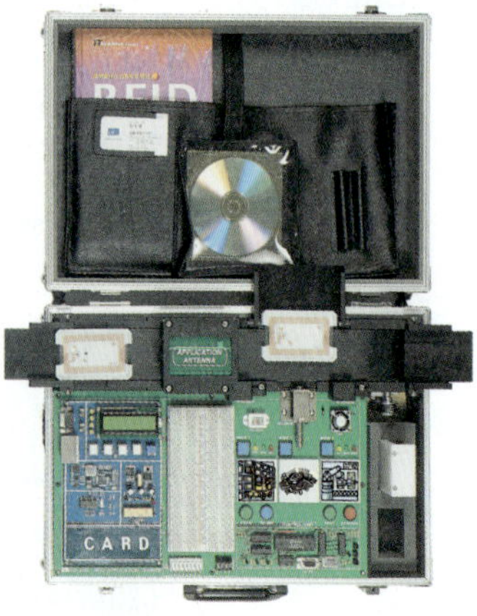

USN 토탈솔루션

Ubiquitous Sensor Network Trainer

Model : ED-3120, 3160, 3190

ED-3120 특징

- 유비쿼터스 센서네트워크 ZigBee (IEEE 802.15.4) 방식 원리 및 개념이해 가능
- 다양한 센서의 장착 및 확장성 확보 (조도센서, 온도센서, 습도센서, 가스센서, 초음파센서)
- 센서네트워크 시스템 교육 및 개발에 필요한 토탈 솔루션을 제공
- 다양한 적응 분야 (운영체제, 네트워크, Security, 로봇, H/W 개발, 센서 응용 등)
- PAN Coordinator에 접수된 화재, 가스누출 등의 경보상황을 PC를 통해 모바일 SMS로 수신 가능

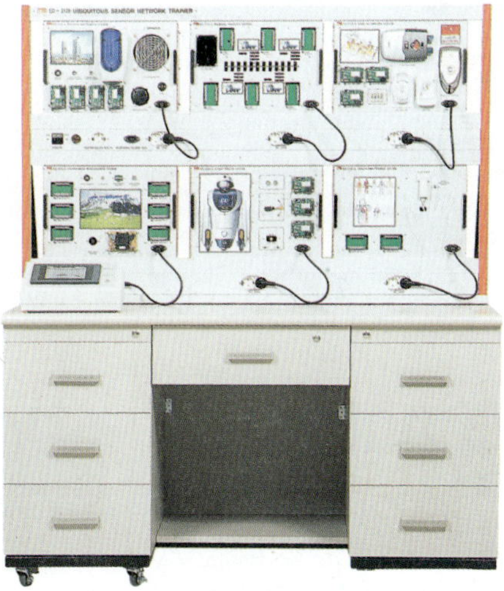

ED-3120

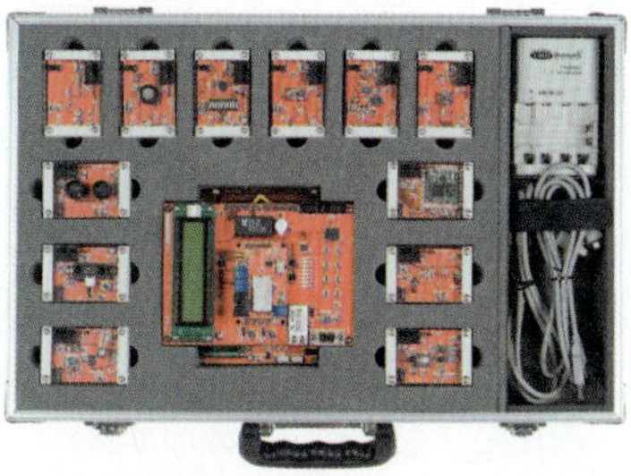

ED-3160

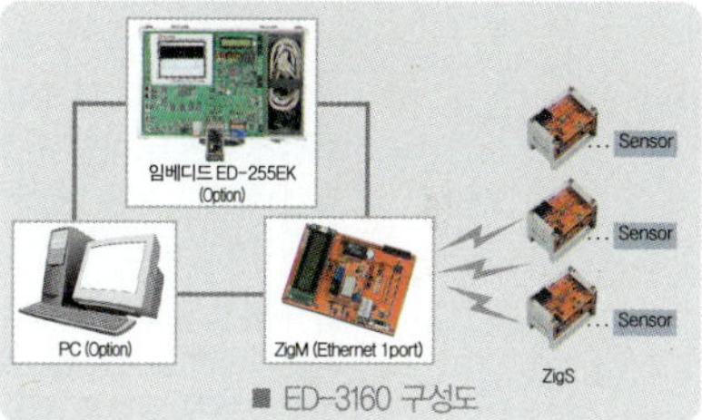

■ ED-3160 구성도

ED-3120 실험실습내용

- 센서 네트워크의 개요
- 센서 네트워크 모듈 하드웨어 이해
- 센서 네트워크 OS의 이해
- 센서 네트워크 환경 구축
- UART를 이용한 통신 프로그램
- 센서 기초 프로그램 (가스, 습도, 온도, 조도)
- 센서 기초 프로그램 (맥박, 체온, 기울기, 방위센서 등)
- RF 응용실습
- 센싱 및 제어 프로그램 및 Multi-hop Routing 프로그램
- Multi-hop을 이용한 제어 프로그램
- 센서네트워크 모니터링
- SMS 전송장치 연동 모니터링
- 센서 네트워크 구축 텀 프로젝트 제안서 작성
- 센서 네트워크 구축 텀 프로젝트 중간보고 및 프로젝트 수정
- 센서 네트워크 구축 텀 프로젝트 최종 보고 및 자료정리
- 텀 프로젝트 결과평가 및 보고회

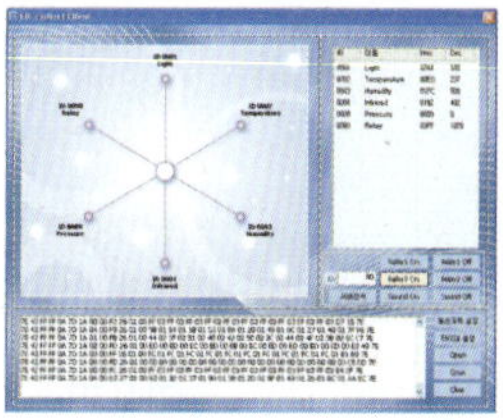

제품문의 : 031-730-7362 www.ed.co.kr

시뮬레이션 소프트웨어

Simulation Software

Model : EDRS, PHLego Plus, SimPL, ESS

EDRS

EDRS는 사용자에게 다양한 환경 로봇을 제공하여, 쉽고 빠르게 지능형 로봇을 개발하고 교육하기 위한 시뮬레이션 소프트웨어입니다. 또한, 3D 환경을 토대로 역동적인 로봇 시뮬레이션을 제공할 뿐만 아니라, Kinetic 엔진을 통해 실감나는 로봇 시뮬레이션과 섬세한 동작 제어를 제공합니다.

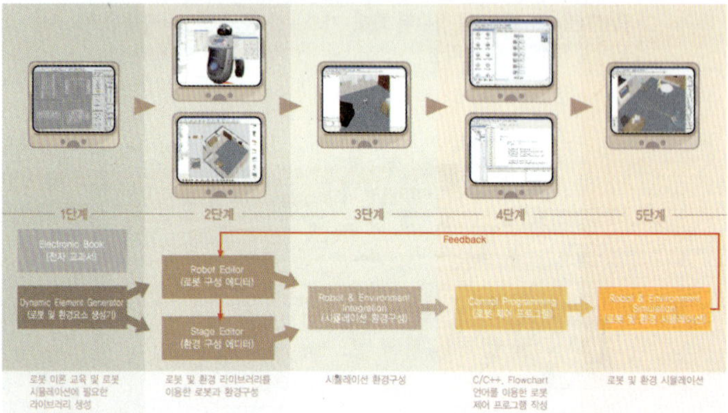

PHLego Plus

유공압 시스템 시뮬레이션 학습과 유공압 전기, PLC 및 디지털 회로에 이르는 다양한 회로의 실험 실습뿐만 아니라 유공압 시스템 회로 실습을 PC상에서 구현해 볼 수 있도록 하기 위한 시뮬레이션 소프트웨어입니다.

실사를 통한 회로 구성과 시뮬레이션은 유공압 회로를 이해하고 시뮬레이션 소프트웨어의 벽을 넘어 사용자들에게 실제 유공압 회로를 가상 체험할 수 있도록 도와 줄 수 있을 것입니다.

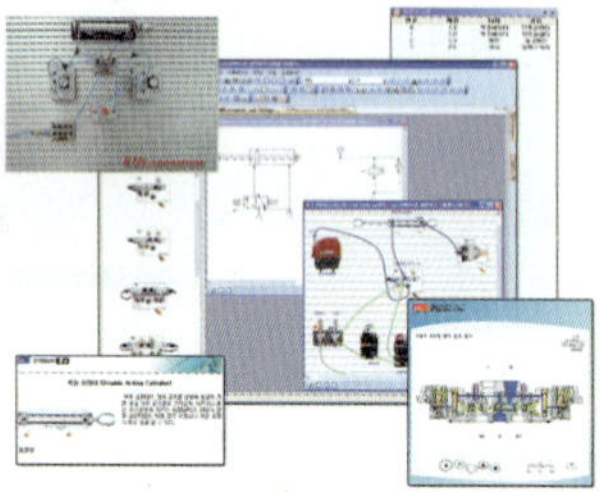

SimPL

- PLC교육을 하드웨어 없이 소프트웨어만으로 가능
- GMWIN에서 작성한 프로그램을 별도의 작업없이 바로 가상 실습 기능 (GMWIN Ver 4.04 이상)
- 가상플랜드 프로그램에서 GMWIN Simulator를 RUN/STOP 모드로 동작상태 직접 변경가능
- 최적의 가상플랜트 환경을 위한 GMWIN Simulator의 디지털 입출력 모듈 및 아날로그 입출력 모듈에 대한 인터페이스 제공

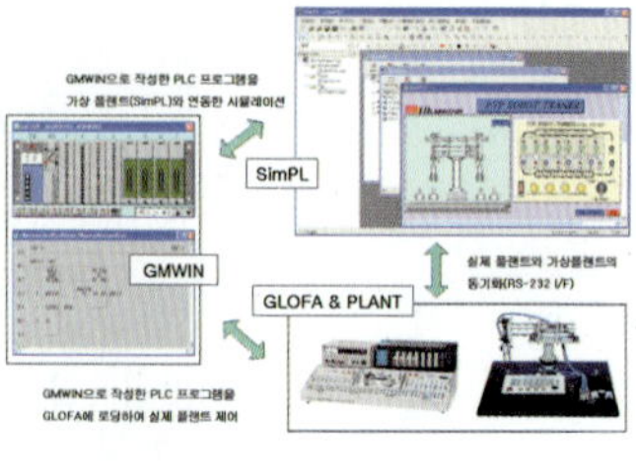

ESS

PC상에서 전기 시퀀스회로 설계 (IEC, KS 규격지원), 시퀀스 제어 시뮬레이션 그리고 설계된 회로의 파트리스트 생성을 바탕으로 가상 부품을 생성하여 배선을 실습할 수 있게 함으로써 전기 시퀀스 설계부터 응용까지의 전 과정에 대한 교육이 가능한 전기 시퀀스 제어 시뮬레이션 소프트웨어입니다.

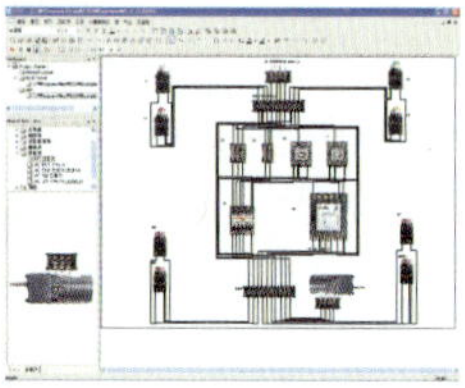